苏格兰
道德哲学
十讲

高全喜　著

上海三联书店

目　录

前言

首先，非常感谢中国人民大学国学院的梁涛教授，邀请我在他主持的"北京明德书院"讲授"苏格兰道德哲学"这门网上课程。说起来，我在 20 年前曾经研究过休谟的政治哲学，并陆陆续续在这些年思考和讲授过苏格兰启蒙思想，但并没有系统地研究过苏格兰道德哲学，此次利用这个机会，我也想与学员们一起仔细地梳理一下 18 世纪的苏格兰道德思想，并从文明史的高度重新审视苏格兰启蒙思想的核心内容——苏格兰道德哲学，探究其中所包括的人物和思想、渊源和要义、问题和贡献，及其对于现代文明起源的意义。

关于这门课程，我想先谈如下三点，以此作为前言。

第一点，何为道德哲学，苏格兰道德哲学与一般道德哲学课程有何异同？应该指出，现代学科分殊以来的道德哲学，主要是关注人的心性品质，即所谓 moral，多指人的心灵塑造、德行操守及其伦理规范等，这类意义上的道德学科属于狭义的道德哲学所要考察的内容。苏格兰道德哲学当然包括这些内容，但是，18 世纪的苏格兰道德哲学又远非如此狭隘，它们蕴含更为丰富的内容，不仅构成了现代狭义道德哲学的思想根基，而且还形成了一套深厚的人性哲学，把现代社会的情感论、财富论、法治论、政府论，乃至文明演进论的诸多内容融汇在一起，构成了我所谓的广义道德哲学。

我们这个课程所讲授的 18 世纪苏格兰道德哲学，主要是指这个广义的意蕴丰富的道德哲学。其实这是西方哲学思想史的一个传统，早在古希腊的亚里士多德那里就是如此，他的《尼各马可伦理学》就是这样的一部广义道德哲学，而我们课程中重点要讲的大卫·休谟和亚当·斯密的道德哲学，还有德国 19 世纪的康德、黑格尔的道德哲学，也都是如此，只不过前者属于古典时代，后两者属于近现代，且后两者又分别开启了两条迥然不同的路径，一个是情感（经验）主义的道德哲学，另一个是理性主义的道德哲学。所以，我们说苏格兰道德哲学，要从思想史的广义道德哲学的视野来理解，而不是局限于现代学科分殊意义下的狭义道德哲学，这样才能得其要津。

第二点，由于明德书院的听众多是研习中国传统思想的青年学者，在此我想谈一下苏格兰道德哲学与中国儒家思想的对勘。中国传统本来自有一套自己的思维方式和研究理路，近代以来，由于胡适、冯友兰等人使用了西方哲学史的方法来梳理中国古典哲学，尤其是儒家思想，西方哲学的概念和方法就成为一种借鉴和运用的工具，并且成为学院研究体制的主流。值得注意的是，自从新儒家兴起，德国理性主义就被广泛重视，把儒家思想与康德、黑格尔哲学对勘、比较、吸纳，甚至接榫沟通，成为港台新儒家乃至大陆儒家思想研究的圭臬。对此，我觉得是有偏颇的，因为从思想底蕴、具体内涵以及价值关切等方面来看，传统儒家思想与英美经验主义尤其是苏格兰道德哲学具有更为密切的相关性，其问题意识和时代诉求也更为兼容相契。

遗憾的是，虽然在晚清和民国早期，中国第一代思想启蒙者诸如严复等人提倡过英美思想之于中国传统的意义，然而，英美经验主义尤其是苏格兰道德哲学，乃至英美文明演进论等，则鲜有人提及，更不用说予以极力倡导。在晚近中国思想界盛行的先是法国启蒙思想，继而是俄国的革命哲学，以及德国思辨哲学的辩证法，凡此种种，其实非常不利于我们站在一个人类文明史的高度，通过对勘和比较西方多种思想潮流，梳理和把握自己的思想传统，构建现代中国意义上的道德哲学。我以为，缺乏对于苏格兰道德哲学的认知，不了解英国如何完成思想史上的古今之变，昧于现代文明世界的情感论、财富论和法治论，是中国传统思想现代性转型的一个重大短板。我这门课程虽然没有直接涉及中国传统道德哲学的内容，但仍然有一个隐含的目的，便是试图通过展示苏格兰道德哲学的完整内容，从一个侧面对于中国儒家思想的新开展提供一个新的视域，以便相互参照，走出大陆理性主义哲学的羁绊。

第三点，从现代文明史的高度理解苏格兰道德哲学。其实对于苏格兰思想的重视即便在西方学术界也不是历来如此，而是非常晚近的事情。传统的西方思想史研究，大多把苏格兰思想视为经验主义的一个发源地，大卫·休谟作为英国经验主义的著名哲学家、亚当·斯密作为现代政治经济学的开创者广被关注，但他们的道德哲学及其深厚的思想意义远没有得到重视，苏格兰启蒙思想对于文明史的创新意义也不被理解。只是到了晚近 20 年，随着西方现代社会的危机凸显，苏格兰道德哲学及其文明史的价值和意义才被各派思想家们，诸如哲学家、经济学家、历史学家们广泛关注，像是发现了一处金矿。

那么，究竟如何理解18世纪苏格兰道德哲学呢？我以为传统的西方哲学史仅仅从认识论、方法论和经验论的视角来解读是远远不够的，这里实质上涉及一个人类文明史的重大转型，即苏格兰道德哲学开辟了一条现代文明的思想路径，西方社会从古典时代（包括中世纪封建时代）进入现代工商社会，需要一套与时俱进的思想依据，而这恰恰是经由苏格兰道德哲学予以完成的，它在文明史的意义上完成了西方社会的古今之变，重塑了一套基于现代社会的新文明论。具体一点说，苏格兰道德哲学构建并开启了一个以英美思想为主体的现代情感论、财富论和法治论，有别于同时代（18、19世纪）欧陆道德哲学的现代文明论，它们展现的是一种英美经验主义的思想风范，并且承上启下，为现代文明社会的进一步演变奠定了基础，促使英美主流思想占据着两百年的世界思想舞台，直到今天，依然没有退场。我认为，本课程只有在这样一个大的文明论背景下来解读苏格兰道德哲学，才能若合符节，探明这座金矿的价值与意义。

基于上述三点，我的这门"苏格兰道德哲学"网上课程，其章节结构和栏目安排就与一般的教科书有所不同，我试图从文明史的高度，打破狭义道德哲学的藩篱，力求把广义的道德哲学，尤其是苏格兰道德思想家们的理论菁华熔于一炉，提取西方古今文明转型时期的理论创新，梳理出一条英美现代文明的思想路标，以对勘中国传统思想的转型之短板和当今西方现代性思想的衰变之困境。

大致说来，这门"苏格兰道德哲学十讲"，主要由如下三部分构成。第一部分属于导论部分，我用两讲的篇幅讨论苏格兰道德哲学传承的英美文明谱系和18世纪苏格兰启蒙运动的社会背景，在此我试图为听众提供出一个苏格兰道德哲学登上历史舞台的时代机缘，进而聚焦在这些论题：为什么是英美文明构成了现代文明的中心，苏格兰道德哲学为什么在其中占据举足轻重的地位，它们究竟在哪些方面开启了现代的文明思想论，并解决了英美主导的西方世界在现代化进程中所面临的理论挑战。

第二部分是课程的主体内容，我用六讲的篇幅具体而细致地分析了哈奇森、大卫·休谟、亚当·斯密和弗格森等苏格兰启蒙思想家们的道德哲学，集中探讨了他们在思想史上的历史贡献及其在苏格兰道德哲学中的独特地位。需要指出的是，在对这些思想家们的分析论述中，我没有局限于狭义的道德哲学之约束，而是在一个贯穿文史哲和政经法的综合视野下，以问题意识为导引，以思想创造为标识，以情感主义为坐标，审视他们的情感论、社会论、财富论、法治论、政府论和历史论，进而归结为一种具有苏格兰特征的从属于英美现代社会的文明论。我以为，应该指明他们思想的共同点以及相互之间的连贯性，同时也应该介绍他们思想之间的张力性及差异性，甚至正因为存在着相互之间的理论争论，反而显示出苏格兰道德哲学的丰富内涵。

第三部分属于结论部分，在此，我用两讲的篇幅对苏格兰道德哲学作一个在当今思想语境下的提升。也就是说，我试图在今天西方社会的思想背景下，对第二部分的主体内容作一个重新的审视，检点两百年后苏格兰道德哲学究竟有哪些我们今天依然绕不过的核心要义，有哪些思想家们的问题意识和理论创新是需要我们重新思考和继承发展的，诸如苏格兰道德哲学所揭示的"激情、利益与正义"、"法律、商业与政府"等现代文明秩序和道德伦理问题，他们的一些思想观点不但没有过时，反而随着全球化进程的升降起伏和高新科技的迅猛发展而显得更加醒目。

人类文明犹如一洋大海，潮涨潮落，道德哲学在其中占据着重要的位置，从某种意义上，它决定着这一洋海水的底色。本课程用十讲对苏格兰道德哲学予以分析讲述，虽然仅仅是这片大海的一个湾流，但其地位却举足轻重。我们看到，现代社会的英美文明从这里获得思想史的理论申说，而它与中国传统思想也多有契合，无论未来英美文明走向何处，中国文明的现代转型如何完成，18世纪苏格兰道德哲学都是我们绕不开的一个理论枢纽。我很高兴在网上利用这个课程，与听众诸君一起漫步在遥远的苏格兰高地，纵览不列颠前贤们的思想风采，辨析他们的理论锋芒。

第一讲

英美国家与现代文明的兴起

在具体讲授苏格兰道德哲学之前，我准备用两讲的篇幅从一个人类文明史的宏观视野来考察一下苏格兰道德哲学产生的历史渊源和社会思想背景，尤其是现代英国作为一个现代国家的形成及其对于早期美国的影响。为什么要先讨论英美国家的现代文明兴起与苏格兰启蒙运动这两个大问题呢？因为它们涉及西方社会的古今之变及其现代思想的构成，并且融汇在一起确立了英美文明在现代世界的主导地位。理解苏格兰道德哲学及其思想蕴含，首先要有这样一个前提性的认识，否则便流于一般的狭义道德哲学概述。为此，在第一讲我先讨论"英美国家与现代文明的兴起"，下面一讲则分析"苏格兰启蒙运动"。

依据传统历史学的一般通论，现代文明早在公元 1500 年左右就已显示端倪，早期现代是从 16 世纪的欧洲诸国开始的，英国并不是最早的。文艺复兴与宗教改革 16 世纪时已在欧洲各国展开了，启蒙思想也是在 18 世纪的法国蓬勃发展起来的，相比之下，英国不过是相关思想演变和社会运动的后来者。本课程并不准备细致考察上述的现代文明发端与演变史，而是试图从五百年来现代文明史的宏观高度，尤其是从英美文明主导世界历史的视角，考察和勾勒一个现代文明演变的轨迹，并以此作为解读苏格兰道德哲学的坐标。在这个意义上，英美国家，尤其是英国在现代文明兴起中的主导作用和地位也就凸显出来。作为英国一部分的苏格兰，尤其是苏格兰启蒙运动，以及相关的英格兰与苏格兰的分分合合，还有英国（包括英格兰、苏格兰和爱尔兰）早期移民美国所形成的盎格鲁-撒克逊民族对于美利坚合众国的构建，这些内容就成为我们分析考察的主要内容，它们也是苏格兰道德哲学在早期现代思想史上得以承上启下的关键所在。

一、不列颠联合王国与美利坚合众国

当今的自由主义言必称"英美"，从历史发生学来看，英美自由主义至少包含如下几层含义：第一，英国和美国虽然存在着一脉相承的共同点，但英国与美国还是差别很大的，英美是一个发展演变的递进过程，属于哈耶克所谓的社会扩展秩序；第二，所谓英美国家，也不是本来就如此，在成为现代国家之前，各自都有自己的国家孕育和创建过程，只是演变到一定的阶段，才塑造出现代国家，前者系从英格兰到大不列颠的现代君主立宪制国家，后者系从北美十三个殖民地到美利坚合众国的复合联邦制共和国；第三，英美自由主义作为一套政治学说，是相当晚近的事情，从思想史上看，英美自由主义的精髓是在这两个现代国家的塑造过程中逐渐冶炼出来的，自由主义作为一种理论形态，反而落后于政治社会的进程，且与自由主义的实质相去甚远，19、20世纪所谓自由主义理论不过是夹生饭，它们与17、18世纪英国光荣革命前后以及美国立国前后真正的自由主义思想是两码事情。

即便如此，英美国家和英美自由主义还是成立的，并且现代人耳熟能详，广泛袭用，这是为什么呢？我以为这主要是基于16至20世纪欧洲史以及世界史的大格局与大潮流，无论怎么说，在欧洲诸国的现代化进程中，在世界历史的演变中，英国和美国相继在各种激烈乃至残酷的竞争中不断胜出，两个现代性帝国雄霸世界三百年，塑造着近现代以来的国际秩序，而且时至今日依然如此。英美两国虽然有着历史性的冲突（北美独立战争以及美国费城制宪），但从法治传统、宪法精神、民族构成、制度设置以及宗教信仰和文化认同等方面来看，英美确实一脉相承，形成了所谓盎格鲁-撒克逊的现代自由国家谱系。现代自由主义把这些连贯起来，构成一种意识形态的话语体系，也有相当可取之处，简单明了，不无助益。

不过，上述的英美自由主义只是两个国家的延伸演义，如果要探寻真正的自由精神及其制度架构，考察其思想的原动力，则还是应该回到两个国家各自的发生学之中，即回到英格兰到大不列颠之英国的演变以及北美十三州到美利坚合众国的演变之中。就本课程来说，苏格兰道德哲学只有嵌入这个叙事，它所具有的重大意义才能凸显出来，尤其是嵌入作为现代国家的英国构建过程之中，苏格兰道德哲学才能摆脱作为地域性的一种道德学说、一种经验主义的哲学形态，而享有世界文明史的意义。曾有学者著述把苏格兰视为"现代世界文明的起点"，虽然这个观点有些言过其实，但苏格兰道德哲学为现代世界文明提供了一整套基于现代资本主义的新道德论（情感论）、财富论（政治经济学）、历史论（文明演进论）和法治政府论，为现代工商文明世界提供了一种与时俱进的理论申辩（合法性-正当性证成）却是毋庸置疑的。苏格兰与英格兰合并所构成的大不列颠之英国，如果缺乏了这一块内容，无论是地域与人口还是思想与观念，都难以成就真正的历史现实中的英国；不仅如此，英国人移民美国的历史，也不仅是清教徒、圣公会信徒以及贵格会教徒书写的，信奉长老教派的苏格兰人也是重要的一支，他们共同构建了美利坚合众国，成为盎格鲁-撒克逊白种美国人的一分子。

若从这个视角来看苏格兰道德哲学，就不能限于哲学史的论述，而是要上升到思想史甚至文明史的高度，从现代文明的发生与演变来予以考察。一般的哲学史把苏格兰道德哲学归于英国经验论的系统，并在与大陆唯理论的对垒中解读哈奇森、休谟和斯密的情感主义道德学说，从认识论、意识论和人性论等方面对苏格兰道德哲学予以定位。这种论述也没有什么不妥，从哲学史上看，苏格兰道德哲学上溯英格兰的培根、贝克莱、洛克的经验主义传统，下启穆勒、边沁的英国功利主义哲学，都属于英国经验主义哲学的大谱系，它们在哲学史中自成一体，与笛卡尔、斯宾诺莎、莱布尼茨的大陆理性主义哲学相互对立，尤其是苏格兰的情感主义道德哲学在这个对垒中可谓旗帜鲜明、理论强劲。

但是，上述哲学史论述缺乏一种思想史乃至文明史的社会蕴含，也就是说，英国经验论者如培根、洛克，尤其是 18 世纪苏格兰启蒙思想家们，他们的理论新创其实很难限定在狭义的哲学史范围内，必须纳入文明思想史的视野，把他们百科全书性质的综合性理论与现代社会、英美国家以及文明进程联系在一起予以考察分析。他们不但开辟了诸如现代社会的新道德哲学、政治经济学和文明历史观，而且还开辟了一条不同于欧陆理性主义的英美国家的实践道路，在三百余年的世界历史中辉煌地胜出。这样一来，就赋予了英美经验主义、苏格兰道德哲学以政治文明和国家范式的新特征，这才是我所谓的英美文明国家的古今之变的主题，也是本课程所要梳理讲解的要点。显然，这就超出了一般哲学史的范畴，属于法律、政治与经济交汇于一的现代文明的思想史，也正是在这个意义上，苏格兰道德哲学担负着里程碑的作用，它们是现代文明的一个重要的思想基础。

文明思想史不是社会史或政治史、经济史，其旨在强调人类文明演进中的道德正当性，所以也可以称之为道德哲学，但此道德哲学非彼（狭义哲学史的）道德哲学，苏格兰道德哲学便属于这种文明思想史的道德哲学。当然，它们需要政治学和经济学乃至社会学的学科支撑，但又远非这些晚近学科分殊意义下的各类学科所能涵盖。例如，单从政治学来看，18 世纪苏格兰的政体制度，与英格兰的君主立宪制乃至法国的绝对君主制，还有荷兰的联省共和国相比，并没有什么优越之处；从经济学来看，在当时的欧洲诸国，苏格兰也是经济发展较为落后的地区。所以从政治制度和经济发展两方面看，苏格兰并没有什么可圈可点的优长。但是，如果从文明史的角度来看，苏格兰经过与英格兰的合并，在政治和经济方面融入英国势力范围，经过苏格兰启蒙运动的洗礼，与英格兰及爱尔兰一起构成了大不列颠联合王国，从而提升了英格兰的社会文明水准，成就了一个英国（大不列颠）在光荣革命之后作为现代国家的新时代或新形态，即资本主义的工商文明形态。

也正是在这个意义上，苏格兰启蒙思想家们，诸如休谟、斯密和弗格森等人，分别提出了一个文明社会的演进论，即狩猎社会—游牧社会—农耕社会—工商社会的历史演进论，其中，他们尤其注重工商社会的内容，并视为一种以资产阶级（市民阶级）为主体的、以商业贸易为中心的现代文明形态。工商文明是一种远比传统社会形态更为高级的现代生活方式，所谓的古今之变，在苏格兰思想家们看来，就是从过去的农耕文明到工商文明的变迁。这个变迁包含着丰富的内容，从政治、经济、法律到文化、习俗、科技和教育等方方面面，都经历着天翻地覆的巨变。他们所创立的道德哲学则是为这个全方位的古今之变提供一种思想根基层面的正当性论证，为现代文明社会的演进提供了道德性的最终申辩。这才是贯穿本课程的所谓文明思想史的讲解方式，由此我们才能理解为什么要把苏格兰思想置入英美国家的发育与建构，以及要与人类社会的文明进程和古今之变联系起来，而不是直接地从认识论、意识论、观念论和方法论等纯粹的哲学视角来审视苏格兰道德哲学。

1. 英格兰与大不列颠：法治传统、社会转型与大不列颠的形成

所谓英美国家，在它们成为正式的现代国家及现代社会之前，都有各自的故事，尤其是英国或大不列颠则更为历史悠久和纷繁复杂，在此我只能扼要地予以勾勒。这个故事又是必要的，因为它涉及现代文明的进程，与苏格兰道德哲学的本质特征密切相关。

说到英国，最早可以追溯到远古迁徙而来的日耳曼人和凯尔特人。公元前55年罗马人曾经入侵不列颠，但受到顽强抵抗，到公元407年罗马驻军全部撤离不列颠，罗马对不列颠的统治宣告结束。此后，日耳曼人入侵不列颠，形成英国的中古时代，在这个漫长的时期，不列颠开始从氏族社会到封建化进程的演变，公元1066年法国诺曼底公爵率军入侵不列颠，同年10月占据伦敦后，加冕为英王威廉一世，建立诺曼王朝。诺曼征服加速完成了早已开始的封建化过程，封建生产方式基本确立。威廉征服英国后，宣称自己是全国土地的最高所有者。他大量没收盎格鲁-撒克逊贵族和自由农民的土地，把全国约1/6可耕地面积和约1/3山林面积据为己有，其余的分给他的诺曼亲信和随从，并根据分封土地的多少，授以贵族爵位。教会也由诺曼人接管。威廉一世的封臣再将自己的封地分成小块，分赐给自己的附庸。通过分封土地，建立起一套严密的封建等级制度。威廉不仅要求自己的直接封臣宣誓效忠，也要求封臣的封臣对

他效忠。可以说，诺曼王朝属于西方中古社会的典型封建体制。

英国的封建时代在都铎王朝的末期，尤其是伊丽莎白一世达到一个高峰之后，随着整个欧洲社会经济、政治和宗教等方面的变化，逐渐产生了深刻的变化，此时已经是 16 世纪的中后期，西方社会开始步入早期现代，英国也置身于与西班牙、荷兰、法国等国家一并兴起的现代化大潮之中。整个 17 世纪，斯图亚特王朝经历着一系列巨大的变迁，其中最重要的是宗教纷争、英国内战，光荣革命后英国在政治上大体建立起一个现代的国家形态——君主立宪制。至此，现代英国的故事才刚刚开始，经过光荣革命而建立的复辟王朝（威廉三世和玛丽二世共同统治英国），总的来说，都还只是英格兰斯图亚特王朝的英国，现代英国在经历了汉诺威王朝的耕耘，到维多利亚时代，才可以说是建立起一个大不列颠联合王国，其中与苏格兰的合并及吞并爱尔兰是重大的政治事业，所谓英伦三岛，所谓"日不落的"大不列颠帝国，到 19 世纪才算大功告成。

苏格兰与英格兰虽然多有瓜葛，但从来就是政治上独立自持的，与英格兰相比，苏格兰地处偏远寒冷的北方，人烟稀少，民风彪悍，很长的时期属于部落生活形态。据苏格兰史记述，直到公元 9 世纪才有了自己的王朝国家——苏格兰王国。苏格兰王国持续了八百多年，直到 17 世纪，苏格兰国王詹姆斯六世同时继承英格兰王位，成为詹姆斯一世，苏格兰和英格兰形成共主联邦，但苏格兰仍然还是独立的国家。在克伦威尔时期，苏格兰虽然一度被英格兰征服，但抵抗一直没有停止，骁勇善战的苏格兰军队曾经打到伦敦城脚下，但最终归于失败。光荣革命后，威廉和玛丽共同统治英国，成为英国和苏格兰的国王，但此时的苏格兰并没有加入英国。玛丽去世后，其妹妹安妮继承王位，并于 1701 年通过了《王位继承法》，确立了信奉新教的后裔继承王位。1704年苏格兰议会通过《安全法案》，承认英国的《王位继承法》。1714年，安妮女王去世，汉诺威选帝侯路德维希继位，英国的斯图亚特王朝结束，汉诺威王朝开始。在安妮女王统治时期，由于她身兼英格兰和苏格兰两个王国的国王，特别是迫于政治与经济等多方面的社会需要，在1707年两国议会通过《联合法案》，英格兰与苏格兰正式合并，此外，再加上英格兰早就征服的爱尔兰，加上威尔士，构建了大不列颠联合王国，所谓的现代英国才得以成立。所以，苏格兰又有"北方不列颠"之称。

与英格兰合并加入英国，对于苏格兰是一件天大的事情，对此，苏格兰社会各界一直存在着广泛的论争，虽然也有一些著名的反对者，甚至有武装起义发生，但在苏格兰精英阶层还是获得了广泛的赞同和支持。因为与英格兰的合并并不是无条件的，依据《联合法案》，苏格兰在宗教和法律上保持着固有的传统，延续苏格兰长老教会的主导地位，苏格兰依然实施不同于普通法的罗马法。当然，合并给予苏格兰带来的最大益处，在于不需要其自身的政治变革（苏格兰自身也不存在这种动力），苏格兰通过在政治上加入英国已经确立的君主立宪制度，从而完成了从封建社会到早期资本主义的现代转型，其突出的标志是从一个落后的农业经济体发展为一个工商资本主义的现代社会。这种经济贸易上的飞速发展是显而易见的，也是苏格兰启蒙运动的社会基础。

通观整个18世纪，英国完成了从英格兰到大不列颠的构建，一个现代的英国在欧洲形成，并且与其他欧洲国家（大多正在演化形成中）相比，具有领先的意义，或者说是率先起步，打下了未来英美国家主导世界的先机。这个先机虽然涉及很多方面，我认为大致主要体现在如下三个方面。

第一，法治传统，尤其是普通法的司法传统。这是举世公认的英国特性，它们在塑造现代英国人的自由与权利保障以及法治国家方面发挥了重要作用。普通法在英格兰源远流长，相关主题的研究可谓汗牛充栋，简要地说，普通法伴随着英国封建制一起成长，其独立的司法地位，法院和法官的司法裁决，可以抵御国王对于臣民权利的侵犯，因此塑造了英国的自由。这种法治传统不但涉及民事权利，还构成了贵族抵御国王专制权力的政治依据，又如著名的1215年《大宪章》，就被视为英国宪政的标志性文献。

普通法与英格兰水乳交融，密切相关，但也不能过分推崇，像麦克法兰把西方社会的现代化追溯到12、13世纪的英格兰，认为现代社会早在那个时期就开始了个人主义的权利诉求，则是有点言过其实，毕竟在封建时代普通法保护的主要还是贵族们的权利。尽管如此，英国普通法作为一种制度，确实是以法律自主和法院独立为根本的，其所形成的一整套法治体制，诸如判例法、司法程序和法官审判权，以及司法技艺等等，这些确实捍卫着臣民的自由权利，为现代社会的兴起和法治构建奠定了基础。对此，无论怎么褒扬都是不为过的。而且英格兰的法治传统是一个富有生命的活的传统，尽管在形式上它看似保守，但其精神却是开放的，因此，就为现代英国的政治与经济的社会转型提供了扎实的法治保障。所以，英格兰的法治传统尽管生长于封建社会的农耕文明时代，但在经历着18世纪的从英格兰到大不列颠的现代社会的大转型之际，不但没有消亡，反而更加富有生机，构成了支撑这个转型与国家构建的一大因素，并且在未来的英美国家的世界性扩展中依然生机勃勃，成为现代自由社会的最大依托，这不能不说是人世间的一大奇迹。

第二，社会转型。在近百年的从英格兰到大不列颠的发展过程中，看上去经历着一系列的重大事件，诸如宗教纷争、军事战争和政治革命，但更深层的是，这个时期英国社会面临着一个从封建社会到市民（资本主义）社会的转型，或者说是从农耕文明社会到早期工商文明社会的转型。这种情况无论在英格兰还是苏格兰，还有欧洲其他国家和地区，都是如此，生产方式的变革构成了统一的大不列颠联合王国的主要动力。

英格兰光荣革命的成功，英格兰与苏格兰合并的完成，这些重大的政治举措得以实现的背后，反映的其实是英国社会因应现代化变革的诉求。16世纪以来，英格兰的社会结构业已发生变化，传统的封建采邑制开始式微，大批农奴迁徙至城镇，土地所有权与用役权逐渐分离，由手工业、店铺业、商贸业、制造业，以及商人、证券投机者、会计师、从业律师、报刊从业者等组成的新兴市民阶层出现，工商贸易占据英格兰经济的主体。与此相关，大大小小的旧贵族日趋没落，摇身一变的新贵族不再固守土地经营，他们大多转换门庭，与一些腾达发展起来的贸易商人、资本投资家、远洋商贸经营者结合在一起，形成英格兰经济的主导。这种社会经济结构的主导性转变是与天主教和英国圣公会的残酷斗争，以及英国内战的爆发和光荣革命的复辟等一系列宗教和政治事变，纠缠在一起的，也是通过这些重大事变的完成而得以在法律制度上获得巩固的。所以，英格兰的社会转型意味着一个新兴的资本主义在经贸、工商、法治和政府体制乃至议会主权的逐渐形成，表明从传统封建制的农耕社会到现代工商资本主义社会的过渡转型及其实现。

苏格兰以及爱尔兰等地的情况也是如此，它们在并入英格兰之前，也大致属于农耕社会，由于发育较晚，地处偏远边疆，经济较为落后，虽然封建土地制度形态不像英格兰那么典型，法治传统上也不属于普通法谱系，臣民的自由权利保障并不明显，但依然从属于欧洲封建社会的大格局，并具有各自的地缘政治与经济特色。不过，这些相对独立的地区或国家，总是与日益扩张的英格兰发生着这样那样的复杂关系，并被裹挟进这个从封建体制到现代工商资本主义的变革进程之中，导致它们内部的社会结构也发生着一种性质类同的转型变革，只不过它们自身的新阶级势力并没有能力产生政治革命，而是接受了光荣革命的政治成果。在纳入并接受了英格兰的君主立宪制之后，顺势利导，开始推进内部的资本主义经济变革，从而很快就实现了工商贸易的经济大发展，与英格兰一起实现了一个现代商业社会的大不列颠之资本主义经济体制。

第三，英国的国家构建。18世纪的英格兰，历经斯图亚特和汉诺威两个王朝，政治上的国家构建其实有两个层次。第一个是英格兰自身的国家建构，结果是光荣革命后的君主立宪制国家，但这个国家随后就进入第二个层次的建构，即把苏格兰等独立的北方国家合并过来，加上此前征服的爱尔兰等，一起构成了大不列颠联合王国，此时的英国才是现代的新英国，其议会主权、立宪君主以及中央与地方关系、司法独立以及法官裁判权、首相责任制以及文官体制，等等，这些现代政治制度的确立和完善，都集中体现在第二个层次的国家构建上面。所以，要理解英国的现代国家构建，应该有这样一种前后相继的两个层次的视野，尤其是对于理解18世纪苏格兰社会及其思想来说，就更应如此。

英国国家构建的效果不仅是政治上的，更关键的是表现在经济社会方面，也就是说，与大不列颠相辅相成的是整个英伦三岛的现代资本主义工商经贸以及殖民主义的大扩展。一方面，英格兰因为苏格兰等地区的加入在经济方面更加强劲，发展迅猛，早期资本主义的市场经济更加富有生命力，并且推动了海外殖民贸易和海上霸权的优势地位；另一方面，就苏格兰等地区来看，随着政治上加入英国，便在经济形态上凭借英格兰的优势，进一步强化和完成了自身内部的经济形态的改造，并把自己的工商经贸乃至海外扩张，纳入英格兰开辟的资本主义商品经济的大潮之中，成为其中不可或缺的一股力量。两个方面的结合与相互促进，使得大不列颠之英国成为当时欧洲乃至西方世界中最具活力的经济体，在与列国的竞争中处于优势的主导地位。

总的来说，从法治传统、社会转型和国家构建三个方面予以考察分析，18世纪的现代英国大致完成了从封建制度到早期资本主义制度的转变，从农耕社会进入工商社会，商品经济和自由贸易成为国家经济的主体，既有的普通法不但没有随着封建土地制的没落而消亡，反而在工商经济时代，更加强有力地维护着英国人的自由，捍卫着臣民乃至个人的权利不受各种国家公权力的侵犯，法治与自由成为英国历久弥新的传统。与此相关，英国在政治领域又成功地实现了改良主义的光荣革命，建立起一个现代君主立宪制政体，这种改良主义在苏格兰与英格兰的合并中又一次得到实现，其通过合并法案，而不是军事征服、掠夺和殖民，以法制化的形式和平地进行了第二次的国家构建，建立起一个大不列颠之英国。在两个层次的政治变革以及国家构建之后，一个自由、稳固、法治完备的英国，以强有力的发展势头展现在世界的版图上，相比欧洲其他国家的大起大落，以及革命与战争的消耗与折腾，英国自此之后就处于平稳的发展时期，一个蓬勃向上、欣欣向荣的早期资本主义社会昭然于世，这就为19世纪的日不落大英帝国的世界性扩张打下了政治、法治与经济的基础。

2. 美利坚合众国：北美移民、独立战争与费城制宪

英美相继，二者一脉相承，从大不列颠到美利坚合众国，如此才有英美国家的第一波，至于一战、二战后的现代世界之格局，则是第二、三波的英美国家的事情，对于我们理解苏格兰道德哲学来说，我认为这个不同于欧陆的英美谱系，尤其第一波，则是至关重要的思想史乃至文明史的大背景。

众所周知，北美大陆原是一片印第安人部落生活之地，在地理大发现之前，还处于蒙昧时代，是西班牙的哥伦布大航海带来了欧洲的文化与制度。就美国来说，最早移民而来的主要是英国人，据说英格兰清教徒因为不堪忍受英国国教（圣公会）的迫害，纷纷举家移民北美，企图在新大陆建立自己的清教家园，关于"五月花号"轮船抵达普利茅斯的故事成为长久的美谈。应该说，美国最早的移民来自英国清教徒，并由他们构建了美利坚合众国，基本情况确实如此，美国与英国新教有着千丝万缕的联系，美国移民的主体是盎格鲁-撒克逊人，新教精神在美国独立战争和制宪建国中发挥着根本性的作用。

但是，上述说法并不准确，实际上从英国移民美国的英国人，并不都是清教徒，也并不都是英格兰人，应该说，大不列颠的英国人，包括英格兰清教徒、爱尔兰新教徒、苏格兰长老会教徒，纷纷移民美国，他们获得英国国王的特许令，并各自建立起一块块自治区，归属英国国王的管辖，形成了多个相互独立的英国殖民领地，它们构成了美国建国之前的北美十三个州。依据历史学家大卫·费舍尔在《阿尔比恩的种子：美国文化的源与流》一书的考察分析，

从 1629 年至 1775 年的漫长时期，先后有四波英国的移民迁徙到北美生活居住。第一波是 1629 年至 1640 年期间从英格兰东部逃亡到马萨诸塞州的清教徒，第二波是 1642 年至 1675 年期间从英格兰南部移民到弗吉尼亚州的一小群忠于王室的精英分子和他们的契约仆役，第三波是 1675 年至 1725 年期间从英格兰中北部和威尔士迁徙到特拉华山谷的移民，第四波是 1718 年至 1775 年大约半个世纪的时间从北不列颠（苏格兰）和北爱尔兰边境迁徙到阿巴拉契亚边区的移民。

这四波前后相续的移民群体构成了未来美国人的主体，他们具有很多共同的特质，也有一些明显的差别。他们都说英语，都是英国新教徒，绝大部分遵循英国法律，崇尚英国的自由，但与此同时，在宗教派别、社会等级、世代顺序以及自由观念、公共政治乃至居家生活、习俗礼仪等方面，相互之间又有着很大的差别。他们历尽千辛万苦，横穿大西洋，带来四种不同的大不列颠宗教文化和生活方式，奠定了新大陆政治文化的根基。

第一波清教徒在马萨诸塞为中心的新英格兰集中创建了公理教会，开辟了美利坚城镇集会和有序自由的传统。第二波在弗吉尼亚建立殖民地的英格兰移民，主要是来自英国南部一些忠诚于英国王室的贵族及其随从，他们是真正的绅士，有着虔诚的圣公会信仰，注重社会等级、身份和权威，偏爱农业庄园，深受荣誉感和支配性自由观念的影响。第三波移民主要是由信奉贵格会教义的群体组成，他们坚守基督教精神中平等的理念，遵循清教徒的工作伦理，崇尚道德，创造了一种多元的相互自由体系，在北美殖民地的社会管理上独树一格。第四波来自苏格兰低地、北爱尔兰和英格兰北方边境的移民，虽然有不同的族裔背景，在语言、教育和生活方式等方面各有特点，但也都保持着崇尚自由、雄猛刚毅的风格，在北美新大陆中开拓出一种自然自由的原则。总之，上述四波移民他们共同组成了美国最早的移民群体，形成从英国到美国的盎格鲁-撒克逊民族多元一体的民族架构，不但在族群血缘和宗教信仰，而且在生活方式和公共理念，进而在经济形态和政府治理等方面，都极大地影响着美利坚的国家建构，所以从盎格鲁-撒克逊到盎格鲁-美利坚的演变是一脉相承的。

延续一个多世纪的英国移民，在北美大地上陆续建立起数十处风格各异的定居点，这些居住点起先是自我治理，尤其是前三波移民群体，他们中的有些人在迁徙北美的途中就已经相互订立了契约，要在新大陆建立他们理想的家园，此后围绕着这些原初的契约，他们进一步制定了一系列有关教会礼仪以及社会公共治理的章程和法律，成立了各种组织形态，特别是集会商议公共事务的机制。由于与母国难以割舍的文化联系，也为了取得更好的社会治理的效果，他们也试图获得英国国王的特许，这些移民点大多数都获得了英国国王的特许状，成立了大不列颠的海外殖民领地。

在美国革命之前，来自英国的移民在数十个居住地的基础上，根据不同的新教教派以及族群构成、生活方式、谋生技艺和民俗习惯等，逐渐形成了十三个殖民州，其中的马萨诸塞、宾夕法尼亚、特拉华、新泽西等非常著名。这些殖民州虽然同属于英国国王派遣的殖民总督管辖，其实它们是相当独立的，州与城镇的地方自治是未来美国的社会基础。也就是说，这些殖民州大致都有自己的州宪章，它们可谓州的宪法，决定着这些州的政府权力架构和臣民的权利保障。依据各州的宪章，个人的自由与权利是基本的原则，为此，各州均有自己的议会组织和政府制度，此外各州还设立各种形式的普通法法院，恪守司法独立，英国的法治传统在北美各殖民州依然富有生命地延续着。总之，这些独立自治的各州，它们较为明确地演变出一个三权分立的政治体制，大致实现了孟德斯鸠所描述的英国的自由君宪体制。说起来殖民州的母国英国并不是一个三权分立的典范，而是治理权与裁判权的二权分置体制（孟德斯鸠对英国三权分立的描写具有很多想象的色彩），相反，恰恰是在殖民地的北美新大陆，早在美利坚合众国构建之前，十三个殖民州就已经孵化出三权分治。

数以万计的英国移民在北美新大陆的生存和发展是十分艰难的，一方面他们要与印第安人斗争，寻求经济与社会的生存之道，另一方面他们还要与宗主国英国的苛捐杂税相抗争，争取更大的自由与独立。经过长达一个多世纪的演变，北美十三州具有了联合起来对抗英国的能力和意愿，于是在 1775 年至 1789 年发生了著名的独立战争。这场战争意义非凡，它激发出北美殖民地各州脱离宗主国的独立政治意识，因此被视为一场美国革命。独立战争所导致的美国革命在人类历史上具有不同凡响的重大意义，无论对大不列颠之英国，还是对美利坚合众国，乃至对欧洲和世界，都具有难以估量的政治与文明史的意义，所谓英美国家或英美自由主义，所谓主导现代世界格局的英美主流力量，所谓自由、法治、共和与民主，等等，都与此密切相关。

当然，从独立战争到美国建国，这也是一个大故事，相关的研究和文献浩如烟海，我以为其中大致有如下几个要点：

第一，十三殖民州的联合抗英经过大陆会议所成立的邦联体制到费城制宪所达成的美利坚合众国，是一次重大的国家制度的创新，人类历史上第一次在一个幅员广大、人口众多的大国实现了现代的复合联邦制的共和国，这是步入现代的大不列颠之英国和大革命前后的法国、后来居上的普鲁士德国都不曾出现的。美利坚合众国的复合联邦制，既吸取了英国的法治传统、地方自治、自由精神、新教信仰、社会治安、个人权利，又汲取了罗马政体的重要因素，强化两院议会的体制，设立联邦政府总统制，保障各级法院的司法独立，重视与平衡联邦各州的州权利，成就了一个古今包容的新型共和国，这就为接续英国之自由帝国开辟了道路。

第二，美国还是人类历史上第一个依据宪法而建构的现代国家，制宪建国，而不是通过强力建国，在美国充分体现了人民主权的现代精神，美国人民是美国的国家主人，宪法是国家的基石，立国的依据。不过，美国宪法又有显隐两个层次。首先或主要的是成文宪法，即费城制宪并获得十三州议会批准的美利坚合众国宪法，它修改了过去的邦联条例，构建了一个复合联邦制的共和国。但也要指出，美国宪法的精神还体现在独立宣言中，所以，独立宣言所申诉的美国人民的各种基本权利以及自由独立精神，又可谓隐含的宪法。所以，要完全理解美国宪法以及宪法精神，应该把独立宣言和费城制宪结合在一起，美利坚合众国宪法包含着独立宣言的自由精神，两个文本结合为一才是真实完整的美国宪法，美利坚合众国就是根据这个隐显合一的宪法构建起来的。

第三，美国作为在新大陆创建的一个移民国家，虽然没有古典的封建制度之悠久沉积，但也承担着一系列复杂的政治与文化问题，而其宪法的制度设置及其实践，却遵循着英国自由保守主义的传统，较为圆满地解决了诸多难以克服的张力性关系问题，不失为典范。其一，通过第一修正案，大致解决了政教分离的问题，这对于来自大不列颠的新教徒具有重大的制度意义；其二，美国宪法采取了主权分割的制度设置，通过复合联邦制，而不是单纯的民主制，实现了联邦政府与各州权利的主权分割，赋予联邦各州较大的自主性，从而初步解决了联邦与州的权力冲突；其三，通过相关的五分之三条款，初步解决了黑人奴隶的权利资格以及南北各州的比例协调问题。所谓保守自由主义，又称之为渐进改良主义。上述一系列问题，不可能一步到位地彻底解决，而是要渐进改革，所以，美国之建国又是一个大妥协，其实这一点也是来自英国的，大不列颠的两层国家建构，光荣革命以及英格兰与苏格兰合并，同样也是英国版的大妥协。

综上所述，经过大致两个世纪的历史演变，四波英国新教徒迁徙移民到北美新大陆，风风雨雨，千辛万苦，终于在这块土地上通过美国宪法构建了一个新的国家，组建了一个新的政治共同体，锻造出一个新的民族即美利坚民族。我们可以说，美利坚民族的前身是英国的盎格鲁-撒克逊人，他们信奉基督新教，定居北美后，经过自身的努力和奋斗，最终成就出一个美利坚合众国，打造出一个美利坚民族，具有着美国自身的独特本质。我们第一讲的英美国家，虽然血肉相连，但毕竟是两个独立主权的国家，从英伦三岛之大不列颠的英国到山巅之国的美利坚合众国，政治架构的构建与完成只是一个重要的方面，此外，还有文明层面的含义，英美文明在人类文明史上担负着至关重要的使命。下面我要专门讲述的苏格兰道德哲学，只有融入整个英美文明史的宏大故事中，其价值与深意才能彰显。

二、英美社会的古今之变

英美国家以英国的光荣革命和美国的费城制宪为标志，在政治上实现了现代国家的构建，具体一点说，英国的这个大不列颠联合王国还包括英格兰与苏格兰及爱尔兰的合并为一，建构的是一个君主立宪制国家，而美利坚合众国则包括独立宣言以及联邦宪法，并且获得十三州批准通过，创建了一个复合联邦制的共和国。大不列颠采取的是未成文宪法形式，美利坚则是世界上第一个依据宪法建立的国家，它们都属于现代国家形态，同是现代国家的开拓者，前后相继，引领世界潮流，具有典范性的意义。

应该指出，这还仅是政治层面上的。尽管国家建构与宪法政治非常重要，但经济社会，乃至文明进化，也是不可或缺的。实际上，英美国家的现代构建也是全方位的，涉及政治制度、经济社会、文明习俗、宗教信仰等方方面面的内容，也就是说，英美国家彰显的是一种文明社会的历史性演进，其中贯穿着从传统封建社会到现代工商社会的大转型，尤其是对于历史悠久的英国来说，就更是如此，英美社会不仅有光荣革命和独立建国，而且也有古今之变。古今之变不是后发国家诸如中国、日本、土耳其等国家迈向现代化进程中才有的问题，那些首先步入现代化进程的西方国家，诸如英国、法国、德国、美国等，也同样面临这个问题的重大挑战，它们不仅是政治上的，也是经济上的，更是文化思想上的，这些汇总起来构成了一种文明社会上的古今之变问题。

就西方历史来说，早在 1500 年左右，现代化就端倪初现，意大利文艺复兴、加尔文和路德的宗教改革、法国启蒙运动、英国光荣革命、苏格兰启蒙思想，等等，这些都属于欧洲诸国早期现代化的重大事件与思想演变，它们都具有从古典社会（包括中世纪）走向现代社会的含义。这是一个大潮流，这些现代化的政治、宗教与思想文化的运动，其内在的理路毕竟还是有所不同，它们之间呈现了一定的分歧，换言之，英国以及后来美国的理路，它们经历的古今之变，与欧陆国家，尤其是法国和德国相比，还是有着很大的差别。

此外，就这门课程来说，还有一个苏格兰问题，即苏格兰如何融入英美国家的谱系，并且在 18 世纪的启蒙思想中，在其卓越的道德哲学中究竟发挥了怎样的作用。因为苏格兰很晚才并入英格兰，在大不列颠中一直具有独特的地位，有别于英格兰的固有传统，而且在法制、王权乃至思想文化等方面，也深受欧陆国家的影响。但是，苏格兰却又在 18 世纪发生了一场惊艳绝伦且影响巨大的思想启蒙运动，不仅在思想上超越了同时期的英格兰，而且此后还获得了经贸的快速发展，苏格兰作为北方不列颠，与英格兰一起共同完成了英国社会的政治、经济与文化的大变革。苏格兰在此进程中究竟发挥着何种作用，其思想又是如何反映出英国社会（包括苏格兰）的这场古今之变，其创立的道德哲学、政治经济学和文明演进论等思想理论又是如何深化了处于巨变之中的英国思想，并在英美自由主义思想谱系中占据何种独特性的地位呢？

1. 欧洲的现代化路径：以法国为代表

为了回答上述问题，我们有必要对勘比较一下西方现代化进程的不同道路，虽然在 1500 年左右，欧洲诸国（包括王朝君主国以及贵族公侯国等）这种分歧并不凸显。例如地中海意大利的各个邦国、西班牙、葡萄牙以及荷兰，还有绝对君主国法国，德意志的众多公侯国，它们伴随着封建王朝的解体，分分合合，战争频仍，尤其是天主教与基督新教的冲突加剧，纷繁复杂的欧洲社会政治处于大变革的初期，还未呈现出明显的差别，或者说还是混乱一片的，不同的政治主体正从封建旧秩序中艰难地跋涉着，未来的世界格局并不明朗。

演变到 17 世纪，那些依附于天主教的国家，例如意大利诸邦国、西班牙、葡萄牙等国家逐渐衰落，而开展了新教变革的国家则慢慢兴盛起来，尤其是英格兰、荷兰和法国，在 17、18 世纪成为欧洲的强国。这些大国之所以兴盛，主要是因为它们经历着古今之变，尤其是法国和英国成为相互对峙的两大强国。从深层考量，它们又都经历着政治、经济、社会和文化上的古今大变革，并且隐然形成了两种不同的变革路径，虽然它们并非截然对立，在很多方面具有从古典社会（封建社会）到现代社会的共同点，但其变革方式以及价值理念乃至思想理论，却又表现出很大的分歧。

下面先说法国。法国原是一个典型的封建王朝，波旁王朝在 17 世纪的路易十四时代，可以说是达到了盛极而衰的关键时期，启蒙思想家伏尔泰曾以五味杂陈的笔调描写过这个特殊的奢华、开明而专制的路易十四时代。说它走到极致，指的是法国已不是传统常规的封建国家，而是一个君主凌驾一切的绝对王权国家，这种绝对王权显然不属于封建体制，而是具有了现代国家的性质，换言之，路易十四是通过绝对主义的君主专制完成了一种现代国家的构建，这种通过高度集权且贬抑贵族制的现代国家道路，在法国获得巨大成功，被视为一种典范。为此，现代早期的思想家们纷纷为之背书，炮制了一系列有关现代国家主权唯一且不可分割之理论。说起来这种主权理论早在马基雅维利、霍布斯那里就有经典性的表述，可惜的是当时的欧洲现实政治进程并不与之接榫，但在法国的绝对主义王权专制时期，这套思想才与君主集权国家的政治诉求和制度操作相互匹配，所以，博丹等人伺机提出的君主制的绝对主权思想甚嚣尘上，成为不刊之论，对后发国家的主权建构影响巨大而深远。

物极必反，这种通过君主集权而走向现代国家的道路，虽然令人心仪，但问题多多，17、18世纪的法国现状并不能维系路易十四的绝对集权体制稳固不倒，政教关系、新教运动、财政问题、军费开支、王位继承、贵族不服、市民崛起，还有思想启蒙、文人政治，等等，这一系列问题在路易十四死后使得法国一片狼藉，强势的绝对主义王权专制国家走到尽头，开始衰败崩塌，面临被彻底否定的困境。法国大革命紧随其后，在越来越激进的革命与改制的政变中，路易十六被送上了断头台，君主王权旧制度被推翻，崭新的法兰西共和国建立起来。但所谓的法兰西共和国并不消停，而是更加激进、残酷与暴虐，先是相对温和的资产阶级吉伦特派执政，但很快就被资产阶级左翼的激进派所打倒，雅各宾派掌握了政权，他们在貌似绝对革命的口号下，大搞平民资产阶级的阶级乃至个人的专政和独裁，致使无数人头落地，狂热的革命最终反被自身吞噬，雅各宾派的罗伯斯庇尔也被送上断头台。

法国大革命史是一部古今之变的血腥革命史，也是一部激进主义的集权专政史，看上去它摧毁了封建王权统治的旧制度，但它所建立的不过是更为暴虐无度和纷争不止的新制度，最终还是迎来军事僭主拿破仑的窃国执政，拿破仑构建法兰西帝国，自我加冕为第一帝国的皇帝，由此法国进入一个强权主义的现代僭主国家时代。关于法国大革命的来龙去脉、沉浮起落、沧桑巨变等等，著述繁多，各家各派，不一而足，并非本课程的主题。若从西方政治社会古今之变的视角来看，尤其是对勘同时代的英国革命，至少有如下几点可供参考。

第一，法国从封建旧制度到现代国家的新制度，其转变方式采取的主要是一种革命激进主义的大变革，即以集权革命的手段完成变革。这种集权开始于绝对主义的君主集权，终结于雅各宾派的人民集权，开始于王权专制主义，终结于共和国的人民专政体制。从形式上看，法国大革命促使国家从封建君主制变为现代的人民共和国，一切权力属于法兰西人民或第三等级，但现代共和国的专制与集权的本质并没有什么变化，人民是虚幻的。诚如托克维尔在《旧制度与大革命》中所言，旧的等级制度以新的形式重新出场，大革命除了付出血腥的代价之外，并没有什么收获，所以，拿破仑的帝制复辟在当时是深得人心的。也就是说，激进的革命主义大变革，固然完成了法国社会的古今之变，但其成果非常有限，广大的人民群体并没有获得所应享有的现代政治的真实成果，种下的是龙种，收获的是跳蚤。

第二，为什么会产生上述情况呢？关键在于暴力手段的极端政治逻辑，换言之，仅仅通过革命暴力和武装政变所引发的国家变革，最终会因果颠倒，把手段转化为目的，即为了统治而统治，为了暴力而暴力，真正的法治规范与人民意愿被抛弃了。从言辞上看，各路革命派别，尤其是雅各宾派也大讲法治，大讲人民公义，也是通过各种宪章或宪法来创建一个新的法兰西共和国。但是，这些都是语言蛊惑的修辞术，因为他们的法治要祛除传统，敌视个人的自由与权利，他们的人民不是个人主义的个人，而是集体主义或国家主义的人民，是卢梭所谓的公意。他们这些圣洁的革命者最有能力代表人民的公意，最有资格行使人民的法治，因为他们最革命、最优越，其口号就是彻底打破旧世界，建立一个美好新世界。所以，社会变革在他们那里演变为一种狂热的政治浪漫主义，而独裁与专政成为最有蛊惑力的助产师。

第三，在法国激进主义的革命狂潮中，当然也不乏一些清醒者，例如思想家贡斯当就是著名的代表人物，他们这批真正的早期自由主义者，可以上溯启蒙运动开端的孟德斯鸠，下迄反思大革命的托克维尔，形成法兰西现代政治思想的独立一支。但在当时，自由主义者却是形单影只，不成气候，难以有效地与革命激进主义相抗衡。他们发现并揭示了法国大革命的偏激与错误，在他们看来，个人自由与宪政国家才是现代社会的核心问题，也是法国革命的最终目标，所谓的平等权利和专政体制，只会毁灭法国正在进行的古今之变的社会转型。实现自由与宪政，并不一定非要采取否定或摧毁过往一切传统的革命暴力手段，完全可以以有限度的暴力方式对待旧的宗教制度和王权制度，通过渐进改良，实现法国的古今之变，从封建王权转变为现代共和国。在这个变革中，尤其重要的是维护个人的自由，建立的国家必须是政治权力受到制约的宪政国家。自由与宪政，是现代社会的核心，贡斯当一生的言行举止、理论观点和政治实践，虽然看上去反复多变，但这个核心理念一直为他所坚守。自由与宪政，而非平等与集权（专政），才是现代国家本该奉若圭臬的定海神针。可惜的是法国启蒙思想以及大革命所走的并不是贡斯当揭示的路径，而是博丹、卢梭、西耶斯、马拉和雅各宾派交汇纠结出来的激进主义革命专政的路径，这个法国革命路径对于世界各国现代化的道路影响巨大，甚至成为完成古今之变的普遍路径。

2. 英国及美国的独特性现代化道路

与法国从启蒙运动到政治大革命的欧陆现代化道路相对，大致在时间相同的 17、18 世纪，英美国家也在经历着现代化的重大转型，也完成了它们社会的古今之变。与法国以及后来的普鲁士德国相比，英国和美国在分享着与前者的现代转型的诸多共同点之外，走出了一条独特的英美道路，呈现出诸多与欧陆国家不同的现代转型的特征，所以，也才有历史学中的英美路径或英美式自由主义的国家与社会构建。至于英美道路和法德道路哪个更具有普遍性，我认为这个问题不能一概而论，二者都有着自己的独特性，互相之间并非完全截然对立，只不过不同的地理环境、历史传统、偶然事件以及路径依赖等方方面面的因缘际会，才导致如此的差异。所以，所谓的普遍性要具体体现在个别性之中，或者说，它们都提供了某种普遍性，但都不可能完全照搬和模仿，因为它们都具有自己的特殊性，是照搬不来的，只能抽象继承，并与自己社会自生自发的扩展秩序相结合。实际上英美国家也是这样做的，最后形成了一个自己的谱系道路。

英美的古今之变道路，又有三个重要的版本，即英格兰光荣革命、苏格兰与英格兰的合并以及美国的独立建国。本课程主要关涉的还是前面两个版本，美国在此也有必要简述一下，有助于理解英美相继的转型道路。

美国是一个移民国家，从严格的意义上说，美国没有古今之变，它是在北美大陆新建一个现代国家。从延伸的角度看，它的古今之变不过指的是美利坚合众国创建之前的英国移民地及其十三州的演化史，由于承继的是英国的传统，姑且称之为古今之变，其实北美是没有古典社会的。另外，美国建国的方式，也属于新创的崭新方式，即以独立战争和费城制宪为标志的建国。但表面看上去与法国大革命相类似，而与光荣革命的复辟大不同，且不说在建国过程中，北美十三州还与法国结盟共同对抗英国，最后把美国的保皇党人赶出美国，并取得独立战争的胜利，实现独立建国。也就是说，美国革命更像法国革命，与英国殖民遗产相切割，斩断与英国的血缘脐带。

上述那种对于美国的理解是表面上的，如果深入考察美国的国家与社会本性，其与英国实有着更大的共同点，不仅在于移民构成、新教信仰，而且涉及美国革命与建国的方式，甚至可以说，《独立宣言》与制宪建国是英国光荣革命的美国升级版。由于美国没有树大根深的封建君主制的旧制度，所以，美国革命虽然不是很温良恭俭让，也是战争与刀枪，但他们只是为了摆脱英国的殖民统治，对于英国的现代国家体制并未彻底否定，反而是竭力汲取其精华，或者说，美国的革命动力来自英国的政治与法治传统，即追求的是英国式的自由与宪政。另外，从独立战争时期的邦联体制到费城制宪和美利坚合众国的构建，采取的乃是和平契约的方式，也是一种政治上的大妥协，这与光荣革命也是一脉相承。所以，美利坚的建国从实质上说，属于一种看似激进革命实乃改良革命的方式，继承的乃是英国一以贯之的自由（法治）精神。

从上述英美谱系的现代化道路来看，英美国家虽然小有区别，但总体上还是一脉相承的，英国的古今之变及其现代国家的构建只有在美利坚合众国那里得到了实质性的延续，保持了其自由与宪政的精神，相比之下，法德等欧陆国家虽然也经历着自己的古今之变，也实现了现代国家的构建，但采取的是更为激烈的激进主义的革命方式，屡经挫折，并没有实现自由与宪政的现代精神，反而陷入集权、专政与暴虐以及国家主义的深渊。所以，两种西方现代化转型的方式及其道路，以及英美谱系的现代国家在现代世界格局中的胜出、雄霸世界历史三百年，要在一个较为广阔的历史视野下，才能看得清晰和透彻。这是一种大格局和大视野，因为，就局部的时间段和某些细节来说，两种现代转型的道路是纠缠在一起的，例如，法国（孟德斯鸠、贡斯当）和德国（康德、洪堡），乃至早期的西班牙（苏亚雷斯）和荷兰（格劳秀斯），也都有与英美自由宪政相契合的思想理论和政治选择，但最终并没有走通，而英美也有与法德相契的思想与激进主义（霍布斯以及克伦威尔执政时期），但英国和后继的美国，却最终走通了自由与宪政的国家道路，构成了英美谱系的现代化道路。为此，可以将其称之为英美特殊论，甚至是分别的英国特殊论和美国特殊论，但随着英美的自由与秩序在国际社会的扩展并成为主导潮流，它们又转化为普遍论，或具有了某种普遍性的意义，被视为典范，效法英美也成为可以走得通的现代转型道路。

前面主要谈了法德与英美两条道路的重大分歧，其实，它们之间也并非相互隔绝并各自运行，既然都面临古今之变，都经历社会重大转型，都孕育和创生了现代国家与社会，都与封建制度和农耕文明相告别，那么，它们之间就具有很多的共同点，分享着共同的问题意识，区别与差异是相对的，而不是绝对的，相互之间有同有异，这才符合历史的客观真实。例如，从传统旧制度到新国家的转变，都需要一场政治革命，必须有一场深入的政治革命，才能实现从封建国家到现代国家（资本主义国家）的转变，所以，英国的光荣革命、美国革命和法国大革命，它们都是革命，换言之，不通过革命便成就不了现代国家，革命是这场转变的动力机制，只有政治上的革命，才能撬动旧制度的基石，才能促进现代政治的建立和现代工商社会的登堂入室，占据主导。政治革命是它们的共同点，具有普遍性，由此才有英国的君主立宪制、法兰西共和国和美利坚合众国。

虽然都是革命，但革命的方式、目标和结果却又是不同的，此革命不同于彼革命，英美革命不同于法德革命，有学者将其称之为小革命与大革命之不同，或者政体革命与社会革命之不同。概而言之，英美革命主要是限定于政治与政体领域，并未裹挟全方位的经济社会领域，且采取的也是有限的暴力手段，最终以大妥协的方式实现了渐进主义的改良革命，光荣革命便是典范形式，费城制宪则是十三州通过契约制宪建国，并没有对传统政治进行彻底的摧毁，而是在自由与宪政的目标下达到一种继承和转化。法国革命以及普鲁士德国兴起、俄国革命等，则是把无限度的暴力革命从政治延伸到社会所有领域，进行了一种彻底摧毁旧制度的大革命，采取的是激进主义的集权和专政的方式，以人民、国家和民族的名义，剥夺了个人的自由和权利，也扫除了政治权力分权制衡的宪政原则，最后达成的现代国家不过是集权主义和国家主义的一极独大，各种个人的和中立性的中间力量都被彻底铲除。两种革命的结果显而易见，一种是自由、稳定而逐渐壮大的国家以及社会与个人的均衡发展，另外一种则是反复动荡且国家强势崛起但个人自由反被压抑，最后导致的则是三者的失衡，从而引发社会凋敝，国家危机，人民备受摧残。从长远的历史视角看，英美国家在现代世界历史的国家竞争中不断胜出，实现了英美式的自由主义，这一切无疑是必然的。

三、从洛克政治理论到苏格兰启蒙思想

英美的现代化道路，尤其是英国的道路，这是一个历史学与政治学的大问题，不是本课程的主题，但为了真正把握苏格兰道德哲学，我认为必须有这个大背景的铺垫。我们关注的主要还是思想与文明，及其历史正当性问题，这个历史正当性也就是本课程冠名的"道德哲学"，我尤其强调这里的道德哲学与纯哲学意义上的道德哲学不同，苏格兰道德哲学也是以这个历史正当性为核心展开的。

在此我们还不能直接进入苏格兰思想的主题，因为英国古今之变的现代转型不是一步完成的，对这一进程的历史正当性辩护乃至思想与文明意义上的提升，同样也需要一个过程，具体一点说，与英国的现实进程相匹配的大致有三个递进的层次，即政治正当性、社会正当性与文明正当性，与此对应的是英格兰的光荣革命、苏格兰经济社会的变革及其道德辩护，以及大不列颠的文明社会的构建。换言之，英格兰的光荣革命提供了政治上的一种现代转型方式，即政体制度上实现了君主立宪制，其思想理论主要是通过洛克来完成的，洛克是英格兰光荣革命的理论证成。但是，英格兰的经济与社会以及工商社会的道德正当性，还有合并后的大不列颠所呈现出来的文明社会之蕴含，这两个主要领域的思想建构则主要是由苏格兰启蒙时期的思想家们提供的，英格兰本土的思想家们在霍布斯、洛克之后，并没有突出的理论创造，反而是合并前后的苏格兰思想家们在 18 世纪绽放出辉煌的理论异彩。

此时的苏格兰思想从大的范围来看，属于英国思想的谱系或英

美思想的谱系。18世纪对于苏格兰具有格外突出的意义，此后的苏格兰趋于庸常，再也没有第二次的异彩纷呈，英国思想在19世纪重新回归英格兰乃至爱尔兰，以及转移至美利坚，但苏格兰的独特贡献，却是英国思想史不可或缺的重要一环，在英美谱系中具有举足轻重的地位。

1. 洛克的政治理论

洛克是一位重要的英格兰思想家，他一生主要的事业是为英国的政治变革提供理论上的论证，或者说，他是英格兰光荣革命最伟大的辩护士，由于这场英国革命在现代世界的典范意义，所以，洛克不期而然地成为现代国家与现代政治的理论开创者，成为在思想上为英美自由主义奠基的人物。就本课程的主题来说，洛克也是苏格兰道德哲学的理论奠基者，在洛克的理论中，饱含着英格兰的自由、宪政的精神。当然，洛克不是凭空出现的，他继承的是英格兰的思想传统，主要体现在如下几个方面：

第一，从哲学史乃至思想史的角度看，洛克属于英国的经验主义传统，这个传统可以追溯到中世纪基督教神学的唯名论，沿着这条路径，在英国思想界前后相继形成与欧陆唯理主义相互对立的英国经验主义，说起来，培根、哈林顿、霍布斯、沙夫茨伯里、贝克莱以及苏格兰的思想家们，都属于这一谱系。也就是说，洛克是以经验主义的方法来构建他的现代政治理论的，他继承与发扬的传统是英国经验主义，这就与笛卡尔、斯宾诺莎、莱布尼茨、沃尔夫等人为代表的欧陆国家的唯理主义哲学谱系大异其趣。

第二，洛克最伟大的贡献还是集中体现在他的政治学说中，即他为英格兰光荣革命、为英国古今之变的政治转型以及现代国家的构建，提供了一套建设性的理论辩护或证成。洛克不是书斋里的学者，而是参与者，他追随辉格党领袖沙夫茨伯里伯爵，经历了英国革命的重大进程，其思想既有现实政治的背景又超越了现实政治，既有政治革命的蕴含又有宪政守护的实质，维系的还是英格兰古今之变中的自由（权利）与宪政（君主立宪制）。说起来，现代国家构建的主题，早在马基雅维利、维科等思想家们那里就受到关注，在英格兰，内战期间的霍布斯对此也是萦绕于怀，法国的主权主义者博丹、荷兰的格劳秀斯等，也都关注现代国家的构建问题。至于究竟谁是第一人，莫衷一是，但这并不重要。就英格兰思想谱系来看，洛克的政府论以及政治契约论，表面上是批判罗伯特·菲尔默的君权神授论，其实指向的是霍布斯的国家利维坦。换言之，洛克通过为光荣革命的理论辩护，所构建的现代国家不是绝对主义的利维坦，而是建立在君民相互契约、保护个人权利与自由的有限政府（宪政国家或君主立宪制）。这个国家制度不是想象中的，而是已经通过大妥协的政治契约在英国实现出来了，它就是现代的英格兰君主立宪国家，也是洛克《政府论》的或议会主权的英国宪政体制。显然，革命后的英国，其政治正当性不是来自君权神授，而是来自人民的契约，但这个契约不是霍布斯构建利维坦国家的那种契约，而是人民让渡性的有限契约。如果国家或君主立宪制丧失了保护臣民自由权利的职能，沦为专制政府或绝对暴政，不受法律约束，那么人民还有基于自然权利的反抗与革命的权利，从而重新立约，再建有限政府。

第三，基于上述理论或原则，洛克具体论述了现代政府的构成原理，以及臣民的权利内容，尤其是人身生命权、私人财产权和宗教信仰及言论表达等一系列权利，并且就政府的职能、立法与行政及司法，还有对外关系及殖民地事务，尤其是王权继承、议会构成、财政税收、公共事务、国民教育等具体内容，均作了经典、扼要但关键性的讨论分析。这些既是英格兰光荣革命予以解决的重大政治议题，也是具有扩展性的现代国家的治国纲要，虽然它们不是英国宪法性文献，属于洛克的私人著作，但却具有准英国宪法纲要或宪法释义的作用。因为，洛克的政治思想尤其是他的政府论，不仅仅是他一个人的观点，更是代表着当时一代政治精英的共同意识，是参与光荣革命的辉格党与托利党、革命派与改良派等政治精英的共识，也代表着当时具有选举权的英国公民的共同意见。这个洛克版政府论或英国现代国家论，就具有承前启后的制度性证成的意义，一方面它是"大妥协"的英国君主立宪制的成就之理论总结和正当性辩护，另外一方面，它以其丰富的政治内容，为此后两百年大不列颠联合王国，乃至英美国家的现代构建，提供了强有力的理论基础。

综上所述，围绕着光荣革命，在英格兰现代国家的构建中，洛克所代表的自由主义思想为英美国家的现代转型提供了最有说服力和现实感的理论辩护和思想构建。虽然在洛克前后，有一大批思想理论家从事这方面的著述，从马基雅维利、霍布斯到哈林顿，以及法国启蒙运动乃至大革命前后的思想家，诸如博丹、卢梭、西耶斯等人，但最为成功的还是洛克。这一点毋庸置疑，因为他的思想与光荣革命和英国君主立宪制的政治实践相接榫，是理论与实践的结合，实现了自由与宪政的现代国家的政治目标，因此具有能够扩展秩序的强大生命力。但是，正像1668年的光荣革命只是实现了政治上的古今之变，洛克的思想其中心也只是在政治领域与之相互匹配，英国古今转型的故事还有下半部，即经济社会乃至道德文化或文明层面的，这些方面在英格兰思想家们那里却并不完善，或者并没有彰显出来，也许这与17世纪英格兰经济变革的现状是匹配的。在光荣革命的政治议题解决之后，英国经济社会大力发展，对此的理论辩护或思想证成，并非由英格兰思想家们完成，而是由并入英国的苏格兰思想家们挑起了大梁。休谟、斯密和弗格森等18世纪的苏格兰思想家华丽出场，他们创造性地在道德哲学、政治经济学和文明历史观等多个方面，接续着英格兰的政治思想轨迹，依靠着英格兰的政治制度，创建了具有苏格兰思想品质的理论著述，从而在一个新的高度上，尤其是在资本主义经济制度和文明社会演进方面，为大不列颠联合王国的道德正当性、市民财富正当性和文明正当性，进一步提供了历史性的理论证成。

2. 苏格兰启蒙思想

前面我已经指出，英格兰的光荣革命及洛克对其的理论辩护，已经从政治层面为英国奠定了牢固的基础，但政治制度底定之后，英国的社会进程不是停止不前，而是更加发展壮大了，尤其是在合并苏格兰及爱尔兰之后，作为大不列颠联合王国的英国全方位地步入了早期现代资本主义的黄金发展时期，一步步超越了西班牙、荷兰乃至法国，走在了西方世界的前头，成为标志性的领头羊。对于这样一个资本主义上升时期的英国社会，其社会结构、经济制度、文明形态，尤其是市民阶级的主流价值观等，当时的英格兰思想家们并没有给出强有力的回应，或者说在伟大的洛克之后，在长达半个多世纪的时间内，英格兰的思想家处于停滞和疲软状态。但是，与之恰相对照的是，在多少有些边缘的苏格兰，作为北方的不列颠，尤其是有着"北方雅典娜"之称的爱丁堡以及格拉斯哥、圣安德鲁斯和阿伯丁等地区及所在地区的大学，却掀起了一场轰轰烈烈的启蒙运动，激发出一系列富有创造力的新思想，从而回应和解决了英国资本主义引发的一系列问题，尤其是经济、道德和文明问题，并使苏格兰更深地融入大不列颠之英国的资本主义发展浪潮中。英格兰和苏格兰及爱尔兰等地域更加紧密地结合在一起，这就为日后 19 世纪雄霸全球的维多利亚时代打下了基础。

一般说来，西方各国政治与社会的古今之变，都经历了一场思想启蒙运动，从文艺复兴、新教改革到启蒙运动，这是一条主线，但是这条主线其实是针对欧陆国家的，意大利、法国、德国等等，就启蒙思想来说，典型的代表是法国启蒙运动和德国启蒙运动。英美国家并不凸显，当然，也不能说英美谱系在古今之变的政治与社会的转型中就没有启蒙思想的洗礼。不过，单就英格兰来说，由于其政治传统及其普通法的保守性，光荣革命前后所进行的现代国家建设，还不能说是启蒙思想的成就。至于美国，由于是在新大陆建立一个现代国家，历史负担不重，也没有明显的启蒙思想。这就出现了一个问题，英美国家的古今之变及其现代国家与社会的创建，是否就不需要启蒙运动和启蒙思想的洗礼呢？答案很清楚，需要启蒙。恰恰是 18 世纪的苏格兰启蒙运动及其催生的思想理论，构成了英美国家的一个强大的传统，也就是说，英美国家在现代资本主义的构建中，也需要或也存在着启蒙思想的动力推动。苏格兰作为一个中介，把欧陆国家和英美海洋国家沟通起来，因为从王室继承、法治类型和国家治理，乃至思想激荡等多方面，苏格兰都具有明显的大陆国家的特征，苏格兰在 18 世纪确实也发生了一场声势浩大的启蒙运动，催生了一系列苏格兰特性的伟大思想。

特别需要说明的是，正如苏格兰属于英国，苏格兰启蒙运动也是英国谱系的启蒙，虽然受到法国、荷兰、意大利等欧洲大陆的影响，但其实质是属于英美国家的，应被纳入英美自由主义的大传统。因为，苏格兰启蒙运动的真正动因是来自英格兰的冲击，来自英国资本主义所引发的政治、经济、社会、道德与文明等一系列问题。关于苏格兰启蒙运动及其思想理论在下一讲中我要专门讲授，下面仅从苏格兰启蒙思想在欧陆国家和英美国家的现代化路径的交汇方面所呈现的基本特征，谈几点看法，以便我们更加深入地理解苏格兰道德哲学。

第一，苏格兰启蒙运动并不像法国那样以决绝的批判彻底否定和摧毁传统的旧制度，而是接续光荣革命及洛克政治思想的英格兰传统，在接受既成事实的英国君主立宪制的政治前提下，致力于推进社会经济工商贸易的发展，揭示这个商业社会的经济规则和秩序，认同商人经济的主体地位，并为此论证一个法治政府的必要性，尤其是在道德哲学的层面上提供一种正当性的辩护。因此，苏格兰启蒙运动并没有革命激进主义的色彩，不但没有法国启蒙思想的极端激进主义，甚至连洛克版本的光荣革命的弱激进主义都没有，反而呈现出某种保守主义的特征，换言之，苏格兰启蒙表现出来的是保守的自由主义或古典的自由主义的思想品质。这一点是我们理解苏格兰启蒙运动及其思想家们时要格外注意的。为什么会如此，原因其实很简单，在政治上，苏格兰不再需要大小意义上的革命，而是和平接受英格兰的政治成果。接续洛克的辩护逻辑，为新生的英国资本主义给予经济、道德和文明的历史正当性揭示，就是苏格兰启蒙思想的使命，他们确实富有创造性地做到了。

第二，关于苏格兰启蒙思想的具体内容，尤其是休谟、斯密和弗格森等代表性人物的思想理论及其重大贡献，我在下面还要专门讲授，在此只作一个扼要的概述。其一，苏格兰启蒙思想创建了一个现代资本主义市民社会的新道德哲学，这几乎是18世纪苏格兰思想家们的一个共同的理论创造，尽管具体观点有所差别，但回应英国时代的问题，为现代社会提供一种道德上的论证，他们是共同的，我称之为新情感论。其二，由于现代社会是一种不同于封建农耕社会的工商经济社会，所以，如何理解这个工商社会财富创造的机制，并为其论证和辩护，这就产生了所谓的政治经济学，苏格兰思想家们对此也是非常关注的，并开辟出一种新的不同于封建农耕经济的国民财富论。其三，如何保障一个工商社会的合理运行，为商品经济提供法治支撑，这就不是打破的问题，而是建设的问题，有别于洛克等人的政治契约论思想路径，苏格兰思想家们提出了一套新的法治论与政府论，以便厘清政府与个人的权界。其四，工商社会又是一种文化发达的现代文明，这个文明在文化品位、礼仪交往和社会时尚等方方面面，都呈现出优于古代的文明性质，而从历史演进的高度，揭示现代文明的具体内涵及其可能的危机，这些内容就形成了一种文明演进论的思想，这种思想是苏格兰启蒙思想家们最早系统性地提出来的，我称之为新文明论。总之，新情感论、新财富论、新法治论、新文明论，这些内容，就是苏格兰启蒙思想的主要内容，也是休谟、斯密和弗格森集中研究和阐释的理论内容，这些思想理论不仅具有学术思想史的意义，即开辟了道德哲学、政治经济学、社会阶段论和文明演进论等学科研究的路径和坐标，而且还具有现实的指导意义，它们为英美的现代资本主义提供了理论上的辩护和证成，从而构成了英美式自由主义的一个重要的思想渊源，在英美国家的社会实践上一步步地得到实现并获得与时俱进的改进。

第三，就世界思想史的主流观点来说，由于有法国启蒙思想和法国大革命，18 世纪一般被视为法国思想占据主导的世纪，但就英国思想史来说，苏格兰启蒙思想肯定占据着主导地位，而且随着英美国家在世界现代史主导地位的确立，那种把法国思想捧上天的观点也未必是正确的。至少，在英国，在洛克之后几乎长达一个世纪的时期内，苏格兰思想占据着英美思想的中心，其原因前面已经指明了，那就是苏格兰回应了英国的时代问题，创造性地贡献出一系列自己的新思想。但是，我们也要指出，在苏格兰启蒙思想辉煌灿烂了一个世纪之后，在 19 世纪，英国思想的重心又转回英格兰，具体一点说，就是从苏格兰思想转向英国的功利主义，即以边沁、穆勒等人为代表的功利主义思想在 19 世纪接续了苏格兰思想，为变革中的英国提供了新的系统性理论，而苏格兰思想在苏格兰本土则趋于停滞，难以保持以前生机勃勃的创造性。值得注意的是，19 世纪的英国功利主义，与苏格兰思想并非毫无关系，甚至可以说，其基本的功利原则受到了苏格兰休谟等人的重大影响，也有人把休谟、斯密等苏格兰思想家视为最早的功利主义思想家。对此，我是持不同意见的。我认为休谟、斯密等人虽然有功利主义的一些要素，例如有用性、利益观，甚至人性心理学也强调感性快乐的有效性，但他们不是边沁甚至穆勒这样的功利主义思想家，而是苏格兰情感主义思想家，是法治规则主义的思想家，这一点非常重要。

总的来说，一个时代有一个时代的思想理论，苏格兰启蒙思想，上接洛克的政治理论以及英国的政治成果，在苏格兰并入英国的重大转折关头，很好地回应了英国的社会诉求，创造性地开辟出独具苏格兰特色的一系列思想理论，因应了 18 世纪英美国家发展资本主义的理论需要，推动了哈耶克所谓的自由社会的扩展秩序，成就了一个光辉灿烂的苏格兰思想的时代，成为英美式自由主义谱系之不可或缺的一个环节。即便在 21 世纪的今天，休谟、斯密与弗格森的道德情感论、政治经济学和文明演进论，仍然值得人们回顾与挖掘，也就是说，苏格兰启蒙思想仍然具有着强大的生命力，不失为人类文明未来演变的一种借鉴。

第二讲

苏格兰启蒙运动

18 世纪是苏格兰的世纪，至少从英美社会史和英美思想史来说，大致是无可争议的，其突出的标志就是伴随着苏格兰与英格兰的合并，苏格兰发生了一场轰轰烈烈的启蒙运动。这场启蒙运动不仅涉及苏格兰政治、经济、社会、宗教与文化等几乎所有方面，而且催生了一场思想的解放运动，产生了一批伟大的启蒙思想家，他们在各个领域创造性地贡献出一系列原创性的思想理论，从而深入发展了英国的思想，使其进入一个新阶段。在第一讲中，我已经讨论了苏格兰启蒙思想与法国启蒙思想的重大不同，并且把它纳入英美国家的现代化进程之中。在第二讲中，我将专门探讨苏格兰启蒙运动发生的具体社会背景，以及苏格兰启蒙思想的表现形态及其基本特征，以回答为什么苏格兰启蒙运动是英国社会历史演进的一部分——从属于英美国家的大潮流，苏格兰启蒙思想所接续和发展的也是英国思想史的主题内涵，并且正面回应了英美社会的时代问题，即早期资本主义的社会经济和道德文化问题，苏格兰启蒙思想也拓展了英美式自由主义的理论空间，虽然苏格兰思想比英格兰思想更加深入地受到欧陆思想家们的影响。

　　在此我先对启蒙运动和启蒙思想作一个简单的辨析。一般说来，两者在社会史和思想史的语境中并没有多大的区别，可以相互等同，很多论述就是这样混用的。不过，如果仔细分辨，两者还是有所区别的。启蒙运动主要指的是一场社会运动，涉及一个社会的政治、经济、宗教文化、思想观念乃至生活方式等方面，而启蒙思想则主要集中在思想观念领域，涉及宗教、大学、知识、价值、道德乃至理论、学派等社会意识，但是，这些思想领域的变革却对社会其他客观领域的变革起到了至关重要的影响和塑造的作用，所以，启蒙思想往往是启蒙运动的标志性展现。对于 18 世纪的苏格兰来说，其社会经历的变革，既是一场启蒙运动，更是一场思想启蒙，两者是相互呼应和密切相关的，但也有一些差别，就本课程来说，我们更加强调启蒙思想尤其是启蒙思想家们的作用，但他们的思想理论却是社会变革的产物，是启蒙运动的产物。

基于上述分析，第二讲的内容主要分为如下四个部分：第一，简单讨论苏格兰并入英国，共同构成大不列颠联合王国，回顾一下苏格兰与英格兰在政治上的分分合合；第二，简单追溯苏格兰的宗教变革，以及英国圣公会与苏格兰长老教会的关系，宗教变革与教派之争在英国现代转型中占据了举足轻重的地位，尤其是长老教会之于苏格兰启蒙思想的重要意义；第三，从社会史的角度，综合梳理一下启蒙运动在苏格兰诸多领域所导致的变化，涉及经济社会、习俗传统、大学教育、科技发明和思想文化等；第四，集中聚焦于思想观念层面的变革，概括启蒙思想的代表人物和理论，以及所形成的具有独特苏格兰思想品质的基本特征，它们突出地表现在道德哲学、政治经济学和文明历史观等一系列创造性理论中。

一、苏格兰与英格兰的分分合合

从历史上看，苏格兰自成一体，早在远古时代（石器、青铜和铁器时代），古代凯尔特人就生活定居于此，有文字记载的苏格兰历史可以追溯到公元 1 世纪罗马帝国入侵苏格兰之后，"苏格兰"这一称呼首次出现在中世纪，现今所谓的苏格兰指的是与英格兰合并后的苏格兰，是作为大不列颠之一部分的苏格兰。苏格兰地处北方，人烟稀少，占英国面积的五分之三，除去陆地部分，还有 800 座岛屿，很多苏格兰人生活在海岛上，在并入英格兰之前，苏格兰的很多乡村还处于一种部落社会的形态。

对于古代苏格兰产生重大影响的有两件事情，一件是罗马的入侵，另外一件便是基督教的传入。早在公元前 55、54 年，罗马恺撒大帝就曾经两次入侵不列颠，公元 43 年罗马皇帝克劳狄乌斯一世派大军占领了英格兰，设立帝国行省——不列颠尼亚，不过罗马人在侵占苏格兰时，遭到苏格兰各个部族的顽强抵抗，打打停停，致使罗马皇帝哈德良在西北边疆修筑了一道防御城墙，史称哈德良长城，成为罗马统治不列颠的北部边界，直至公元 5 世纪初罗马军队撤出不列颠。虽然罗马人没有占领苏格兰，但英格兰已经沦为罗马的殖民地，所以苏格兰的政治、经济和文化也不能不受到罗马人的影响，其中，在罗马人信奉基督教之后，基督教传入不列颠，英格兰和苏格兰也都受到基督教的重大影响，尤其是苏格兰，本来的文化传统就处于未开化的部落文化阶段，由英格兰传入的基督教自然对苏格兰影响巨大，呈现出与欧洲大陆不同，甚至也与英格兰不同的具有早期凯尔特人特性的基督教信仰形态。

在公元 5 世纪罗马人退出不列颠之后，英伦三岛才有早期的政治组织化过程，出现了众多相互争斗的诸侯国和王国，就英格兰来说，要到 1066 年诺曼征服之后，才开始步入与大陆国家相似的封建制过程。诺曼征服加速完成了英格兰的封建化过程，在英国本土基本确立了封建的生产方式。诺曼征服是英国史上的一个大事件，它为六百年来盎格鲁-撒克逊封建制度的发展作了一个总结，又开创了英国封建制度全盛时期的新局面，从诺曼征服到亨利二世统治结束近一个半世纪，英国封建制度从经济基础到上层建筑全面建立，直至 13 世纪达到极盛。

相比英格兰，苏格兰以及爱尔兰、威尔士等地，历史传统不如英格兰深厚，社会发展水平也相对落后，罗马化期间受罗马政治和经济的影响也不系统，所以在罗马人退出不列颠之后，虽然也开始了一个新的政治组织化进程，形成自己的王国，并逐渐出现封建化的特性，但并不如近邻英格兰那样系统和彻底，还具有部落化政治的遗迹，并在与英格兰的分分合合中，以不同的方式被纳入英格兰封建国家之中。例如，威尔士是最早被英格兰收编的地区，诺曼征服之后，逐渐附庸英格兰国王，1536 年通过联合法案与英格兰合为一体。其次是爱尔兰，由于爱尔兰是地处英格兰的西北岛屿，历史悠久，民情淳厚，英格兰整合爱尔兰并不顺利，历史上出现过很多反复，1542 年，英王亨利八世成为爱尔兰国王，1560 年起爱尔兰多地出现反对英国殖民的战争。英国内战后，英国人逐步蚕食了爱尔兰的领土和主权。直到 1801 年，爱尔兰王国和大不列颠王国才达成统一，爱尔兰并入英国，但此后也并非一帆风顺，爱尔兰独立运动此起彼伏。最后便是苏格兰，苏格兰虽然与英格兰多有复杂的纠葛，历史上分分合合，但真正被整合进入英格兰，并不是在封建时期，也不是以军事征服的手段，而是在封建制到现代国家的转型中，以法律上合并的方式，被纳入大不列颠联合王国之中，所以，与威尔士和爱尔兰的纳入英国具有很大的不同。

在罗马人退出不列颠的漫长时期，苏格兰经历了维京人和诺曼人的入侵和占领，在公元 10 世纪晚期，汪达尔人肯尼思一世建立的王朝被视为苏格兰王国的开国之始。由于文献资料所限，我们只能了解，在苏格兰王朝最初的几个世纪，它与其他王国的边界尚不清晰，在其周围有大小不等的一些王国，相互之间多有龃龉，但在族群血缘、文化习俗和生活方式等方面，都与欧洲国家密切相关，尤其是在封建等级制度和基督教教会制度方面，更是直接受到了欧洲的封建体制和罗马天主教的影响。由于欧洲的封建制，君主之间的联姻较为频繁，这就导致王位的变迁十分复杂多变，在不列颠处于优势地位的英格兰，对苏格兰的影响也日渐加强，曾经一度取得了对苏格兰的宗主权。

在 13 世纪末年，随着苏格兰邓凯尔德王朝的覆灭，苏格兰与英格兰便长期处于政治与军事的冲突对峙之中，英格兰在进入斯图亚特王朝之后，国家权力获得加强，枢密院与议会的地位也逐渐上升。面对英格兰的强势，苏格兰也开始加强行政集权，并以首府爱丁堡为中心向苏格兰高地和边疆海岛扩张。其间曾经发生过第一次苏格兰独立战争，苏格兰贵族华莱士等人于 1297 年在斯特林堡战役中打败英格兰爱德华一世的英军，但在后来的战争中失败。苏格兰的反抗并没有停止，一直以各种方式反抗英格兰君主的统治。1328 年苏格兰国王入侵英格兰北部，迫使新王国爱德华三世签署条约，承认苏格兰为独立国家，承认苏格兰国王的统治地位和已经划定的两个边界。此后，苏格兰内部的政治争斗导致外部法国和英格兰的武装介入，发生了第二次苏格兰独立战争，但政治情势并没有太大变化，等到了斯图亚特王朝的罗伯特继位，才开辟了苏格兰历史上的一个新王朝。由于苏格兰和英格兰都想利用对方的政治弱点，双方矛盾积郁日深，1503 年詹姆斯四世迎娶了英格兰国王亨利七世之女玛格丽特·都铎，在法国的支持下，詹姆斯四世率领大军在 1513 年向英格兰开战，但不幸在弗洛登战役中阵亡，苏格兰惨败，苏格兰在与英格兰的争斗中又一次以失败告终。

从 1513 年弗洛登战败到 1707 年苏格兰与英格兰合并，大约经历了两个世纪，这期间发生了很多事情，对苏格兰至关重要。其一是英格兰出现了一个著名的伊丽莎白女王，在她统治的半个世纪，英格兰迎来了一个稳定而发展的大好时期，虽然不乏内廷斗争与对外征战，但伊丽莎白一朝是英国都铎王朝最为辉煌的时期，国家安定稳固，经济大力发展，军事和外贸日渐强大，尤其是通过与西班牙的战争，英格兰逐渐取得海上优势地位。相比欧陆法国、西班牙、荷兰等国同时期的社会状态，英格兰在经济方式上也开始出现新的变化，旧有的封建土地制度多有松懈，羊毛等手工业以及商业贸易发展迅猛，新的手工业阶层和市民商人阶层纷纷出现，所谓的资本主义初现端倪。其二，这个时期，最重大的事件是英格兰的宗教改革，英国圣公会取代过去的天主教会成为国教，英格兰的宗教变革受到欧洲新教改革的影响，也对苏格兰文化和宗教产生重要的影响，对此，我将在下面专门讲解。其三，1603 年伊丽莎白去世，她是都铎王朝的最后一位君主，王位由苏格兰的国王詹姆斯六世继承，称之为詹姆斯一世，由此开启了斯图亚特王朝，这样在不列颠历史上就出现了一个特别的情况，詹姆斯一世和詹姆斯六世系同一个人，但同时统治着两个国家。从自然属性或自然肉身来说，国王是同一个人，但从政治属性或法权资格来说，他又是两个独立国家的国王，这两个国家并不存在有合并或从属的法律关系，也不因为国王是同一个人，就导致合并或从属的法权关系。

1625 年詹姆斯六世去世后，其子查理一世继承王位，查理一世的统治非常专制，他强迫苏格兰接受圣公会的组织体制和礼拜方式，由此爆发了"主教战争"。早在此前，苏格兰便与英格兰一样，处于宗教纷争之中，新成立的长老会开始与天主教抗争，并依据相关的改革信条，组织苏格兰信徒成立了长老教会。1642 年英国内战爆发，长老会支持英国议会，反对查理一世，并与英国议会签订了盟约，要求长老教会在英国落地生根。此后，随着英格兰的变局，苏格兰长老教会为了维护自己的利益，在英国革命期间，又与查理一世联盟，共同反对克伦威尔，此后又与查理二世联盟。由此观之，苏格兰及苏格兰长老教会深度参与了英格兰的光荣革命，在此之前，长老教会制度在苏格兰并不稳定，在英格兰传播也是困难重重，直到光荣革命后，苏格兰的玛丽二世和奥兰治的威廉亲王继承王位，长老教会在苏格兰的制度设置才得以保障。

光荣革命后成立的英国君主立宪制，致使英国历史中再次出现一个国王统治两个国家的情况，形式上与詹姆斯一世时一样，玛丽女王既是英格兰的国王，也是苏格兰的国王，英格兰与苏格兰属于两个法律上独立的国家，并没有因为共享同一国王而合并为一。玛丽二世的独子于 1700 年去世，两年后玛丽的妹妹安妮继承王位。为了防止天主教继承王位，英国议会于 1701 年通过了王位继承法，确定威廉三世和安妮女王去世后，英国王位由查理一世的侄女、信奉新教的汉诺威索菲亚公主或其信奉新教的后裔继承。苏格兰议会在 1704 年也通过安全法令，承认了英格兰的王位继承法，并迫使英格兰同意了苏格兰提出的一些政治与经济方面的条件。

18 世纪的英格兰与苏格兰在政治上相对平稳，政治与军事上相互之间没有太大的冲突，在宗教方面，英格兰的圣公会作为国教，一直占据主导，但天主教也还有存在的空间，虽然受到各种限制，清教和长老教会也还能够存在下去。相比之下，长老教会主要是在苏格兰确立了主导地位，两国之间也并没有因为宗教发生大的冲突。

最为显著的情况是发生在经济社会领域，尤其是英格兰随着光荣革命确立了资本主义新贵的政治统治之后，原先的农耕土地制度逐渐瓦解，社会生产和生活方式向早期资本主义演变，工商和市场经济开始占据主导，商品贸易，尤其是海洋贸易得到快速发展，新的市民阶级登上了历史的舞台，旧贵族也纷纷改弦易辙，新贵族则把主要财富转向工商经营，新崛起的商人、企业家、各类金融和贸易经纪人，在商品生产和贸易经营，以及财政税收、股票经纪和资本市场等方面大显身手。总之，一种不同于封建土地经济的新经济形态——早期资本主义在英格兰大力发展起来，显示出勃勃生机，使得英格兰在与当时的其他欧洲国家相比，经济实力强大，市场经济发达，自由贸易通畅，不列颠虽然地域不大，但却成为一个强国，走在了欧洲诸国的前头。

苏格兰在英国革命后，虽然在经济上也有发展，社会结构发生变化，以前的农业经济日渐衰落，格拉斯哥等城市的工商贸易，尤其是海洋贸易也多有发展，但与英格兰相比，还是比较落后。苏格兰低地与高低之间发展不平衡，地缘环境和部落限制了工商业的发展，海洋贸易也由于其他国家的竞争，转口产品受到多方面限制，不时遭受英格兰、荷兰、挪威等国家的贸易禁运，这就迫使苏格兰去拓展更大的空间。此外，由于王位争夺，时有战争发生，使得本来就不富足的苏格兰消耗了国家大量的财政税收。经过多方商议与斗争，苏格兰在经济、政治和财政的巨大压力下，终于同意与英格兰合并。苏格兰在 1707 年与英格兰组成大不列颠联合王国，至此，两个国家终于结为一体，在法律上成为一个国家，即大不列颠联合王国，中文简称英国。此时的英国其实是由英格兰、苏格兰以及爱尔兰和威尔士共同组成的，一般历史著作中所说的英国指的便是这个大不列颠之英国。

加入英国的苏格兰依然保持着很大的独立自主性，根据合并法案的相关条款，苏格兰依然以爱丁堡为首府，行使行政权治理苏格兰。英国议会为苏格兰保持若干议员席位，但名额甚少，上院39位议员中苏格兰只有9位，下院400多位议员中只为苏格兰保留45位，这种不公平确实使苏格兰人深感不公和受到歧视，不过，苏格兰人用政治权利换取了行政、司法尤其是经济上的权利。苏格兰不受英国圣公会的影响，依然以长老教会为官方教会，享有宗教信仰上的独立；在司法上苏格兰不受英格兰普通法的管辖，而是实施其来有自的大陆制定法，法院构成以及司法裁决沿用大陆法制度；在经贸领域，苏格兰海外贸易（大西洋和北美）享受英格兰开辟的海洋贸易特权，与英格兰的对外商业贸易一样，一视同仁，不加区别；此外，在社会治理方面，还保留了一些城市像格拉斯哥等的城市自治权。

总的来说，苏格兰与英格兰合并，对于苏格兰的社会发展产生了重大的影响，虽然在政治上失去了主权，但也分享着共同的英国主权，而且还保持着治理权和独立的司法制度，加强了长老教会的权威，尤其是在经贸领域，随着加入处在上升时期的英格兰早期资本主义经济的大潮流，苏格兰在内部的经济方式变革和对外的海洋贸易拓展中，都受益甚多，推动了资本主义市场经济和自由贸易的演变，催生和强化了苏格兰资产（市民）阶级的生长，导致了苏格兰从传统农耕社会向现代工商社会乃至文明社会的转型。在与英格兰合并之后，经过短期的社会震荡，一个生机勃勃的新苏格兰出现了，并且为苏格兰启蒙思想的发扬光大奠定了社会基础。

当然，英格兰合并苏格兰，在苏格兰也不是一致欢迎，很多人也是反对的，毕竟苏格兰传统上是一个独立的国家，一下子就没有了，很多苏格兰人一时也难以接受。此外，过去的王位继承人也多反对并入英格兰，其中最著名的是"老王位觊觎者"长子查尔斯·爱德华·斯图亚特，他联合法国，并获得高地部落贵族的支持，打着复辟斯图亚特家族的旗号，组成了一支骁勇善战的军队，一度攻克爱丁堡，甚至兵临伦敦城下，但最终还是被政府军击败，流亡法国，客死他乡。不过，后来也被演绎为一种神话，成为苏格兰精神的某种象征。当时随着苏格兰加入英格兰的社会转型，确实有一批高地的部落族群，传统的农耕和渔猎方式以及习俗、伦理趋于衰落，大批男丁难以适应手工业和城市工商业的工作和生活，成为抵抗英格兰合并的士兵，或沦为各种雇佣兵。对旧时光的怀念后来也就成为苏格兰文学汩汩不绝的灵感源泉。

不过，就苏格兰主体民众来看，尤其是新兴的工商业精英以及知识分子，他们是支持和欢迎苏格兰与英格兰合并的，毕竟作为大不列颠的一部分，苏格兰可以融入英国资本主义经济发展的大潮，加入英国日益强大的海外贸易的大系统，享受英国海洋自由贸易的优先权，致使苏格兰民众的财富得到快速的扩展。一个富庶的苏格兰社会逐渐形成，导致进一步的文明开化，迎来了轰轰烈烈的启蒙运动。我们看到，在查尔斯王子的军队（詹姆斯二世党人的叛乱）攻击爱丁堡的时候，更多的市民和知识分子、大学生和教师以及教会神职人员等，纷纷走向城墙要塞，积极而勇猛地抵抗。

所以，从苏格兰社会及其发展趋势来看，苏格兰与英格兰历史上的分分合合，在英国完成了光荣革命，步入早期资本主义的社会转型之际，两个国家最终在政治上走到了一起，结为一个国家——大不列颠联合王国。这个新国家属于现代英国的发端，不再属于封建国家，由此英国进入了一个新时代，其中的苏格兰，作为北方不列颠，也进入了一个新时代。

二、英国宗教纷争与苏格兰长老会

在英国历史中宗教问题至关重要，它与国家政治尤其与王位继承密切相关，英格兰和苏格兰均如此。追溯至远古，不列颠各地还处于原始宗教时期，祖先崇拜、英雄崇拜和自然神信仰纷然陈杂，罗马人入侵不列颠之后，随着罗马人接受基督教，英国人才开始有了基督教信仰。罗马天主教在英格兰设立了教区，天主教在英格兰开始逐渐扩展，他们设立教区，修建教堂，传播福音，信奉基督天主教的信徒日渐增多。罗马人退出后，英格兰的各个封建王国并没有抛弃基督教，反而把天主教视为国家的宗教，国王和臣民都信奉基督教，在信仰上接受罗马教廷的管理。

公元 597 年，传教士奥古斯丁受罗马教皇委派，从罗马赴英国传教。他在四十名修士的伴随下，来到坎特伯雷。自此坎特伯雷成为基督教在英格兰的发祥地，也是宗教首都，被人们形象地比喻为基督教在英格兰的摇篮。坎特伯雷的重要地位毋庸置疑，其大主教的地位一直相当之高。12 世纪时，发生了一件英格兰宗教史上的著名事件。英王亨利二世任命他的臣僚和好友托马斯·贝克特为坎特伯雷大主教，贝克特宣称从此他不再是国王的奴仆而只听命于罗马教皇，甚至反对亨利二世做的一切事情。1170 年年底，亨利二世的四名骑士在坎特伯雷大教堂谋杀了主教贝克特，引起轩然大波。坎特伯雷主教区和红衣大主教在罗马教廷地位十分崇高，属于教皇下属的红衣大主教之一，专门管辖英格兰兼大不列颠的教会事务。中世纪英格兰的历代国王，例如都铎王朝和斯图亚特王朝的大多国王，也都信奉罗马天主教，在信仰上接受天主教会的管理。在此期间，基督教也开始传入苏格兰，苏格兰人也慢慢改变古老的部落信仰，改信基督天主教，苏格兰的君主们也受此影响，其中有些信奉天主教，但相较于英格兰并不普及。

16世纪宗教改革时期，英格兰新贵族和资产阶级希望加强王权，削弱教会，摆脱教宗的控制。1533年，国王亨利八世禁止英格兰教会向教廷缴纳岁贡。次年，促使国会通过《至尊法案》，规定英格兰教会以国王为英格兰教会的最高元首，并将英格兰教会立为国教。其后，这项改革运动又得到爱德华六世的支持。玛丽一世曾重修英格兰与教廷的关系；伊丽莎白一世又恢复了英格兰教会的独立，重新宣布英国圣公会为国家教会，分别在1549年颁布"公祷书"，1571年颁布"三十九信纲"，规定它们为英国圣公会礼仪和教义的标准。

应该指出，英国圣公会作为国教，既不同于天主教，也有别于英国的加尔文清教徒团体，具有如下几个特征。第一，圣公会属于新教的一种形态，它的教义教规等方面都与天主教明显不同，而与欧洲大陆的路德宗和加尔文宗等新教大体一致。所以，在英国圣公会与传统的天主教以及罗马教廷相对立，与天主教的斗争贯穿着英格兰政治史。第二，圣公会虽然是新教，但并不属于欧洲的两个主要新教谱系——加尔文宗和路德宗，而是英格兰教区从天主教谱系中自己变革出来的，所以，对于来自加尔文宗的英格兰清教，圣公会也是拒斥和迫害的。第三，圣公会与英格兰政治权力密切结合，被英国国王宣布为国教，国王担任圣公会教首，坎特伯雷大主教和各级教会组织以及教徒直接受制于英国王的管辖。这一点与欧洲天主教与世俗政权的分治不同，而与加尔文宗在日内瓦的神权统治大致类似。

圣公会之所以成为英国的国家教会，除了围绕着王位继承发生的国家权力斗争之外，还反映出英国社会更为深刻的结构变化。自诺曼征服以来，英国人信奉的与封建制相关的天主教已经不再适应英国的社会经济发展，新兴的在经济上占主导的财富阶级逐渐成长起来，无论是新贵族还是工商阶级，他们的利益诉求一定会表现在政治和宗教上，于是英国王室和基督教会内部发起了一场英国版的宗教改革，英国圣公会作为一种国教就应运而生。当然，这场变革也不是一蹴而就的，其中贯穿着英国新教与天主教的激烈斗争，围绕着继位者的信仰问题，发生了很多政治斗争，甚至出现了残酷的内战。此外，英国宗教改革还伴随着圣公会对信奉加尔文宗的清教徒（主要是反映了英国中下层臣民的利益，这与圣公会反映的上层权贵的利益是不同的）的迫害，导致部分清教徒移民北美新大陆。最终，代表英国上层新权贵（新贵族和资产阶级上层）利益的圣公会战胜了旧的天主教会以及清教徒，成为英国的国教，光荣革命之后，圣公会的国家宗教地位以王位继承法案的法律方式确定下来。

基督教在苏格兰产生广泛影响的，是英格兰天主教的一批信奉者，他们在与圣公会的斗争失败后，逃亡到了苏格兰的边缘地区安德鲁斯，在那里创立了自己的天主教会。天主教徒们传教并建立社区，给还处于蒙昧状态的苏格兰边民带来文明教化，甚至还建立了圣安德鲁斯大学。苏格兰的君主和很多贵族也信奉天主教，天主教会在苏格兰各地占据了统治地位，圣安德鲁斯也逐渐成为一处圣地和堡垒，为苏格兰人所景仰。16 世纪以来，苏格兰社会开始受到欧洲社会的影响，欧洲的思想观念逐渐传入苏格兰，尤其是欧洲的新教不但在苏格兰传播，而且激发了苏格兰的教会变革。这场改革的剧烈程度并不亚于欧洲的新教变革，在苏格兰，深受加尔文宗影响的清教徒与苏格兰天主教的斗争非常激烈，相互之间的迫害也很残酷，经过数年的争斗，以约翰·诺克斯为代表的苏格兰长老教会最终取得了胜利，成为苏格兰的主导教会，赢得国王、贵族和臣民的拥护。

值得注意的是，苏格兰发生的这场剧烈的反对天主教的新教变革并没有受到英格兰圣公会的影响，与英国国教也没有直接的关系，而是源自加尔文宗，属于加尔文的新教改革谱系。约翰·诺克斯是苏格兰这场宗教改革的领袖，他在 1540 年改信加尔文宗新教，创办了苏格兰长老会，作为身列日内瓦"宗教改革纪念碑"的四巨人之一，他曾被法国人俘虏，沦为划船的奴隶，之后回到英格兰担任新教牧师。"血腥玛丽"上台后诺克斯逃亡欧陆，1559 年重返苏格兰，致力于传播新教教义。他在信仰之战中历经多次流亡，曾与苏格兰女王对垒，带领苏格兰教会进行宗教改革，被誉为"清教主义的创始人"。

由于苏格兰王权不受英格兰管辖，国王接受改革后的苏格兰新教有助于苏格兰摆脱英格兰王权的侵犯，再加上苏格兰新教源自加尔文宗，本来就与英国圣公会不和，所以，苏格兰新教与英国圣公会就一直处于紧张的对峙关系。此外，在教会体制上，苏格兰新教与圣公会的英国国教不同，它采取的是长老制的组织管理体制，是一种长老管理教会的体制，苏格兰国王并不是教会的最高首领。苏格兰国王的政权并不凌驾于教会的教权之上，它们是两个独立的王国。苏格兰教会建立起一个由不同级别的宗教会议组成的教会组织制度，由长老会议、教会法院和国家宗教会议等组成。长老会议是苏格兰教会的基础，由各地的堂区组成，它们在教会事务中举足轻重，由此再进一步组成教会的其他组织管理机制。这个长老教会的管理体制首先由诺克斯在苏格兰教会创建，后来在其他国家和地区也得到大力发展，苏格兰长老会是加尔文宗的一种苏格兰化的新教体制。

不过，英格兰对于长老会并不是一开始就承认的，甚至对其采取了打压和敌对的方式，一方面严格限制长老会在英格兰的传播，另一方面，还企图把圣公会的势力扩大到苏格兰，以削弱长老会的影响。在詹姆斯一世统治期间，英格兰曾经强制推行圣公会在苏格兰的传播，设立苏格兰主教区，并限制长老教会的官方地位，英格兰的这种做法受到苏格兰王室、臣民和广大信徒的强烈反对和抵抗。苏格兰与英格兰的政治斗争，甚至军事战争，很多都与教会之间的纷争和冲突相关，长老教会多次支持苏格兰王室反抗英格兰的斗争，也多与他们诉求宗教独立的愿望有关。圣公会与长老教会的争斗有近百年之久，直到英格兰光荣革命后，苏格兰长老会在苏格兰的官方地位才获得英国王室和圣公会的认可。

尽管如此，双方的恩怨并没有了结，此后在苏格兰与英格兰的合并过程中，教会问题仍然是一个重大而棘手的疑难问题。1706年11月12日，苏格兰议会通过了《确保新教信仰及长老制教会安全法案》，其宗旨是确保苏格兰教会不随合并作任何改变且世代不变。与此相应的是，英格兰议会也通过了《确保英格兰教会安全法案》，也是为了确保英国圣公会的一系列法案在合并后继续有效且永不改变。总之，英格兰与苏格兰的联合法案，并没有使一方强制推行其宗教信仰，而是在相互尊重对方信仰的基础上，达成两个国家教会在大不列颠联合王国的和平共存。应该指出，1707年的合并法案，如果没有双方教会的各自妥协与相互认同，是难以在苏格兰议会和英格兰议会获得通过的，大不列颠联合王国也就很难真正成立。

英国两种新教体制的相互妥协与和平共存，是在光荣革命后实施的宗教宽容法的大背景下才得以达成的，不仅圣公会和长老教会在信仰以及政治权利的参与方面，有了法治上的相关保障，相互之间不再因为教派不同而发生政治上的剧烈冲突和争斗，而且清教徒和天主教徒除了不能分享政治权利之外，在民事权利方面，也获得了各种保障，残酷的宗教迫害不再被允许发生。这表明整个大不列颠王国已经开始了社会层面上的大转型，君主立宪制业已确立，宗教宽容的社会氛围孕育而生，宗教信仰方面的冲突不再是社会的主要矛盾，与此相应，社会经济诉求和现代工商发展以及法治政府、文明进化开始成为英国全社会的中心议题。时代跨越了旧的门槛，需要新的生产和生活方式，并由此兴起新的运动，这就是苏格兰的启蒙运动。苏格兰启蒙运动，不仅是属于苏格兰的，也是属于整个英国的，是大不列颠联合王国的启蒙运动。

三、苏格兰启蒙运动

启蒙运动在西方近现代历史上影响巨大，法国启蒙运动是标志和典范，占据突出的地位，很多人直接就把法国启蒙运动等同于启蒙运动。法国启蒙运动反对天主教会的宗教神权和法国君主专制，鼓吹平等、人权与博爱精神，对法国大革命起到了思想灯塔和理论指导的意义。其次，比较著名的是 18 世纪末期的德国启蒙运动，德国启蒙在法国启蒙之后，受到了法国激进主义启蒙思想的鼓舞，并催生了德意志的民族主义和国家主义运动，对后发国家走向现代化也具有开路先锋的意义，是启蒙运动的另外一种典范形式。相比之下，18世纪苏格兰启蒙运动的影响就小得多，很多人不知道在英美世界还曾经出现过启蒙运动，不知道苏格兰启蒙运动竟然开启了现代世界的真正大门，不但对于英国和美国，而且对于西方现代世界的构建，对于英美思想的形成都产生了非常深远的影响。本课程的主题便是吸收晚近西方思想界的最新研究成果，聚焦苏格兰启蒙思想中的道德哲学问题，讨论苏格兰启蒙思想的真谛，以还原历史的本来面目。要深入解释苏格兰道德哲学，必须先进入苏格兰启蒙运动，并把前者视为苏格兰启蒙运动的一个重要部分，以此梳理苏格兰思想与法国思想、德国思想在启蒙时期的重大分歧。

第一讲我已经指出，任何一个国家在走向现代社会和现代文明的过程中，都需要一个启蒙的社会转型，只是欧陆国家与英美国家的转型方式有所不同。英格兰和美利坚由于历史和政治变革的独特性，确实没有出现显著的启蒙运动，但是，这个工作由苏格兰完成了，苏格兰作为英美文明谱系的一部分，标志着英美国家也同样经历过社会和思想的转型，不能说英美国家在历史上没有启蒙运动。在此我还要指出的是，苏格兰启蒙运动不但不比法国启蒙和德国启蒙的影响更小，恰恰相反，苏格兰启蒙更具建设性，更具文明史的积极意义，其所成就的社会转型结果和思想产品，具有更为持续的生命力，构成了英美稳健的自由主义思想理论和制度实践的重要一环。只是由于短视、偏激等人性的弱点，人们才忽视和低估了苏格兰启蒙运动及其思想的价值与意义。

那么，苏格兰启蒙运动的主要内容和独特性贡献是什么呢？这就要从苏格兰启蒙运动的起源说起，在此，便与英格兰的光荣革命以及苏格兰教会的宗教改革密切相关，这也是苏格兰启蒙运动迥异于法国和德国的缘由。由于英国革命已经达成了政治上的妥协，实现了君主立宪制，苏格兰启蒙运动的发生就主要不是指向政治上的革命，尤其不再像法国启蒙运动那样指向政治革命的激进主义，不再把反对专制君主和基督教的神权统治放在首位，而是集中于社会经济和思想文化上面。换言之，苏格兰启蒙运动接受了英格兰的政治现实，承认玛丽女王和威廉亲王以及汉诺威王朝的统治，把关注的重心放在了如何促进大不列颠英国尤其是苏格兰的社会经济的转型上面。如何建立一个资本主义的工商社会成为苏格兰启蒙运动的基本内容，启蒙运动也是围绕着上述主题展开的。这样一来，就与苏格兰的宗教变革发生了复杂的关系。

在 18 世纪，苏格兰长老教会赢得了对于英国圣公会的独立，成为苏格兰的官方教会，由于其源自加尔文新教，本身就具有现代性的意义。问题在于取得统治地位的长老教会在苏格兰并没有施行广泛的宗教宽容，他们试图在苏格兰建立北方耶路撒冷，具有加尔文宗的虔诚、狂热和残酷，不但对信徒严加管戒，对异教徒也残酷迫害，显然这种宗教氛围和专制管控非常不利于新兴的市民阶级对于财富创造的诉求，也严重阻碍了苏格兰工商经济和贸易交往的发展。苏格兰启蒙运动在开始阶段就表现出对于长老教会的批判性，它要求宽松的社会环境，思想的自由表达，以及对市民阶级财富追求的认可。也就是说，一种个人主义、财富主义、工商文明趣味的现代风范，在苏格兰逐渐冲破苏格兰教会的藩篱，悄悄兴起，并很快就蔚然成风。

应该指出，虽然苏格兰启蒙运动与长老教会多有冲突，但它不同于法国启蒙，并不反对宗教、鼓吹无神论，也不否弃教会组织，甚至启蒙运动的发起者和重要思想家，有些也是长老教会的神职人员，担任了堂区牧师等工作，像哈奇森、弗格森等人。也就是说，苏格兰启蒙运动诉求的是一种对于长老教会的改造，改革和清除这个教派中耶路撒冷的痴迷和狂热，恢复其清教中的美德伦理，采取宗教宽容的体制，禁止残酷的宗教迫害，为新兴的苏格兰市民阶级的发展，为工商经贸的自由拓展，为世俗生活的文明化进程，为思想观念的创造和发展，提供广阔的社会空间和精神氛围，并培育法治精神和责任政府，保障个人的基本权利，尤其是创造和享受财富的权利。

在苏格兰政治大致稳定（与英格兰合并后组成大不列颠联合王国）、长老教会作出妥协让步、市民社会不断壮大、工商贸易快速发展的情况下，苏格兰启蒙运动轰轰烈烈地开展起来，并表现出与法国启蒙运动很大的差别，具有自己的独创性特征。启蒙运动与苏格兰社会变迁相辅相成，相互促进。具体一点说，苏格兰启蒙运动呈现出如下几个重要的特征，与法国启蒙运动和德国启蒙运动有所区别。

第一，苏格兰启蒙运动推进了苏格兰几所著名大学的知识与课程的改造，使得大学成为思想启蒙的主要场所。围绕着大学的教授聘请、课程改造、知识传播，苏格兰知识界建立和利用一些学会、协会等组织，发起了思想启蒙的探讨和辩论，很多新思想就是在这些地方形成的。此外，苏格兰律师界也积极参与了启蒙运动，律师们利用从欧洲学来的新法律知识，为苏格兰正在形成的工商经济提供辩护，编制了很多法律资料汇总，这就非常有益于还比较落后的市民社会权利意识的培育。总之，苏格兰启蒙运动的积极参与者和推动者，不是法国启蒙时代的那些文人墨客、专栏作家和宫廷作家，而是苏格兰社会的主体精英，他们不是在咖啡馆或贵妇人的客厅谈天论道，但同样生产和传播新知识、创造新思想，以启发民智，苏格兰启蒙运动的主要场所是大学课堂、教授协会和律师公会。这批牧师、教授、律师、王室顾问、商人企业家、土地所有者、证券经纪人、资本投机家，甚至新贵族、武士军官，等等，他们成为启蒙运动的主力，在社会经贸、教育、科技和思想文化等各个领域开展了启蒙运动，从而影响了苏格兰整个社会的文明进化。

苏格兰启蒙运动的开路先锋，首推哈奇森与卡姆斯勋爵。前者既是爱丁堡大学的教授，白天在课堂开设道德哲学课程，晚上又作为教会的牧师为听众讲解神学；后者则是著名的大法官，撰写了关于法律与社会起源的多种著作，并且深入社会实践，影响了一代苏格兰知识精英，他们两人在开启苏格兰启蒙运动的方面居功甚伟。此外，掌管苏格兰事务的上层阶级以及地主和巨商群体，虽然人数不多，但对启蒙运动也多有支持，其中著名的有阿盖尔公爵二世和三世，他们庇护、提拔和资助了一大批思想开明的精英人物，他们利用手中的权力把启蒙思想和价值理念强加给还比较保守的苏格兰社会。爱丁堡大学的校长卡斯代尔斯和威廉·邓禄普修订了大学的课程内容，在历史学、植物学、医学和法律等新的领域增加了多位教授职务，打破了旧式加尔文神学在教育界的垄断地位。当然，在思想层面更为卓越的还是哈奇森，他的思想一方面吸收了长老教会的新教伦理，另一方面则又为苏格兰注入了具有现代精神的新思想，培养了一批启蒙思想家，像亚当·斯密就是他的学生。总的来说，苏格兰启蒙运动虽然在思想启蒙、知识传播和社会建设等方面与法国启蒙有很多共同点，但差别还是非常巨大的。他们并不是绝对地反对传统，盲目地进行政治和宗教批判，他们大多是中产阶级，占据社会主流，他们通过社会的主流场所，像大学课堂、学术会议和公共讲坛，进行一场伟大的变革运动，他们的活动虽然也受到宗教顽固派和政治保守派的抵制和压制，但其在社会的普及以及对苏格兰社会的改造还是巨大而广泛的，其取得成功也是必然的。

第二，苏格兰启蒙运动虽然是全方位的，但突出的成就还是在启蒙思想上面，换言之，发育于启蒙运动过程中的苏格兰思想，才是轰轰烈烈的启蒙运动的最大成果，苏格兰也是以其启蒙思想在人类思想史中占据显赫的一页。关于启蒙思想及其道德哲学，我将在下面的课程中专门讲述，在此我要提一下它的经验主义，以与法国启蒙思想相对勘。从哲学史的视野看，法国哲学属于大陆理性主义系统，这个理性主义在法国启蒙中有进一步的推进，法国启蒙以理性建构为标示，通过理性来批判天主教迷雾和封建专制，在法国启蒙思想家们眼里，启蒙就是用理性开启民智，祛除迷信和蒙昧，诸如伏尔泰、孔多塞、拉美特利、狄德罗等人，他们相信人类理性的力量，可以改造人性，重建社会，理性可以为人提供一个崭新的世界。这一点与欧洲大陆的其他思想家，如笛卡尔、马勒波朗士，甚至英格兰的培根、霍布斯等人是一致的，他们都十分崇信理性、逻辑和设计的力量。

苏格兰的启蒙思想家们也不反对理性，他们大多留学于欧洲大陆，受到欧陆启蒙思想家们的影响，但他们的主要思想精髓还是来自经验主义，这个传统远可以追溯到中世纪的唯名论哲学，近可以承接英格兰的经验主义，以及西班牙的唯名论哲学，还有长老教会的加尔文传统。总之，苏格兰启蒙思想的突出特征就是反对理性独断论，强调情感在人类道德和社会行为的主导作用，视人类情感为道德与法律等社会规则秩序的核心机制，用休谟一句具有代表性的名言来说：人不是理性的动物，而是情感的动物，情感具有支配理性的主导作用。这一强调情感主导理性的思想倾向不仅是休谟一个人的,可以说,几乎所有的苏格兰启蒙思想家都具有这种强调情感、情感高于理性的理论特征,从哈奇森到休谟、斯密,一直到弗格森和里德常识学派,尽管思想家们的观点有别,但在强调情感优先于理性这一理论的立论点上则是完全一致的。所以,苏格兰思想的情感主义就与法国的理性主义构成了两个泾渭分明的思想谱系,成为近代以来英美经验论的重要组成部分。

苏格兰思想的情感主义并不是抽象的、孤立的,也不仅局限于哲学方法论和认识论,而是贯穿于整个启蒙思想的方方面面,具体而富有创造性地表现在诸多思想家们的理论创造中,如哈奇森的美德伦理学、休谟的道德哲学和政治及历史论、斯密的国民财富论和道德情感论、弗格森的文明历史论、常识学派的哲学理论,还有其他众多的启蒙思想家的法学、经济学、历史学、宗教学和文化学著作,都与经验主义密切相关,都遵循情感主义,不赞同理性建构主义,反对通过理性构造否弃经验常识和传统习惯。关于这些具体的内容,尤其是苏格兰思想所成就的基于现代市民工商社会的新道德论、新财富论、新政府论、新历史论和新文明论,我将在下面的课程中专门讲授。

第三,关于苏格兰启蒙运动,还有一部分内容往往被人遗忘了,或者没有把它们纳入启蒙运动的系统之中,它们像是孤立存在似的,这部分就是18世纪乃至延伸到今天的苏格兰科学技术的创新与发明。从科技史上看,小小的苏格兰其意义却是非凡绝伦的,人类科技领域有一系列至关重要的科技发明是由苏格兰人研发出来的。例如,对数的发明人是苏格兰数学家约翰·纳皮尔;地质学家詹姆斯·赫顿提出的火山熔岩形成火成岩(如花岗岩和玄武岩)理论,使他成为现代地质学之父；蒸汽机的发明拉开了工业革命的序幕，蒸汽机的发明者是苏格兰工程师詹姆斯·瓦特；此外，电磁理论的创始人詹姆斯·麦克斯韦也是苏格兰人，他被视为与牛顿和爱因斯坦同一级别的伟大科学家。

这些科技发明在人类历史上的地位、作用和意义毋庸置疑，我在此想特别指出的是，苏格兰民族中的这种科技发明的努力和创造性，与苏格兰启蒙运动有着息息相关的联系。换言之，古老的苏格兰经过启蒙运动的思想洗礼，才催生出他们的科技实验的能力，培养出一批杰出的科学家，为他们的发明创造提供了广阔的舞台。我们知道，苏格兰非常注重教育和文化的培养和普及，英国最古老的六所大学，有四所在苏格兰，圣安德鲁斯大学、爱丁堡大学、格拉斯哥大学、阿伯丁大学，他们都是由苏格兰教会创建的。苏格兰的启蒙运动也深刻影响了这些大学，它们纷纷接受启蒙的新思想，在课程设置、院系结构、学生招生和教师聘任等方面，加大了数理化和科学实验的内容，所以，这些大学不仅培养了教会人才，而且还为社会培养了具有现代科技知识的人才。这些学生走向社会之后，伴随着经济社会的需要和科技工艺的要求，利用民间和大学的各种实验室，从事科技探索和发明创造活动，他们的科技发明脱离不了苏格兰启蒙运动的重大影响，或者说，科技发明、实验科学本来就是启蒙运动的一部分，它们与经贸社会的发展，与道德哲学的思想创建，共同组成了苏格兰的启蒙运动。这个科技发明的传统在苏格兰并没有停止，20世纪以来依然富有生命力，苏格兰的生物医学、制药工程和网络信息科学，今天都还处于世界高新科技的前沿，追溯起来，它们依然受惠于苏格兰的启蒙运动。

四、苏格兰启蒙思想

前文我已经指出，苏格兰启蒙运动的最大成就是苏格兰启蒙思想，启蒙思想集中展示了苏格兰人的创造力，不仅对于苏格兰的社会转型至关重要，而且对于大不列颠之英国乃至英美现代社会也是影响深远的。当然，苏格兰启蒙运动及其思想结晶并不是一步完成的，也有一个过程，大致在 18 世纪 30 年代苏格兰开始了启蒙运动，此时距离光荣革命已有近半个世纪的时间，随着启蒙运动的逐渐开展，到 18 世纪后期，近四十年的苏格兰启蒙运动大致结束。此后，苏格兰完全融入英国社会，作为北方不列颠，在晚近二百年的世界现代历史的演进中，苏格兰再也没有出现过像启蒙运动那样的时代，其对世界的影响渐渐式微。

苏格兰启蒙思想伴随着启蒙运动，也有一个产生、发展与辉煌壮丽的时期，此后也融入英国 19 世纪的思想潮流，被吸纳进英美自由主义的大谱系之中。我们要重返苏格兰思想，具体考察一下，究竟苏格兰的启蒙思想在哪些方面有着迥异于法国启蒙思想的独创性贡献。前面我扼要地分析了苏格兰启蒙思想的社会背景，及其与英国社会的对应关系，包括政治、经济和宗教，下面我再对苏格兰思想的总体特征论述一二，以便为本课程具体章节的讲授作一个铺垫。先简介一下苏格兰启蒙思想发展演进的基本脉络。

苏格兰的启蒙思想不是由边缘文人或小册子作家发起的，这一点与法国启蒙思想差别很大，它们是由苏格兰的主流社会精英发起的，具体一点说，主要有四个方面的积极参与。

一是来自长老教会内部的革新力量，比如哈奇森等，这些人物不满于长老会的教规和思想专制，试图发扬新教的精神传统，为苏格兰社会注入新生的活力。由此，他们对苛刻严酷的教会伦理给予某种改造，在维持教会统治的前提下，提供一种新的道德规范和道德哲学，这就是哈奇森的神学美德学说。这种神学与市民社会协调为一的道德哲学，开辟了苏格兰思想的新路径，具有里程碑的意义，哈奇森由于占据教会和大学两个讲堂，传播广泛，学生众多，在苏格兰主流思想界影响巨大。

二是来自贵族的革新力量，例如很早在苏格兰社会随其父辈赞同思想变革的伊斯雷勋爵坎贝尔，就是一位具有开明观念的贵族，作为第四代阿盖尔公爵，他的思想观念受到欧洲社会新思潮的影响。他热爱科学，视野广阔，知识丰富，交往广泛，他感到苏格兰的旧式贵族，他们的部落生活以及农业生产还有落后的习俗传统，已经不能适应日益发展的工商科技社会的需要。苏格兰需要普及新兴的科技知识，进行思想观念的改造。他参与了格拉斯哥大学、爱丁堡大学的课程规划和教授聘任，其中一个重要的贡献是打破保守派人士的狭隘观念，推荐哈奇森获得了格拉斯哥大学的教师职务。总的来说，苏格兰贵族阶层有一些思想开明的人物，他们能够利用手中的权力和财富，参与创建一些新型的学会、协会，资助大学教育，为新学科和新知识提供理论研究和发言宣传的平台，这批逐渐融入苏格兰资本主义社会的新贵族，他们也推动了启蒙思想的发展。

三是其他各种知识群体的广泛参与，这里首先要指出的是一批执业律师，他们不仅从事法律诉讼业务，而且在法律知识层面，对苏格兰启蒙思想的贡献也是巨大的。他们编撰了苏格兰法律史，并且通过从事法律诉讼，为社会各界提供了一套服务于日益发展的商品经济的法律观念和知识生产，这就强化了启蒙思想家们对法治规范意识以及财产权等方面的重视，苏格兰思想中对于法治政府和臣民权利的认识，与这批法律人积极参与思想启蒙有着重要的关系。例如前面提及的卡姆斯勋爵，就是著名的大法官亨利·霍姆，他在苏格兰法律和历史方面，编辑和撰写了大量的著作，促进了苏格兰学界对于罗马法典和苏格兰民法的研究，休谟作为他的年轻门生，深受他的影响，虽然他们的很多观点并不一致，但休谟依然认为卡姆斯是他结识的最好的朋友。

四是文化人文学者的参与，他们与法国启蒙思想的文人有点类似，可以说任何一种思想启蒙都与人文关注密切相关，都离不开文人的积极参与，苏格兰的思想启蒙也不会缺乏文人的参与。但值得注意的是，苏格兰文人的参与方式和关注热点与法国文人还是大不相同的。正像托克维尔揭示的，苏格兰的文人并不从事政治，他们没有成为政治家，因此也不会发生马拉、罗伯斯庇尔那样的政治狂热主义，苏格兰的文人仍然不失文人的本分，他们关注的是苏格兰历史传统的文化、习俗与文明问题。他们对于日益商品化的苏格兰社会是否遗弃了古老的苏格兰文化传统忧心忡忡，因此产生一股怀旧的整理古苏格兰歌谣、重写苏格兰历史的热情。我们看到，从彭斯、休谟、斯密、弗格森，一直到大诗人司各特，苏格兰的文人都投入到何为文明社会、苏格兰如何在保持传统的同时开辟新文明等问题的大辩论之中，文明史成为苏格兰启蒙思想的一个重要议题。但难能可贵的是，苏格兰并没有出现从法国启蒙思想到大革命时期文人主导政治甚至文人专制独裁的灾难性革命狂潮，而是培育出一个改良主义的文明演进论。

总之，上述四种启蒙思想的积极参与者，决定了苏格兰启蒙思想的基本格调是保守性的自由主义，这种自由主义不同于法国启蒙思想的激进革命主义，偏重于建设，而不是破坏，偏重于社会经济与文明改良，而不是政治革命与理想国构建，究其原因在于他们接续的是英国的光荣革命，回应的是英国历史转型的社会建设问题。大致说来，这个早期现代资本主义的社会建设问题，集中在苏格兰启蒙思想家们的理论创建上，又突出地表现在如下三个方面。

第一，情感主义的现代新道德。对于苏格兰启蒙思想家来说，他们面临的一个首要而迫切的问题，就是如何给一个新兴的苏格兰乃至大不列颠英国之社会生活，尤其是工商资本主义生活，提供一种强有力的正当性论证或道德性证成。这是哈奇森的美德伦理学中便已有所彰显的，并且进一步成为启蒙思想扛鼎者的休谟和斯密至为关注的核心问题。如果说洛克等英格兰思想家为英国社会的政治转型提供了一套政治伦理的哲学论证和证成，而此前的霍布斯、菲尔默等人也是在为他们心目中的现代国家提供政治伦理的辩护，那么，苏格兰启蒙思想家则是在英格兰政治革命完成之后，为英国的经济社会转型提供道德正当性的辩护和证成，也就是从道德哲学的意义上论证英国社会发展的合法性与正当性，这样就为现代英国创建了一套道德哲学，而不是政治哲学或政治学。

就苏格兰启蒙思想家的成长经历和知识涵养来说，他们大多游学于欧陆国家，在知识上未必就一定服膺于英格兰的经验主义传统。但是，一个非常奇妙的思想奥秘在于，从一开始，哈奇森以降的苏格兰启蒙思想家，就把创建一种服务于现代社会的新道德哲学奠基于英国的经验主义，尤其是奠基于情感主义之上，这就与欧洲大陆理性主义有了重大的理论路径上的分野。无论是哈奇森的基于纯粹感觉的美德哲学，还是休谟的关于同情共感的道德哲学，或是斯密的基于合宜性的道德情感论，他们的新道德学说都是经验主义的和情感主义的，这就与诸如斯宾诺莎、拉美特利、狄德罗、沃尔夫等理性主义的道德伦理学有了重大的不同，甚至与英格兰的培根、霍布斯等的理性主义也有差别，而与沙夫茨伯里伯爵的情感主义发生了密切的联系。

为什么苏格兰启蒙思想家们选择了情感主义，并以此创建他们的新道德观，并为现代英国的工商社会进行辩护和论证？原因是多方面的，但有一点是特别重要和突出的，那就是情感主义为他们采取一种改良主义的道德观提供了特别有助益的方法和工具。换言之，由于情感主义或经验主义比较注重现实的内容，不是理性独断，不强调逻辑设计和演绎推理，而是实事求是，寻求在经验中逐渐完善既有的道德规范，这样就不必要彻底打破旧道德，凭空建造一个新道德，这就为革命后英国社会的道德改良和移风易俗提供了可行的空间。于是，这些启蒙思想家们纷纷把精力贯注于情感领域，在心灵情感的丰富世界，在诸如第六感觉、同情心、共通感、利益感、正义感、合宜性、激情、自利、公益、仁爱、骄傲、荣誉、羞耻等一系列情感世界，挖掘和开拓道德原则与道德情操的新内涵，从而为英国现代的工商经贸社会、商品经济和法治秩序，为现代市民对于财富的追求，为一个不同于封建农业文明的现代工商文明，提供崭新的道德论证，由此创建了不同于英格兰政治哲学和欧洲理性主义的苏格兰情感主义道德哲学。

第二，市民社会的新财富理论。如果说英格兰的政治思想以霍布斯、洛克为代表聚焦于政治权力问题，通过光荣革命从国家与政府制度上解决了国家权力与个人权利的对峙，实现了一个现代政治的大妥协，那么，苏格兰启蒙思想所聚焦的则是财富问题，即如何为现代社会中市民的财富追求提供理论辩护和道德证成，这也是休谟和斯密关注的核心问题，是他们创造新财富论的目的之所在。从广义上说，上述市民财富问题也是一个道德哲学问题，因为苏格兰启蒙思想家不同于此前的国策论，即传统的重商主义与重农主义，他们不是为君主国家如何在财政税收方面出谋划策，而是为新兴的市民阶级或新兴的资本阶级通过市场经济的生产与交换以及自由贸易而获得财富，提供一种正当性的辩护或证成，论证其正当性与合法性，这种理论也可以视为一种现代社会的道德论。

不过，苏格兰启蒙思想的独创性在于，休谟和斯密，尤其是斯密，他们并没有遵循旧的官厅经济学的路径来为市民社会的财富正当性提供论证，而是通过研究国民财富的性质与起源，提供了一套崭新的商品经济社会的生产、交换与流通学说，从而创建了一个全新的现代经济学，被思想史称为政治经济学。休谟的经济思想与斯密大体相同，他们都不是就经济来谈经济，而是立足于国民财富问题，在他们的理论中，国民主要是指工商业者个人，而不是国家，所谓国家只是为国民的财富创造与正当占有提供制度上的保障。因此，揭示一个不同于农业经济的市场经济的运行原理，就成为苏格兰启蒙思想家们的理论重心，换言之，他们作为开创者所建立的这门新的经济学科，使得他们，尤其是斯密，成为现代经济学之父。

开创现代经济学当然是贡献巨大的，也是苏格兰思想的一个突出亮点，但其实这并不是斯密的本意，而是伟大的非意图后果。就斯密来说，他最为关注和孜孜以求的还是七易其稿的《道德情感论》，即为现代社会提供一种新的道德学说，《国民财富论》不过是他的道德哲学的准备部分，或涉及国民财富与国家财富关系的部分，它们并不是斯密思想的核心内容。尽管如此，斯密等人，还是对于现代社会的财富问题，提供了完全不同于传统理论的新说，在思想史上具有极其重要的理论价值。与此相关的，在斯密和休谟等人的国民财富学说中，由于他们是为个人的财产权和财富创造提供理论论证，就必然涉及政府职能与法治经济问题，由此就不同于英格兰革命思想所适用的自然权利论和社会契约论，而是与其情感主义的道德哲学相互配套，创建了一种新型的政府理论和法治理论，这两者与财富理论连贯在一起，构成了英美自由主义思想的重要组成部分。它们对光荣革命时期的政治自由主义给予了进一步的理论推进，具有重大的思想史意义。

第三，强调历史的文明演进论。苏格兰启蒙思想有一个突出的理论特性就是重视历史主义，或尊重既成的历史传统，这一点与法国启蒙思想对历史和传统的全然否定和批判的态度是大不相同的。无论是政治上，还是文化上，苏格兰启蒙思想家对于过去的传统都是一往情深的，虽然他们也意识到现代社会是苏格兰乃至英国社会不可回避的社会演变的必然结果，但是承认乃至接受这个现实，并不等于在文化尤其是文明价值上完全维护这个现实，甚至以此彻底否定过去。尤其是作为苏格兰社会精英群体的启蒙思想家，他们在面对苏格兰并入英国，成为大不列颠联合王国的一部分这个社会现实时，其思想内心的冲突还是剧烈的，至少也是十分纠结的。因为，融入英国社会，这在政治、经济和社会等方面无疑具有合理性，也有必然性，由此使得落后的苏格兰有了政治与经济上的长足进步，所以，他们几乎都是赞同派，支持并认同英国社会的历史进步；但是，在文化方面，他们就出现了一定的分歧，或者说，如何看待苏格兰文化融入英国，以及是否必要，或如何保持苏格兰的文化独特性，就成为聚讼纷纭的问题。启蒙思想在演变，其实就出现了重大的理论分歧，由此引发了文化认同问题，这个问题在当时并没有解决，在今天的西方思想界就变成了更加显著的问题。

就苏格兰启蒙思想的主流来说，由于处于早期资本主义的上升时期，对于文化差异问题，占据主导的思想理论是求同存异，通过创建了一套关于人类历史的文明演进论，即从文明的高度审视文化差异与文化认同问题，并且用历史主义的文明演进论，消化了当时苏格兰与英国之间的文化分歧，进而消化古典社会与现代社会的文化分歧，给现代社会（大不列颠英国乃至未来的自由—商业—法治国家）提供一种文明论的辩护与证成，这种主导观点是与他们创建的新道德哲学和新国民财富论相互一致、相辅相成的。苏格兰的这套文明演进论，通过提出一个四阶段的人类历史发展阶段，即从狩猎社会、游牧社会、农耕社会到工商社会，展示了一个文明程度不断提高，并从落后到发达的文明社会演进过程，从而为现代英国的资本主义社会提供文明形态上的辩护或证成。休谟、斯密和弗格森等人，对此都有非常充分的论述，这种文明演进论，成为苏格兰启蒙思想的又一个创新理论。

虽然从总的基调来看，文明演进论不是机械教条主义的进步论，但大致还是承认人类历史的不断进步，文明程度在不断提高，尤其是现代工商社会，属于一种高级的文明形态，在道德品质、财富拥有和法治昌明、政府守则等方面，都达到了人类文明的高级阶段，值得现代社会的人们进一步发扬光大，这是一种乐观主义的文明演进论。尽管如此，苏格兰启蒙思想也不是完全沉浸在这种单调的进步主义声音之中，它是一个多声部的合奏，其中也不乏悲观主义的警示，在斯密的晚年思想中，在弗格森的文明论述中，还是深含着关于人类文明的悲观主义情绪。苏格兰思想家对于人性的自足自立还是略有隐忧，感到这个英国开拓的资本主义社会未必能够达到道德上的理想境界，未必能够成就一个和平仁爱的文明境况。这类声音虽然在当时的思想界并不占据主流，维多利亚时代的英国光辉似乎掩盖了这一切，但随着人类社会演变到今天，这种悲观主义蕴含的问题反而成为了陷入文明冲突和文化认同之困境的当今英美思想的一个可以借以反思困境的源头。这或许是苏格兰思想的另外一种启示。

第三讲

哈奇森的道德哲学

从本讲开始，我们进入苏格兰启蒙思想的主体内容，进入苏格兰的道德哲学。说起来，苏格兰启蒙运动在思想领域的真正自觉是由哈奇森开启的，哈奇森的道德哲学在苏格兰启蒙运动中具有创始之功，他的感性主义美德伦理学，开创了苏格兰思想的道路。为什么要在道德领域而不是在政治和经济领域掀起一场思想的革新，并赋予道德情感以如此关键的地位，这是哈奇森面临的问题。

一、哈奇森的问题意识

哈奇森生于 1694 年，他的父亲是长老教会的牧师，按照那时子承父业的传统，哈奇森此后的人生大致是成为一位长老教会的牧师。当时的苏格兰启蒙运动初露端倪，宗教派别之间的相互冲突与斗争，虽已不是那么激烈和残酷，但也存在着信仰的门户之见，为了保持苏格兰长老教会的主导地位，他们对于天主教和圣公会的思想传播还是谨小慎微、严防紧守的。与父辈长老教会的严谨信仰不同，哈奇森早在儿提时期就对旧式加尔文主义的严苛教条和天命预定论有所怀疑，而对自由宽松的思想追求和各种新知识保持浓厚的兴趣。年轻的哈奇森先是在学校学习神学和法学，这个时期多少感受到欧陆和英格兰传来的新信息和知识，开始思考苏格兰今后走什么道路，为此与父亲持有的正宗长老会的宗教观点有所分歧，而对苏格兰如何面对英国社会的冲击寻找一条融汇的道路感受强烈。

真正改变并确立了哈奇森基本思想的还是他于 1711 年进入格拉

斯哥大学的求学时期。格拉斯哥是苏格兰西部最大的城市，早在中世纪就是苏格兰的商贸中心，在哈奇森读书的时代，格拉斯哥不仅是苏格兰经济最发达的城市，与欧洲大陆及英格兰有密切的商贸联系，它也是苏格兰早先具有现代商业氛围、商贸人士云集、呈现商品竞争力的地区。在格拉斯哥大学，哈奇森虽然学的是神学，但他对当时的各种学科知识都有广泛的兴趣，努力学习了法律、数学、化学等多种新的知识。值得庆幸的是，当时的格拉斯哥大学正处于教育改革时期，学校的教授聘任逐渐脱离教会的控制，而是由市议会任命，新任校长修订了大学课程内容，增加了历史学、植物学、医学、法律等新的课程，并聘任了许多专业教授，这样就打破了旧式加尔文派神学在教育界的垄断地位。格拉斯哥大学、爱丁堡大学等这些苏格兰知名大学的教育改革，也是苏格兰启蒙运动的一部分，年轻的哈奇森深受这些改革的影响。

哈奇森所学的神学硕士课程，当时老师教授的，主要还是加尔文宗神学思想，无论是耶稣在福音书的教导，还是苏格兰长老教会之父诺克斯的教义手册，宣传的都是有关天使与魔鬼以及信仰与拯救的内容，贯穿着感性的想象和预定的和谐，等等。对于这套司空见惯的加尔文新教的神学说教，哈奇森并不满足，恰好当时大学新聘任了一位神学教授，罗伯特·西蒙森，他直接挑战加尔文旧式神学教条，给学生们以理性的方法论，教学生用理性之光来审视神学问题。西蒙森的观点显然受到英格兰思想的影响，例如洛克、牛顿的理性怀疑论都通过教授之口传授过，此外，法国的启蒙思想，还有荷兰、西班牙等国的各种人文主义和理性主义的思想，都在课程中有所传授。当然，对于大学和教会的极端保守派来说，西蒙森的观点太过激进，很容易导致自然神论，理性的批判锋芒消弭了教会倡导的道德戒律的严肃性和权威性，因此他们对此严加抵制，但毕竟当时的苏格兰思想领域已经十分宽松，各种观念还是得到了缓慢的推广。

对哈奇森来说，西蒙森的观点他未必完全接受，但是这位教授带来的理性批判还是非常具有启发意义的，它打开了被教条主义禁锢的闸门，由此年轻的哈奇森可以自由地思想，聚焦自己关注的问题。在他看来，西蒙森对于传统教会的批判太激进了，苏格兰的思想改革不需要那种革命的理性批判主义，而是要在传统的维新改良中建立一种新的道德哲学，新道德尤其是建立在道德情感上，而不是理性逻辑上。这一点，显然又显示出哈奇森无法摆脱的加尔文教的影响，换言之，他的思想基础并不是理性主义神学，而是富于感性的基督新教，但这个新教需要改革，需要与时代，与现实生活，与格拉斯哥的商业社会相互结合，而不能重复老一套的天使、魔鬼、地狱、天堂以及宇宙秩序和个人救赎之类的陈词旧调。格拉斯哥大学的求学对于哈奇森至关重要，在那里他获得了新的理性分析能力，学到了现代意义上的新知识，感受到这个城市生机勃勃的商业进取精神，并且确立了今后人生的规划，即为自己的时代和社会创造一种新的思想。

究竟这个心中的新思想是什么呢？哈奇森不再满足于格拉斯哥一隅之地，他开始游学欧陆和英格兰，在此后的多年时间，他曾经到过瑞士，去过巴黎、都柏林，还在牛津大学学习一年。在此期间，他不再局限于神学，而是在新思想和新知识的发源地，广泛涉猎与学习法律、科学等知识，与当时的欧陆和英国知识精英有过深入的交往，与新教改革的各种探索也有广泛接触。总之，通过大量的学习和认知，他逐渐强化了他的问题意识，系统化了他的思想观点，于是在 1730 年代，哈奇森回到苏格兰，在格拉斯哥大学担任道德学教授，传授他的独创一格的美德伦理学。当然，由于他的道德哲学与宗教神学、与加尔文新教有着密切的关系，加上家族的传统，以及苏格兰思想的保守气质，哈奇森一身二任，那就是，他既是大学正式聘任的伦理学教授，在课堂为学生教授道德、法理学和政府管理学，另外，他又是长老教会的牧师，晚上在教堂为信徒讲授圣经，传道授业，传播福音。这种情况，也不是哈奇森一人独有的，在当时的苏格兰，很多人都有这种双重身份，例如，弗格森、里德，也都既是大学教授，也是教会的牧师。

应该指出，哈奇森把大学教学与教会布道结合起来，与他的问题意识有关，他虽然广泛接受了欧陆和英国的新思想和新知识，对于理性并不排斥，也深受英国、欧陆沿海城市和苏格兰的新兴市民生活之鼓舞，赞同工商文明与法治秩序，但是，这些新事物并不是他萦绕于怀的核心问题，真正使他关注的还是心灵问题，即基督新教的心灵救赎问题，只不过，传统的加尔文正宗神学已经严重脱离了社会生活，旧式的神学教义已经不能说服广大信众，尤其是商人大众。所以，如何改革新教的刻板说教，为新时代和新市民提供一种富有活力的道德哲学，而且是与新教精神相契合的新道德，就成了哈奇森的思想使命。经过哈奇森的多年努力营造，在苏格兰，在格拉斯哥大学，以他为中心，确实形成了一个思想冶炼的舞台，在此他不但建立了自己的系统化的美德伦理学，创造了具有开启意义的苏格兰道德哲学，而且培养了一大批学生，他们不但传播他的思想，还进一步发展和推进了他的思想，丰富和发扬光大了苏格兰的启蒙思想，例如他的学生亚当·斯密就是一个典范。

二、哈奇森的美德伦理学

从现代狭义道德学的视角看，道德与伦理有所区别，前者多指向人的内心，后者多与人的行为有关，这种划分表现出现代学科的精密性。但是，这种划分也是相对的，因为人的内心与行为都与规范性的德性要求有关。此外，还需要特别指出，在现代道德伦理的划分之前，或者说在早期的现代思想史中，道德与伦理是没有多少区别的，都属于道德哲学的领域。对于哈奇森这样一位现代道德哲学的创建者来说，他的道德学既是一种道德哲学，又是一种伦理学，由于他格外强调基于情感的美德标准，又可以称之为美德理论学。总的来说，哈奇森的思想以其关注人的道德性，尤其是试图为现代社会建立一种奠基于情感美德的伦理标准或规范而著称于世，他的道德思想开启了苏格兰道德哲学之路。

为什么哈奇森会关注道德问题？我在前面已经指出，他认为他所处的苏格兰新时代，需要一种不同于传统加尔文宗的新道德，以此规范或指导日渐兴起的市民阶级的外部行为与内心修养，他认为这是苏格兰当时问题意识的中心点，也是他的使命所在。如何创建他所期盼的新道德哲学呢？他在周遭的思想世界与知识精英中绕了一圈之后，还是回到英国的经验主义。在他心目中，英国以沙夫茨伯里为代表的情感主义道德理论，最具有启发价值，而且为他的思想创造提供了更为广阔的可能性。与此相关的是当时影响巨大的英国思想家霍布斯则成为他的理论对手，霍布斯的人性自私的道德哲学，激发了他的批判锋芒，他把从沙夫茨伯里那里接受的情感仁爱学说，提升到一个新的高度，在对霍布斯自私天性的批判中，建立起一套纯粹仁爱的情感美德理论。

在英国经验主义的思想传统中，其实一直有着两股不同的思想源流，一股是关于人性天然自私的人性理论，一股则是关于人性天然仁慈的人性理论，前者的代表是霍布斯，后者的代表则是沙夫茨伯里。当然，这两股思想的中心议题不是各自建立一套道德哲学，而是为了他们的政治思想，即为英国的革命，提供一套人性论的理论论证。生活于英国内战时期的霍布斯，为了构建一个适合于英国的利维坦，就预设了一种丛林状态下的人性自私论。在他看来，人的本性天然是自私的，自保和自利是人的本性，人为了安全和保命，基于利益的计算和权衡，就在相互之间订立了一个契约，并把它交给第三方，即一个绝对的国家来把握，从而建立起一个集权主义的国家体制，这就是利维坦。霍布斯的政治契约论以及人的自私自利论，在政治思想界影响很大，对法国乃至世界各地的现代民族国家之主权建构，都具有重大的影响。不过，这里有一个要点需要指出，在英国思想中，这种人性自私的利益论，又与当时兴起的自然权利论相互结合起来，这个线索可以追溯到荷兰思想家格劳秀斯以及西班牙学派，还有意大利、法国等兴起的自然权利论，把自然私利转化为一种自然权利，从而为英国革命提供一种个人权利论的辩护，这是早期现代思想的一个流变，由此，从霍布斯那里开启了一种现代的个人主义，也是言之成理的。

与上述的人性自私或人性恶的经验主义不同，另外一股思想潮流，便是关于人性善的天然仁慈和仁爱的思想，这个思想早在文艺复兴时期的人文主义那里就有相关论述，但在英国，则是沙夫茨伯里最具代表性。当然，沙夫茨伯里是英国的著名贵族，也是积极参与英国光荣革命的辉格派政治领袖，洛克就曾受到他的赏识，担任过他的国务秘书。沙夫茨伯里不赞同英格兰甚至欧洲思想家们对于人性自私的流行观点，在他看来，人的天然本性是仁爱和宽厚的，爱他人、爱朋友、爱亲人友朋，爱其他认识的或不认识的所有人，是人的基本情感，包括中国古语亦言"民我同胞，物吾与也"，人生来就具有仁爱辞让的情怀。所以，仁爱之心是人最为根本性的情感，不是经过理性计算的，不是经过利益得失考量的，而是天然的、朴素的，也是最为普遍的，为每一个人所秉有。显然，沙夫茨伯里的观点是与霍布斯那种人与人的恐惧与敌对关系、人性本恶的自私情感的观点截然对立的，他开创了英国经验论的另外一个仁爱的情感主义道德哲学传统，在英国也影响巨大。

值得特别指出的是，沙夫茨伯里主要是一位政治家，他领导的辉格党人积极参与英国革命，促成了保守主义性质的政治改制，实现了君主立宪制。这场典范性质的英国革命，其思想源泉并不是霍布斯之流的人性自私论，以及功利主义的利益计算，而主要是这股仁爱温良的道德哲学的性善论。当然，沙夫茨伯里的道德哲学只是其人生事业的一部分，他推进的英国革命主要还是在政治领域，他的道德思想对于英国政治变革乃至政治思想的影响，还是被思想史严重忽视了，理论家们并没有把它们之间的密切关联打通，把握到这股仁爱的情感道德哲学对于光荣革命的理论哺育的意义。相比之下，思想家们更愿意把他的学生和秘书洛克视为英国革命的理论版，以洛克的政治思想来捍卫和辩护英国革命的正当性。这一看法也没有错，洛克是光荣革命的理论版，为这场伟大的政治变革予以辩护，并给予正当性证成。但是，洛克在吸收英国经验主义的时候，并没有接续沙夫茨伯里的仁爱学说，也无意从人性善的视角开创出一套现代政治论。他在与霍布斯的思想斗争时，把人性自私的理论转化为一种自然权利论和社会契约论，从而构建一个现代版的自由主义思想谱系，通过个人天赋享有的生命权、财产权、言论权和政治权利，为他规划的政府论或君主立宪制，提供思想理论基础。洛克的这个理论道路是具有普遍性的，他一方面接受了霍布斯的个人主义，但又没有指向国家主义专制，而是实现了一个保障个人权利的宪政国家，在这个国家，人民仍然具有反抗暴政的自由权利。这就为现代自由主义的实践和理论两个方面开辟了道路。

毋庸置疑，洛克在思想理论上取得了巨大的成功，沿着英国光荣革命的轨迹，开辟了一条影响深远的自由主义之路，但是，这个洛克之路也遮蔽或遗漏了革命时期的一些其他思想，他的老师沙夫茨伯里的情感主义仁爱道德思想，以及它们与英国革命实践的关系，就随着这一代政治人物的退场而消隐下去，没有巍然壮大。不过，值得庆幸的是，时隔半个世纪之后，在苏格兰思想启蒙的发育中，沙夫茨伯里的情感主义仁爱学说却被哈奇森重新拾起，并得到进一步的挖掘和发展，成为苏格兰道德哲学的一个强有力的源头，促进了整个苏格兰道德哲学的发扬光大，由此开辟了一条不同于英格兰政治思想中的个人权利论的情感主义自由主义新谱系。

现在我们还是回到哈奇森，他发现了沙夫茨伯里的道德思想，但并没有照搬，而是结合苏格兰社会的现实情况，在吸收沙夫茨伯里仁爱友善的道德思想的基础上，创造了一套自己的基于纯粹情感的美德伦理学。下面我就重点讨论一下哈奇森的道德哲学。

第一，哈奇森接受了沙夫茨伯里等人的道德思想，把人在社会生活中的核心问题放到人的感性上，尤其是放到人的仁爱和助人为乐的情感上。由此，他在自己的一系列著作中，系统化地分析和研究了人的各种情感形态，用现代学科的标准来说，他构建了一套情感主义的心理学，每个人的各种心理状态，诸如利他的快乐、利己的偏好，还有痛苦、忧虑、欢乐、愉快、幸福、自豪、高尚、骄傲、文雅、荣誉之心、恐惧之忧，等等，都成为他的道德哲学的主要分析对象。这些，在他的《道德哲学体系》《论美与德性观念的根源》中都有专门的研究讨论，这是哈奇森对沙夫茨伯里等英格兰情感仁爱思想的系统化和专业化的深入阐述，表现出他作为大学教授的理论构造能力，不同于政治家们的思想散论。

哈奇森的这一思想定位具有思想史的坐标意义，他扭转了英格兰思想中的从个人私利到个人权利的权利论路径，扭转了洛克的知性理论路径，而把道德思想的中心转为情感本身，尤其是转为道德感上面，这样就开启了苏格兰思想的情感主义，激发了休谟和斯密的道德哲学。哈奇森继承了沙夫茨伯里的传统，创造了苏格兰道德理论的新领域，也由此使苏格兰的道德哲学有别于大陆唯理主义的道德哲学。

第二，哈奇森开创了的纯粹第六感官的美德伦理学。沙夫茨伯里及其他的英格兰和欧陆情感主义道德学虽然把情感，尤其是仁爱、助人为乐的快乐感视为社会交往和人性的基本性质，但他们都有一个理论缺陷，那就是没有解决如下一个问题：为什么仁爱的快乐情感、利他的情感是最为重要的情感，高于、优越于自私和利己的情感呢？也就是说，这些人性善论的道德学家们，都还是从一般的情感论来理解仁爱、利他和为人友善的快乐，并没有从理论根基上展现利他助人所秉有的快乐情感的优先性和先验性。如果只是把仁爱助人的快乐视为与其他的快乐同类性质的快乐，那么沙夫茨伯里所倡导的友爱、利他、仁慈的道德哲学，就难以与利己自私的道德哲学作出本质性的区分。因为，利己主义也可以论证说利己、自私、自保和自爱也是一种能够引发心灵快乐的情感，也能够成为人的行为规范的德性导引，而且在一个世俗的社会，在一个人与人相互防备和避免侵犯的社会，自爱、利己和自私也没有什么缺德的地方。固然，鼓吹利他与仁爱、助人为乐、慈善友爱是一种高贵的德行，而且基督教也一直鼓励这些美好的道德，甚至视为宗教戒律，但它们也只是具有相对的意义，对于孤立自处的个人来说，仁爱利他的快乐感并不具有绝对的优先性。

所以，在自私利己与仁爱利他的情感主义比较分析中，道德学家们拿不出强有力的理论佐证支撑后者的优先性，最后只能是归于个人的偏好与社会的倡导。面对这种情况，哈奇森就显示出他的思想理论的创造性来，在他看来，既然利己主义与利他主义、自私自爱与仁爱廉耻的纷争不能由社会效益来解决，也不能归为相对主义的偏好选择，那么就要回到情感的原点上，他试图从情感的起源上，从非宗教戒律的道德本性中，揭示一种纯粹、绝对的利他主义和仁爱慈善的心理基础，他称之为纯粹的道德官能，又被视为人的道德第六感官。这种纯粹道德官能发生的仁爱利他的情感，是哈奇森独创的有别于沙夫茨伯里等道德学家的新道德哲学的出发点。

哈奇森认为，人的情感高于人的理性，情感决定了人的行为方式以及人格的性质，社会上的各种道德规范、行为标准、德行操守，乃至一个社会的文化品质、文明高低，人群的素养、流行时尚和礼仪风范，等等，都与人的情感有关，都取决于人的情感心态的道德选择。这些情感是如何产生的呢？当然不是理性计算产生的，而是由于这些情感给人带来感性的快乐，与人的心理感受情况有关。美好的东西，助人利他的事情，仁爱慈善的行为，必然会给人带来很大的快乐，这是一种使人向往的非常享受的愉快和欢乐。相反，那些自私自利的考量，损人利己的行为，恐惧担忧的心理，妒忌怨恨的言行，等等，就不会给人带来心灵的愉快和欢乐，只会带来痛苦和忧愁的情感感受。所以，在一个正常的社会，一个美好的社会，一个良善的社会，必然是仁爱慈善、助人为乐的德行遍布的社会，必然是一个人人举止合宜、爱心丰沛的美好社会。因为这样的利他主义、助人为乐和慈善嘉德非常符合人的情感本性，与人的本质密切相关。

为了进一步论证他的道德学说，哈奇森在此提出了一个著名的第六感官的主张。他指出，人的各种感性感受、感知体会均来自每个人的自然感官，例如，人对于冷暖寒热的感觉来自人的身体的感受，人对于明暗色彩的感觉来自视觉的感受，也就是说，任何一种感知，都与人的某种的感官功能有关。在这里，人对道德情感的认识和感受，也多与这些感官功能结合起来，人们对于一些道德德性的认识和定位，也多与人的这些自然感知联系在一起。这样的结果就会导致一些相对主义的困惑，也会导致一些自然主义的被动性，所以，就很难在社会生活中，在人的自我觉察中，确定那些美好的道德、那些纯粹的美德、那些给人更高尚快乐的道德品行的真实存在。通过他的研究，哈奇森认为存在着一种特别的不同于人的日常五种感官的新感觉官能，他称之为纯粹的美德官能，也称之为第六感觉的感知功能，这种官能是纯粹的有关美德的官能，它可以感受到人的纯粹的道德品行，那些仁爱、慈善、利他、良知、尊严、优美和宽容等社会行为中的各种美德，都可以通过这个第六感官而感受出来，并给人带来真正纯粹的道德上的快乐和愉悦。

这样一来，通过人的道德感觉，通过每个人都秉有的第六感官，人就可以发育、培养和施展人的价值，实现人的尊严和美德，走一条弘扬美德的道路，为此，人也可以感受到这些美德给自己带来的心灵上超越于自然感性的快乐、愉悦和美好的享受。哈奇森也发现，尽管有时候，这些纯粹的美德嘉行可能与人的一些自然本性相冲突，使人感到一定的痛苦和不愉快，但是，从作为一个人的价值和尊严，乃至作为社会成员的责任和信仰神的角度来看，这些美德都是必要的，也是最终会给每个人带来持久和纯粹高尚的欢乐和愉悦的。

沿着这个情感美德说，哈奇森特别强调人性情感的判断力问题，在他看来，每个人都有独特而纯粹的道德情感，第六感官是普遍存在的。但是，为什么在社会生活中它并没有被彰显，并没有为人们广泛接受并得到普遍施行呢？因为人缺乏对于道德情感的判断力。哈奇森认为，在社会生活中人心往往被各种迷雾所遮蔽，各种自然的欲念冲动，各种蛊惑人心的观念看法，各种利益考量和他人意见，等等，使得人的道德和审美感知能力大为弱化，丧失了道德情感的判断力，分不清哪些是真正的道德，哪些是虚伪的道德，哪些是真正美好的事物，哪些是丑陋不堪的东西，哪些带来真正的快乐，哪些带来虚假的快乐，由此，明辨是非、分清真伪的道德判断力就是非常重要的。哈奇森的主要著作对于情感的各种样态、性质，以及这些情感的道德程度、相互之间的关系，尤其是道德情感与非道德情感之间的分野，给予了细致、周密而系统化的分析与研究，从而确立了他基于纯粹道德情感的美德学说。

第三，哈奇森道德哲学的张力性关系。哈奇森发挥了沙夫茨伯里一脉的道德主义，把利他仁爱等心理的快乐视为道德美德的主要来源，有别于霍布斯等人的自私自利的道德哲学。为了论证其思想的坚实根基，哈奇森创造性地提出了一个纯粹道德感官的观点。但是，通观哈奇森的道德哲学，尤其他的美德论，也存在着多个层次的张力关系，为了回应苏格兰社会变迁的诉求，哈奇森作为道德理论的开创者，一方面提出了一系列新思想，另外一方面也留下诸多难以解决的问题。

其一，对于纯粹道德情感，如果是一种新官能，那就属于心理生物学的领域，对此，哈奇森没有也不愿意从生物学中来论证，说明这个第六感官究竟是什么。所以，他就在思想史上留下了一个假设，并没有给出科学意义上的论证。看来，哈奇森试图从超验性方面对他的纯粹道德感给出论证，这显然与他的基督新教的神学背景有关，他力图说明这些纯粹高尚的道德情感与基督教的神学教义相关，来自彼岸世界或对于神的信仰，但他又并不认为自己的道德哲学是一种神学，而强调它们是人的道德，灌注于人世间的世俗生活。如此一来，究竟道德情感来自哪里，其最终的根源何在，就成为一个公案。既不源自自然生物学，也不源自宗教神学，那个纯粹利他、仁爱、良善的道德情感是什么呢？这就成为哈奇森的一个理论困难。

其二，哈奇森的道德哲学不是规范主义的道德戒律，而是强调诸多美德能够给予个人带来感性情感的快乐，换言之，评判道德之性质、高低和优劣的依据是感性，哈奇森认为美好的道德，或诸美德能够为人带来高水平的快乐和愉悦，使人获得生活的幸福感。然而，一涉及幸福、苦乐等心理样态，就不能摆脱现实社会的世俗标准，很多人们感到的幸福和快乐，往往与社会的物质欲望满足、人际交往的感受、大众时尚和文化认同等非纯粹道德情感的内容密切相关。这样，哈奇森的道德哲学就又包含了很多幸福、功利和社会公益等方面的内容，甚至也有理论家指出，他的理论对此后的功利主义多有影响，甚至哈奇森就是一位功利主义的道德哲学家。但是，哈奇森提出纯粹美德论，显然是要超越世俗社会的偏见，以及功利意见的缠绕，他的道德理想是促进真正的仁爱、良善和利他等有关人性的尊严、优美和崇高之品质的提高，过多纠结于人的感性欲望和世俗幸福，就与他倡导美德哲学的初衷相违。

其三，哈奇森不满足于基督教神学，不愿仅在教会担任长老会牧师，而是要积极参与社会，投入苏格兰市民社会的丰富生活，为正在发育的工商社会提供一套道德理论。所以，哈奇森积极参与了苏格兰启蒙运动，在大学教书育人，传播新思想，参与教育改革，组织教授协会，约束政府的权力，规范政治的专制，鼓励工商业掌握新知识，倡导文明社会，提倡文雅高尚的生活方式。总之，他的美德伦理不是象牙之塔的修行，而是服务于社会，为经济生活提供道德标准，为法律治理提供道德依据，为一个自由的社会树立助人为乐的仁爱美德，从而提升每个人的人性尊严，助益人的审美情操和高尚品行。在他看来，一个自由的、商业的和法治的社会，应该是一个人性尊严和价值获得褒扬的社会。但是，这样的美德社会究竟在追求商业利益和个人幸福的苏格兰现代社会中，如何能够获得广泛认同、应者云集，而不是曲高和寡、追求者稀少呢？这就成为一个现实的问题。纯粹道德与商业利益的矛盾、个人私利与公共福祉的矛盾、个人主义与社群主义的矛盾、利他仁爱与利己自私的矛盾，等等，这些被后来思想家们视为现代性社会的深层矛盾，显然在哈奇森的道德哲学的思考中，都富有张力地呈现出来。哈奇森只是感觉到了，并没有给出解决的方案，但在他的后继者中，在苏格兰道德思想家诸如休谟、斯密和弗格森那里，却是极其尖锐地展示出来，这些后继者需要在哈奇森的思想基础上，超越哈奇森，给出新的理论解答。

三、哈奇森道德哲学对苏格兰思想的影响

诚如前言，哈奇森作为苏格兰道德哲学的第一人，他的纯粹美德理论吸收英国经验主义思想传统中的仁爱利他学说，在苏格兰创造性地建立了一门道德学，这个贡献是巨大的，影响也是深远的，他的思想主要是以英格兰经验主义哲学为主干，还吸收了欧洲的启蒙思想以及基督新教的道德思想，具有巨大的综合性。但正如前文已经指出的，哈奇森只是开启了一扇门，为苏格兰道德哲学注入了一股强有力的理论源流，并没有彻底解决早期资本主义的道德证成或理论辩护问题，由此就势必为后继者留下很大的理论发展空间，苏格兰道德哲学在休谟和斯密那里，获得了长足的发展，他们的思想显然离不开哈奇森的滋养。下面，我将简单梳理一下哈奇森对于苏格兰道德哲学的影响。

第一，哈奇森对于苏格兰思想的最大和突出的影响，是为苏格兰思想界提供了一个情感主义的道德哲学根基。应该说，关于英格兰的经验主义，苏格兰思想家们并不陌生，但是，把经验主义从知识论、观念论甚至方法论的问题，转换为一个道德价值的情感问题，并且赋予人的感性情感以中心的地位，以此建立道德哲学的系统理论，这是哈奇森继承沙夫茨伯里的观点而独创出来的。这种情感高于理性、以情感驾驭理性的道德学说，对于苏格兰思想的影响是巨大的，虽然此后的休谟和斯密未必赞同他的纯粹情感美德论，但把情感视为道德哲学的中心位置，休谟还提出情感不是理性的奴隶，相反，理性才是情感的奴隶的论断，这些不能不说其根源来自哈奇森的道德情感论。

在人的道德生活中，在有关人的价值与尊严乃至人的行为规则、

个人自由和公共权力的约束等问题上，情感的作用高于理性，是情感而非理性，决定了人的道德性质，赋予了道德伦理的取向，从而决定了一个人的道德水准和一个社会的文明程度，这些情感主义的道德观，是哈奇森开启的，并为苏格兰思想家广泛汲取和接受。但是，在如何看待情感，情感的性质、内容和分类，以及情感的层级划分、高低程度以及与德性的关系等问题上，苏格兰思想家相互之间又有着很大的理论分歧，至少，很多人并不赞同哈奇森的第六感官的纯粹美德理论，也不认为绝对的利他仁爱、助人行善是情感主义道德的核心内容，而是把理论的重心转向其他的情感上，例如，诸如同情心、自利感、合宜性，甚至激情与利益等源自个人主义的情感，它们在道德哲学中的地位和重要性并不比纯粹的利他和仁爱情感低劣，甚至比哈奇森鼓吹的利他助人的美德、慈善仁爱的高尚情感更加有助于理解人的道德本性，理解现代人的行为规范。

我们看到，苏格兰道德哲学在哈奇森之后，沿着哈奇森的情感主义路径，就有了一个重大的转向，即把道德情感的重心落在有关自私、自利、同情感、共通感、仁爱心与合宜性，以及利益的激情、骄傲与勇敢、荣誉与赞赏、文雅和艳羡等情感上，试图在这些人们秉有的自然情感中，寻找、开发和培育人的道德价值和美好德性。这些思想家聚焦分析的情感内容，很多是不入哈奇森法眼的，他认为这些自然情感少有纯粹道德的价值，不能划归美德伦理的范围，但在后来的思想家看来，哈奇森把道德的门槛设置得过于高大，过于纯粹，以至于曲高和寡，难以与大众心理结合，也与真正的情感主义的道德价值，与深藏在自私与同情的共通感中的道德本性并不若合符节。于是，他们转向情感心理的内部，在诸如利益的激情、同情心和共通感、情感合宜性、文雅情趣等方面深入剖析和挖掘，建立起一个不同于哈奇森纯粹美德论的道德哲学，从而为日渐兴起的工商资本主义市民生活建立起一种文明雅致的道德规范。相关的讨论我将在本课程的下面几讲专门论述。

第二，哈奇森的道德哲学虽然立意高远、追求优美与崇高，但他并不是为了个人一己的悟道明志，独自灵修，而是面向大众，面向社会，其中有一个积极性的社会内容，也就是说，哈奇森倡导的高调伦理，是为了向新的市民大众指明一条走向高尚道德的路径，由此，他格外注重其美德的社会功能和效用。在他看来，一个社会不能没有道德标准，没有美德规范，一个处处谋求私人利益、自顾自利的社会，不是一个好社会，而霍布斯描绘的丛林状态、人与人相互敌对的状态，不可能是一个人的社会，只能是一个动物的社会。一个人世间的社会，不能放纵人的自私，放任各种低级的欲望，而是要彰显人的尊严和价值，维系人的良善本性，由此，利他仁爱、互助合作、慈善宽厚、助人为乐、美仪格调、高尚崇高，等等，这些好的德行就不可或缺，而且它们也是人快乐幸福的源泉，他的道德哲学主要是依据这些良善本性而建立起来的。

为什么要如此倡导美德，不是像传教士那样传播福音？是为了建立美好社会。在哈奇森看来，他所处的苏格兰社会，正在一个变革的当口，新的生产和生活方式开始出现，与此相应的是，有了工商经济，有了娱乐和奢侈行业，有了发财和牟利的机会，这些都是过去苏格兰的农业生活所没有的，也是过去的传统道德所没有遇见过的，这是一个真实客观的社会。他的道德哲学不能无视这些新事物，但又不能盲从这些新事物，于是，要为这个社会提供一种保持人格价值和人性尊严的道德规范，提高这个社会的道德水准，培育其文明优雅的品质。为此，他找到了一种利他和仁爱、助人为乐、良善交往的情感美德学说。他认为，这种情感美德可以为经济社会提供道德依据，可以为法律规定提供人性标准，可以为政府治理提供限制条件，总之，他的道德哲学是一个商品社会、法治社会和自由社会的道德基础。

哈奇森的这种道德社会观对苏格兰启蒙思想的影响也是巨大的，他的后继者都没有遗忘他的这个道德天性，都把道德与社会结合在一起，都试图为苏格兰社会，为日渐发展的资本主义市民社会，为正在兴起的法治社会，为一种不同于农业文明的现代工商文明，提供道德哲学的正当性论证。休谟的同情与仁爱的道德理论，斯密的"道德情感论"和"国民财富论"，还有弗格森的"文明演进论"，这些理论，虽然对于何为道德、道德的发生机制以及商业文明的利弊、节俭与奢侈生活的作用等问题的看法，与哈奇森的理论乃至相互之间有着这样那样的分歧，但在关注道德的社会性，在试图通过道德促进一种美好、自由和文明的社会生活方面，却是非常一致的。

由于强调道德与社会的密切关系，哈奇森开启的苏格兰道德哲学，就不是孤立的个人心灵修炼，像宗教修道院那样的灵修，也不是传统中国儒家的心性之学，即仅仅关注于私人小群体之间的私德之学，而是面向社会的公共道德学，是讲究公共利益的公学，像中国儒家所谓的外王之学。但需要指出的是，苏格兰道德哲学的外王之道，已经不是农业社会的外王之道，或从属于内圣的依傍君王权力的道德说教，与中国的儒家道德哲学有着本质性的差别，而是面向现代工商社会的、法治和宪政的公共道德，因为苏格兰道德哲学是以英国光荣革命的政治制度为前提的，是社会契约论转型为情感社会论的道德哲学。这些新的内容，在哈奇森那里还只是初现端倪，而到了休谟和斯密以及弗格森那里，他们所展示的社会性就有了非常丰富的拓展，发展出国民财富论、法治政府论以及商业文明论、历史演化论等诸多内容。这些都与哈奇森的道德哲学有关，都受到他的重要影响。

第三，哈奇森道德哲学的情感理论和社会理论，对苏格兰思想有总体性影响，此后的苏格兰思想家无不受惠于他。由于哈奇森思想的复杂性和多重张力，他的道德哲学对苏格兰思想的具体影响，大致又可以表现在三个方面。

其一，对于斯密和休谟的情感道德学的影响，这一点最为显著。斯密作为他的学生，其道德思想深受其影响自不必说，他们两人的师生关系以及思想关联可谓一段佳话。而休谟的情感理论，也不能不说与哈奇森有诸多相同之处，虽然两人关于道德价值的性质在看法上分歧很大，休谟的不可知论及其非宗教信仰，也令哈奇森非常不满，在休谟聘任爱丁堡大学教授之事上，他参与杯葛阻止，难免让休谟耿耿于怀。但是，无论怎么说，休谟道德哲学中对于情感的强调，对于树立情感高于理性的苏格兰道德学共识，以及关于私利与利他、同情和共通感、想象力与判断力、快乐与幸福及其利益感，斯密道德哲学中的同情观、情感的合宜性、情感的道德性与自然正义，利益与德性的关系，美德的性质考量，等等，都与哈奇森的思想密切相关，他们两人的道德哲学都留下了哈奇森思想的深刻印迹，可以说，苏格兰道德哲学因为他们三个人的学说而著称于世，形成一个富有创造性的苏格兰学派。

其二，哈奇森的道德哲学具有很显著的保守特征，他反对激进主义的革命道德，对于传统道德非常重视，尤其是对于苏格兰传统的已经被逐渐遗弃的传统文化、生活风俗、审美情趣、文学诗歌和英雄传奇，等等，都保持着高度的尊重，他的美德伦理学有一些内容是从苏格兰传统中提炼出来的。所以，哈奇森的这种怀旧思想对于弗格森所代表的文明学说，对于苏格兰不盲目赞同融入英格兰文化而保持自己的苏格兰文化，有着很大的启发和指导意义。所以，哈奇森道德哲学的文化怀旧主义、对于苏格兰古朴情感的崇尚，对此后的历史文明演进论，甚至文化保守主义有着深刻的影响，这一点也是不能忽视的。虽然哈奇森自己未必有着这么强烈的苏格兰情结，但他所启发和引导的却是绵延不断的。苏格兰与英格兰的合并，在文化上一直没有彻底解决，在苏格兰一直存在着一个文明认同与文化多元的张力难题。

其三，由于哈奇森的思想具有着道德快乐的内容，他把美德与其导致的心理快乐、愉悦视为重要的标准，因此，有关幸福、福祉和利益的满足等内容也就不能排除出他的道德哲学，他的纯粹美德启示并不纯粹，正是由于此，休谟思想中的道德的有用性、功利性，也被追溯到哈奇森的思想中，认为他们是英美功利主义的一条线索。无论是否符合哈奇森的原意，哈奇森有关幸福的快乐等道德心理学的观点，对于19世纪英国的功利主义道德哲学产生了很大的影响。詹姆斯·穆勒作为出生于苏格兰的英国功利主义思想家，曾经深受哈奇森道德哲学的影响，他的儿子就是著名的约翰·穆勒，更是著作等身、名声在外。父子两人作为苏格兰裔的英国功利主义重要的思想家，他们理论的其中一个来源便是哈奇森及休谟的道德哲学，这一点也是确实的。由此可见，哈奇森对于后来的英国功利主义，也是影响巨大的。为什么会如此？这主要是因为哈奇森思想有内在的张力，作为一种新理论的开创者，势必涉及多个方面、多个层次，它们之间未必自洽，其中的某些甚至是相互对立的思想因素影响了后来的继承者，当然这种情况在思想史中也是常见的事情，它们表明了哈奇森道德哲学的生命力和丰富性。

第四讲

休谟的道德哲学

大卫·休谟是苏格兰思想的重镇，他的道德哲学也是苏格兰道德哲学的重中之重，在本课程中，我将用两讲具体讲解休谟道德哲学的内容。鉴于在前言中我对苏格兰道德思想的定义，下面关于休谟的两讲，一讲是关于休谟道德哲学的具体思想，集中讨论休谟情感论的道德思想主张，另外一讲则是与道德思想相关联的休谟关于政治、经济、文化及其现代文明演进的思想。在苏格兰启蒙思想那里，道德理论不是一种纯粹的个人心性修为的学说，而是与早期资本主义社会密切相关的个人心性、外部行为与社会制度三者互动的道德社会理论。休谟的道德思想最具代表性地表现出了18世纪苏格兰启蒙思想的特性，并且给出了一整套系统化的理论构建，由此，他与亚当·斯密、弗格森等人一起对于西方社会的现代演进，给予了各自自成一体的理论证成，尤其是道德论、财富论与文明论方面的证成。这样一来，他们打造的苏格兰道德哲学对于现代社会的价值问题，就具有了广泛而普遍的说服力，影响深远。

一、休谟哲学中的激情与利益

休谟最早的一部著作是《人性论》，他的思想发端于他对人性哲学的看法。试图从人性论入手构建一套系统思想的做法，在18世纪的欧洲和英国，包括苏格兰的启蒙思想界，并不稀奇，英国的霍布斯、哈林顿、洛克是如此，欧洲大陆的笛卡尔、斯宾诺莎、卢梭、孔迪亚克、狄德罗、普芬道夫等也是如此，他们深受实验科学尤其是牛顿思想的影响，试图通过构建一种完备的人性科学来解释和指导人类社会，就像牛顿科学认知和把握了自然宇宙一样。当然，上述的人性论走的是两条道路，一条是大陆国家的理性主义，另外一条是英语国家的经验主义，两条道路都促进了传统封建社会的思想解放，开启了不同的启蒙主义潮流。休谟早年的思想无疑也深受这种潮流的影响，他的《人性论》虽然遵循着经验主义的理路，创造性的观点很多，但在当时的知识界并不成功。为此，休谟修正了他的写作方式，简化和精粹了他的观点，写作并出版了一系列旨在建立他的道德哲学以及阐明有关社会政治与经济文化的小册子及论文，这些作品一经发表即引起极大反响，休谟也因此声名鹊起，但回过头来看，我认为他的道德哲学的思想精华，还是在《人性论》这部他早年创作的鸿篇巨制之中。下面我主要是依据休谟的《人性论》，并参考其他的小册子与论文，加以讨论。

在休谟的人性思想体系中，道德情感占据重要的位置，为此他提出了情感不是理性的奴隶，相反，理性才是情感的奴隶这般具有宣言性质的话语。但是，对于什么是情感，什么是道德情感，他却与哈奇森乃至沙夫茨伯里等思想家大不相同。他不认为绝对的利他主义以及仁爱、助人为乐、宽厚仁慈等高尚美德才是道德情感的核心内容，才是经验主义道德哲学的中心议题。相反，他认为人的利益的激情，以及围绕着个人的私利心而引发的同情与仁爱，以及人为的道德正义等内容，才是情感和道德的核心内容，这些构成了他全部道德哲学的中心议题。所以，要理解休谟的道德思想，不能从哈奇森的美德理想主义出发，而是要从现实主义的人性实际状态出发，即从道德是什么出发，而不是从道德应该是什么出发，突然与应然，两者是不同的，这个分野在经验主义的情感心理学中也是如此。

因此，本课程讲休谟的道德哲学，第一部分是讲他有关激情与利益的观点。激情当然是一种情感，而且是人的最重要的情感，离开心理激情的道德情感是干巴巴的，也是软弱无力的，很容易变成一种道德说教，与生机勃勃的市民阶级的精神情态有所隔膜。但是，究竟什么是激情呢？激情的来源，其动力的机制和发生的轨迹是什么呢？激情与利益、道德、观念、内心的诉求和社会的环境是一种什么关系呢？这一系列涉及情感的问题，便是休谟道德哲学的基本内容。

1. 印象、观念与因果关系

在《人性论》中，休谟首先分析研究了人的感性观念，诸如冷热、黑白、软硬、大小、长短以及苦乐、酸甜等一系列观念，它们是我们生活中的基本观念，也是有关事物和对象的基本观念，对于这些观念的分析研究，构成了当时哲学研究的主要内容。休谟继承英国经验主义哲学家的思路，沿着贝克莱、洛克的思想路径，也把观念作为他的哲学思想的出发点。从哲学史的意义上说，休谟走的是一条认识论、知识论、方法论的纯粹哲学道路。

问题在于休谟并没有止步于英格兰的经验论，而是沿着这个路径进一步推进，探索出一个自己的情感主义的道德哲学。这个理论过程大致是这样的，休谟不像贝克莱那样为了与大陆理性主义的代表笛卡尔辩论，强调观念意识的主观性，重在唯心、唯物的讨论，对此问题，休谟采取的是温和的不可知的观点，不去一味地纠缠这些传统哲学的本体论问题；他也不赞同洛克的白板说，洛克放弃了关于观念与感知印象的主动能力与否的争论，被动地接受外部事物的刺激和反应，这样人的情感的能动性就被遮蔽了；还有，他也不接受理性主义的演绎逻辑，把感知印象和观念之间的相互联系视为按照一定的理性逻辑，尤其是数学和几何推理的方式演绎出来的，这样一来观念世界势必就成为一个逻辑主导的数理符号世界，这是理性建构的结果。

总之，上述的经验主义和理性主义，休谟都不接受，而是另辟蹊径，在当时各派思想的夹缝中，他闯出了一条道路。在他看来，各种观念不是自立的，它们还都有渊源，追溯起来，它们都来自人的感性印象，那些各不相同的感性印象才是观念的构成要素。休谟用大量的篇幅分析研究了各种各样的印象，他发现，这些印象并不是完全一致的，而是千差万别的，其中的一个最大的区分便是程度上的不同，或者说，基于人的各种感官所形成的印象，它们之间感受程度上的不同，决定了这些印象的性质，并进而形成了直接的印象与间接的印象、一般的印象与强烈的印象等一系列印象的差异，这些差异性的印象就形成了不同的观念，世界上各种各样的观念，就是这样演变出来的。例如，同样是颜色的印象，感受程度深刻的颜色就与感受平淡的颜色所形成的观念不同，前者可能就是一幅绘画的中心色彩，后者可能只是背景性的色彩。再如快乐的感觉，强烈的快乐所引起的关注要比轻微的快乐所引起的关注重要得多。由此可见，感性印象的程度区分、类别区分等主观能动性，对于观念的形成以及观念的性质等那些组成经验世界主要内容的东西，是十分关键的，人的感性心理显然不是一块被动的白板。

仅仅如此还是不够的，人的感性世界，尤其是情感世界，还有很多关系，即印象与印象之间、观念与观念之间、印象与观念之间，使得这些复杂的印象和观念相互联系起来的是什么呢？依照理性主义的观点，联系它们的是推理、计算和演绎之类的逻辑，概括起来说，主要是基于三段论的演绎推理。休谟与此不同，他接受并发展了经验主义，认为是类推、归纳、想象力等主观能力，实现了它们之间的联系，其中，尤其是想象力、类似性的归纳，最能解释这些印象和观念之间的因果性关系。也就是说，这些关系的维系，并不是绝对客观和必然的，而是概率性的，具有很大的可变性，因果关系只是一种类似的关系，正像归纳的逻辑是有限的逻辑一样。观念的世界依赖于主观印象的构成，印象的纷纭复杂的结合，与印象的程度、类别、形成的时机，尤其与相关者主观的联想和想象的能力有关，所以，具有很大的不确定性和偶然性。例如，我用手碰到一杯热水，就会感觉到它是烫的，看到冰块，也会感觉它是冷的，这些都是印象与印象之间的关系，这种感觉会随着对象的强度而加深。但是，这种形成的印象之间的关系有多少确定性呢，显然，它们系于人的感知力。水和冰并不必然具有热和冷的感受属性，它们是人的一种推理，这种推理不是三段论的演绎推理，而是因果性的类似推理，系于人的联想机能。这类的事情感受多了，自然就会推断出这种关系来，生活中的很多相关性的印象之间和观念之间的联系，都是这类联想性质的类似推理，并不具有客观的必然性。所谓的因果关系，很多都是基于想象力类推的一种或然联系，这种情况在生活中司空见惯，人们习以为常。

如果说事物的印象以及形成的观念，其确定性还是相对稳定的，有关客观对象的空间和时间结构下的各种印象和观念，易于达到相对的共同意识，也就是说达到了具体的知识系统，那么，最不稳定但又对人的生活格外重要的则是有关情感的印象和观念。那些快乐与痛苦、爱与恨、骄傲和自卑，以及幸福、忧虑、仁爱、勇敢、胆怯、鄙视、羡慕等一系列感性情感和道德观念，还有它们之间的各种各样的关系，促进这些关系发生的各种因缘和机运，构成它们运行的心理的和社会的因素，等等，对于这些人性情感内容的把握、分析和定性，则要更加复杂和困难，但也非常关键和重要。因为这些主观的情感性的印象、观念与人的行为有关，与人的价值、尊严、善恶等道德性质有关，与一个社会的正义和文明的程度有关。所以，休谟在《人性论》中，用大量的篇幅重点探讨了人的情感道德哲学内容，由此，就使得他的有关经验主义的感知观念的理论，重心不再体现为认识论和知识论，而是体现为情感论和道德论，彰显为一种道德哲学，就与贝克莱、洛克、笛卡尔、莱布尼茨、孔迪亚克等人的哲学区分开来，成为一种影响巨大的情感道德哲学。

其实，休谟走到这一步，并不是他刻意所为，他修改版的"人性论"也还称为"人类理智新论"，与此相关的，洛克和莱布尼茨都有各自的人类理智论，它们都是重在哲学认识论意义上的经典著作。休谟本来是沿着这个经验的逻辑线索从事人性研究的，但他一步步地却从认识论和知识论走向情感心理，走向关于情感世界的精微和奥妙的内容，并在对于这些情感心态及其关系的深入分析中，赋予了它们价值或道德的内涵，这样就创造了一种道德哲学，休谟也就成为苏格兰道德哲学的旗帜性人物。

2. 激情、想象力与同情心

从事物的形状、色彩和大小、高低、软硬等印象乃至观念名称等，转入涉及人的喜怒哀乐的主观情感世界，休谟的思想实际上进入了一个深水区，进入人的道德领域，这里涉及远比事物属性更重要的价值和意义问题，涉及一个从是然到应然的道德倾向性问题。当然，在此休谟并不像他的前辈哈奇森那样预先设定一个纯粹高尚的美德及其引发的利他仁爱的快乐幸福作为标准，也没有像更早的沙夫茨伯里那样只是泛泛地提倡助人为乐的仁慈，他深入到人的情感的内部，客观地考察分析有关情感的形态、类别、运行机制和发动的原因，先是厘清事实，再进而挖掘和解释道德形成的可能性，搞清楚究竟什么是情感，什么是道德，什么是道德的情感。

休谟发现，在人的行为心理中，最为直接和重要的是人的快乐感，或更具体一点说，是人的苦乐感。那些使人快乐的情感，才是人需要的情感，使人痛苦的情感则是人不愿接受的情感，追求快乐、祛除痛苦的苦乐感，是人的情感的直接出发点，也是人的行为的直接出发点。与此相关，凡是能够增强人的快乐的大致相近的情感，诸如满足各种生物欲望的舒服、喜好、优美，等等，都是人需要的情感，凡是引起痛苦的那些相近的情感，也都是不受欢迎的情感。说起来这也没有什么可奇怪的，人毕竟是一个动物性的生命体，苦乐感是人的直接情感，趋乐避苦是人的直接需求，没有什么可羞耻的。问题在于，休谟还发现，这些直接的情感并不是人的心理世界的主要内容，人的行为举止，甚至对于情感的判断并不都是围绕着这些快乐感展开的，在它们之上，还有一些更重要的情感因素，它们很多时候决定着人的行为和心理的性质。为此，休谟就区分了两种情感的类别，一种是直接的情感，一种是间接的情感，他大致列出了一个表格，前者有欲念、厌恶、悲伤、喜悦、希望、恐惧、失望、害怕、安全等，后者有骄傲、谦卑、雄心、虚荣、爱、恨、嫉妒、怜悯、恶意、慷慨等。直接情感是指直接起源于善恶、苦乐的情感，间接情感是指来自这些相同的秉性但有其他特性与之结合而生的情感，是混合的情感。

在休谟的道德思想中，他重点分析研究的是他称之为间接情感的那些情感形态，因为直接情感又可以称为简单情感，不仅人具有，甚至动物也具有。我们看到，那些狗、猫、马、牛等，它们也有快乐与痛苦的感觉，也知晓趋乐避苦，但是，间接情感就不同了，它们是复杂的情感，其中添加了很多社会化的内容，它们只有人才秉有。例如，我们见到一栋豪宅，会产生喜爱的快乐，见到一位美女，会生发爱慕和喜爱的感觉，这种对于豪宅、美女的快乐感，显然是复杂的，其中有着很多的社会内容，豪宅标志着富庶、生活舒适和社会地位，美女则与容貌的修饰打扮、仪容的文化修养等密切相关。由此类推，人心中的大量情感都是间接的复杂情感，它们掺杂和渗透着很多社会内容，对人的喜怒哀乐产生了重大的影响。那些使人快乐或痛苦、愉悦和忧伤、高兴与抑郁的事情，都是这些间接情感导致的。之所以会如此，与其说是这些情感在心理上的直接反应，不如说是这些情感背后的社会关系。也就是说，不是人与物的关系，而是人与人的关系，这些关系产生了人的心理情感的纷繁意动，导致人的感情上的快乐与痛苦。

这些复杂情感是如何联系的呢？休谟分析了大量的从美感到道德感的情感样态，他认为，促使人的情感发生联系的机制，主要是人心的想象力，尤其是与想象力密切相关的人的同情心或共通感。换言之，人的情感不是一地鸡毛式的杂乱无章，其实在这些间接和复杂的情感系统中，有一种协调的机制能够把它们纳入一定的系统之中。这个协调能力，看上去是人的想象力，也就是把各种片段性的情感的印象、意向联想衔接在一起的能力。人天然具有这种主观的想象力，人可以通过一个眼神、一声问候、一块色彩、一件物品，就感受到其所传达的各种信息，所带来的各种感情上的意味，并推测自己的某种情感在对方所引发的反应及其导致的各种情感效果。如此大量的情感信息的交流和碰撞，通过想象力的传导，某种习惯性的共识就发生了，大家接受了这些间接情感的蕴含，彼此默契地领会了相关的意向和感情。

为什么感觉的想象力能够达到如此的效果，不至于使得相互之间的情感交流发生大的紊乱呢？休谟提出了一个重要的观点，那就是伴随着想象力，其实存在着一种心理情感的调节机制，即同情心，也就是说，人同此心、心同此情，大家作为人，具有人的大致相同的感受。同情心其实就是一种共通感，我的某种快乐不是我一人独自体会的，你也能感受到我的快乐，同样，我的痛苦也是如此，你也能感受，反过来也是如此，你的快乐与痛苦、喜悦与忧伤，我也能感受，大家彼此的心理情态是一致的，处于一种相互同情的共通感之中。所以，同情是人独有的一种情感机制，它建立在人们相互之间的共通感之中，你我他的情感感受，也都可以为彼此相互来感受，同情是联结彼此情感的协调机制，想象力是实现这种同情之共通感的工具或手段。换言之，人们相互之间的默契与共通，不是依靠逻辑推理来推演算计出来的，而是通过想象力的同情予以感受出来的。你的喜怒哀乐、离合悲欢等，不是由逻辑推导的，而是通过想象力的同情予以感受的，哪个更为真实，显然是后者而不是前者。

正是这样一种基于共通感的同情机制，人的间接情感才具有如此的沟通性质，才会使人的情感生活变得如此多姿多彩。在众多的间接情感中，休谟认为有两组情感对于人来说格外重要，这两组情感分别是：第一组，骄傲与自卑；第二组，爱与恨。在《人性论》

中，休谟用大量的篇幅集中分析了这两组情感。为什么骄傲与自卑、爱与恨，二者具有格外重要的位置，并远远超出其他的各种间接的情感呢？在此涉及休谟对于人性的基本看法，也就是说，从情感发生的角度来看，早在道德情感出现之前，人的情感就已经出现了，在这些情感中，那些直接与苦乐感相关的直接情感虽然十分必要，但并非根本，对于人来说，更加重要的还是间接情感。间接情感有很多，生活中存在着大量的间接情感，它们通过想象力和同情机制而联结在一起，形成一个共生态，不过，这些间接情感中，有些是主动的情感，有些是被动的情感，那些依附于想象力和同情心的多是被动的情感，相比之下，只有主动的情感，他称之为激情的情感，对人才最为根本。

在休谟看来，那些助人为乐、优雅风情、幽默机巧、同怀惆怅、怜爱悲伤等情感，虽然对于人的生活是必不可少的，也是人的情感形态中的丰富性内容，但它们并不是根本，因为它们大多是被动性的，是依附性的，其强烈程度和主动性并不充沛。相比之下，有两组情感却是人的情感生活中最具有主动性的特征，也是至为强烈的情感，可谓人的激情，那就是骄傲和爱，它们的对立面是自卑和恨，这两组情感之所以属于人的激情性的情感，在于它们不仅十分强烈，而且均以人自身的感受为中心，是每个人的自我激发的强烈的情感。例如，骄傲是人自我的骄傲，爱是人自我的自爱，其反面便是等值的自卑和恨。为什么会产生自卑和恨？还是由于缺乏骄傲和爱，所以两组情感其实就是两个情感，即骄傲和爱。这两种情感的区别在于骄傲指向的是对象性的他人，以他人的认同为主，爱则指向自己，以自我的认同为主。当然，上述的区分也是相对的，并不绝对，因为骄傲、自卑、爱、恨都是间接情感，都与想象力为中介的同情机制相关，也都与社会化的共通感相关，骄傲和爱及其相反的情感，都需要社会交往中的处于共通感之下的认同和共识为前提，那种远离社会共通感的孤零零的骄傲和爱，所谓鲁滨逊式的骄傲、自卑与爱恨，显然不属于这类情感的考察范围。甚至可以说，休谟思想中的骄傲与爱的情感，只有在社会交往中，在想象力联系的同情机制下的共通感中，才具有存在的意义。

休谟认为，骄傲是人的一种重要的情感，如果失去了骄傲的情感追求，那人也就失去了做人的意义。为什么如此呢？休谟分析道，人的骄傲不仅只是人的一种浅薄的感觉，而是包含着复杂而广泛的内容，那些能够使人骄傲的因素，有社会的内容，诸如人的财富、地位，以及让他人羡慕的声望或才能，或者具备仪容、气质、教养，等等，这些都足以使人产生骄傲感。此外，若回顾历史，还有一些更加能使人产生骄傲感的，那就是勇敢、豪放与英雄气概，比如古希腊神话里的英雄阿喀琉斯、奥德修斯，他们的勇气、能力还有智慧，都是典范性的，足以催生人的骄傲感。也就是说，那些使人骄傲的情感，能够给人带来最大的、最长足的、最丰沛的快乐、愉悦和幸福，因此，也是人最为迫切的情感，最能激发人的生命力的情感，这样的情感，就是一种激情，一种强烈的使人欲罢不能的情感。古往今来的一些所谓的美好品德、所谓的高尚情怀，所谓的至上快乐，都与这种骄傲的激情有着密切的关系，都与人的骄傲的激情密不可分。与此相关，那些使人痛苦的情感，如最为重要的使人丧失骄傲的自卑情感，也是失去支撑人之为人的情感，那就是卑劣的自我懊恼和悔恨。我们经常可以在一些英雄传奇中，读到那些丧失了伟大的骄傲感的自卑情感，它们也是强烈的，是一种负面的激情。只有那些生性胆怯的小人，那些苟且偷生之徒，所谓芸芸众生，才既没有骄傲，也没有自卑，总之，他们没有激情性的情感，亦不知情感生活为何物。

如果说骄傲的情感是人对外诉求的情感，那么，爱或自爱的情感则是对内的情感，休谟认为，这种爱的情感也是一种重要的激情性的情感，也能给人带来巨大的快乐，相反，恨则带来巨大的痛苦。谈到爱（Love），休谟思想中的乃至苏格兰道德哲学中的一个问题就出现了。显然，爱的激情，在休谟那里，不是指人的两性之间的情爱或性爱，或是神学中的对神的圣爱，这个方面的爱情，英文有特指的词汇：Eros and Agape。在休谟的语境中，爱（Love）的准确的翻译，应该是自爱，即对于自己的一种情感，那么自己的或自我的什么才值得人的自爱，或自我珍贵、自我珍惜，甚至不惜失去一些东西而加以保持或爱护，甚至是追求，而且是以一种强烈的感情去爱呢？也就是说，这种爱或自爱为什么是一种强烈的激情呢？显然，这里的我，作为爱的主体，就变得重要了，这个我不是僵硬的摆放在那里的，而是随着爱的程度而变化的，因为自爱的方式和程度不同，这个自我也就不同。与此相关，与爱相对立的恨，也是如此，恨也是阻碍爱的因素，使得自爱不能获得满足的情感就成为一种恨的情感，爱之失，就是恨，恨也就是爱之不能达成。

为什么爱恨是一种重要的情感呢？这就涉及苏格兰道德哲学的一个重要的思想源头，爱是一种使人成为人的情感，或者说，那种自私、自利的情感，也就是自爱的情感，也就是使人成为人的情感。这样就完全颠覆了传统情感论中对于自私、自利情感的认识和定位，依据休谟的观点，爱的情感原来不是什么专门利他的情感，不是那种非我的情感，恰恰相反，爱的情感乃是自私、自利，或者更准确地说，乃是自我的情感，那种以每个人的自我为情感关系中心的情感，才是真正的爱或自爱的情感，而且还是一种激情，要比其他的间接情感更为强烈，更为根本。也就是说，人以自己为中心，以自己的那些感受性的印象、意向、观念和好恶为情感发动的中心源头，就是爱或自爱，也被称之为自私之心、自利之偏。这些关于人的自私自利的情感称呼，其实都是不当的，因为它们天然地被置于一种道德学的覆盖之下，都似乎具有了道德上的污名化含义。实际上，这种爱或自爱的自私自利的情感指向，都是发生在道德判断之前的事情，在此期间，还没有什么道德与否的判断与取舍出现，它们是一种前道德的情感，或者说，人的情感天然地就具有自爱的激烈的以自我为中心的激情，不管其道德与否。休谟把爱和恨视为一组重要的情感，视为对人可谓重要的激情，也是从这个情感的发生学来说的，无论怎么说，这种最为关键的复杂情感，是人的情感中属于强烈性质的激情，如果后来的道德哲学排斥和忽视这种爱与恨、骄傲与自卑的激情，把自爱的激情看作可以忽视不计的内容，那无异于与人的本性相违背。

到此为止，休谟描述的还是一个自然的情感世界图景。在这里，还没有产生是非善恶等道德价值上的区分和评判，还是一个是然的状态。在这里，有各种各样的情感印象，有些是直接的，简单的，有些是间接的，复杂的，有些强烈一些，有些薄弱一些，相互之间并没有必然的联系，而是借助于人的想象力关联起来，通过同情的心理机制，相互发生某种休戚与共的感觉。相比之下，其中的两类情感最为重要，一类是骄傲和自卑的情感，一类是爱和恨的情感。为什么它们重要，因为它们强烈、主动，属于某种激情性的情感。因此，在情感世界就处于主导性的地位，由此形成了以个人的自爱和骄傲为中心的情感漩涡。当然，这里也有想象力和同情心的彼此交流的共通感，但这种共通感不是均衡的，而是有着不同的权重，例如，某人的骄傲感会引起其他人的愉悦，他的爱会引发他人的认同，他对于美的赞赏也会引起他人的赞赏，但这些骄傲、爱、喜悦和赞同的同情机制，反过来又会进一步激化某人的骄傲、爱与赞赏，使其激情带来的快乐更加强烈，个人的情感更加凸显。

休谟特别解释了情感交流中的这种想象力的同情机制所具有的强化心理复合功能的共通作用，他认为，人说到底不过是一种自爱（自私和自利）和有限同情的生物，人的情感不外乎为两种重要的间接、复杂情感所主导，或者说，人并没有太多神秘难测的成分。说人是一种爱的激情，这一点指的是人受制于自爱情感的控制，在生活中，人的快乐之源也就是人涉及自己存在的情感的支配，究竟人的自爱的东西有哪些呢？这并不恒定，而是取决于不同的情境，自我的生命、利益、荣誉、美感或其他什么，这些都有可能成为自爱或自私自利的根源。总之，它们是以人为中心的，即便是高尚的道德情操，也可能是自私地满足自己的骄傲、理想或敬仰等。但是，休谟同时又认为，人的情感中，还不仅仅是这种自爱的情感，人还有一种有限度的同情，也就是说，人还有人同此心、心同此情的"物吾与"的同情机制，这种同情心也是情感中的一个重要内容，可以协调人的自爱自私的感觉。注意，这里的同情心还不是道德意义上的，而是共通感意义上的。例如，当人发现一个同类处于危险境况时，自然会产生一种同情心，并伸出援助之手，这是自发天然的同情共感，不需要任何教化指导。但这种同情共感的情感不是绝对的，而是有限度的、有边界的，当需要舍弃自己的生命而去救助他人时，人会天然地选择自爱的自私情感，放弃这种助人的快乐。由此可见，人就是这样一个既自爱自私又具有有限同情的生物，人的情感其实是由这些混合的感情组合在一起的，激情在其中占据主导的位置，由想象力和同情机制而关联起来的共通感，形成了一个人的情感世界，一个系统性的网络，人在此并不卑贱也不高尚，只是这样一个富有感情的生物。

3. 利益的激情与人为的正义

休谟在《人性论》中提出一个道德哲学的世纪难题，那就是如何从是然转化为应然的问题。他的睿智之处是他明确意识到这是个问题。在上述有关情感活动的分析中，休谟非常深入地揭示了一个客观存在的人的情感世界及其要素、内容和运行机制，但是并没有解决这个情感世界还有一个应当的问题，或者说，还需要有一个从存在的状态向应当的世界转化的问题。

休谟是否就一点没有解决这个问题呢？既然他明确知晓这是个问题，那就不可能不提出自己的解决方案，只不过鉴于以前道德哲学家们的浅陋，他尽可能地克制自己的思想锋芒，力图客观全面而深入地描述和揭示一个本然的情感世界，由此告诫理论家们不要一上来就从堂而皇之的道德高调，从仁爱利他、助人为善的过高陈词入手建立一套道德哲学，而是要先回到事实层面上来，考察情感世界的是然状况，然后，再谈诸如仁爱利他、慈善助人的美德情感的主导性地位。细致说来，休谟学说的潜在的对立理论有如下几种，通过对与这几种思想理论的辩驳，休谟情感论的价值转化问题也就应运而解。

第一个是哈奇森乃至沙夫茨伯里的道德主义学说。休谟首先接受他们关于快乐的感情是道德价值的来源的观点，但不同意他们预设的纯粹情感的道德性主导地位，这样只会导致空洞无物，与现实人性的大量情感内容不相符合，与人们自然的私利和骄傲之我的主动性没有关系，虽然听起来堂皇高尚但容易沦为说教。对于休谟来说，他们很好对付，那就是回到前道德状态，回到一个自然的情感纷扰的心理世界，在那里显然没有多少美德善意的市场。但是，一旦面对这个世界，一个更强大的对立理论就出现了，那就是霍布斯和法国启蒙思想家们所揭示的那个自私自利、人与人为敌、弱肉强食的世界，这个世界没有道德，没有仁爱，没有同情，存在的只有人与人之间的争斗，只有欲望横流以及极端的自私自利。显然，这也不是休谟眼里的情感世界，不是人性的场所。正是在上述两个对立的学说下，休谟探索出了一条自己的理论道路，那就是利益的激情与人为正义的道德哲学。

下面，我就来具体解释一下休谟的这个学说。他还是从前道德的自然状态谈起，他首先不认同霍布斯和其他个人主义的功利理论，他们认为人的本质就是自私自利的，一切都以人的利益为中心，不管这个个人中心原则是霍布斯的自保的生命安全原则，还是法国思想家们的功利、利益原则。在休谟看来，人的本性是有限的自私，不是无限的自私，人不能把自己的利益，不管是霍布斯安全自保还是拉美特利说的物质利益，视为行为的绝对出发点，因为，人性在有限的私利之外，还有同情的机制，还有其他的情感，诸如爱、骄傲等情感，还有追求美好、愉悦、慈爱、富贵和文雅的情感，还有勇敢豪放、助人为乐、行侠仗义、获得美名声誉等情感的追求。这些丰富的内容，显然都不是自私的利益所能涵盖的，或者说，自我的爱的情感，不单是私我的狭义之爱，还有更加广泛的社会群体乃至公共利益的爱或大爱，这些情感也都不是抽象的利益所能涵盖。

所以，休谟并不赞同霍布斯和法国思想家们的观点。

既然如此，休谟就面临了一个重大的理论挑战，他要重新定义所谓的人的私利和欲望，重新定义人性中的自爱等情感中的激情，重新定义那些满足激情的财富、声望和值得骄傲的东西，以此来与霍布斯和法国思想家们相区别，同时也与洛克等人相区别。这种新的理论正是苏格兰道德哲学最富有创造性的思想之所在，休谟、斯密、弗格森等人之所以能够超越传统人性自私的性恶论者以及自然权利论（天赋人权）者，还有那些功利主义者，最为关键的是他们开辟出了一条情感主义的道德论，或者更具体地说，他们从是然的人性自私自爱中开辟出了一个基于共通感（通过同情的想象力机制）的应然的道德价值出来，解决了从是到应当的价值转化，而且走的不是理性主义的功利主义逻辑，而是同情共感的情感逻辑。由此导出了理性是情感的奴隶，而不是反过来，情感是理性的奴隶这样一个宣言式的要求（当然，严格说来，这句话并不准确，只是一种宣示的姿态，不值得认真对待）。

休谟究竟是如何做到的呢？他还是要回到人性中的基于苦乐感的自私自利的情感上来，这一点看上去似乎与霍布斯和拉美特利的出发点没有什么不同，人都是天然或本然自私的、自利的、自爱的，以自己的快乐感为中心的，围绕着这个自私的快乐感，人趋乐避苦，形成了一系列基本的行为准则，这些准则推演到他人和社会，就形成了一些基本的社会道德与法律规则。例如，霍布斯的社会规则或道德信条，就是人与人之间都以自私自利为标准，每个人的行为准则都是优先考虑自己的私利，或者人与人之间互不信任，他人是敌人，为了使无休止的对立争斗有个了结，最后相互之间达成最低的契约，都把契约的定约权利转给一个第三者，由政府或国家行使契约，保障人的基本利益的满足，这个利益就是安全、和平和平等的私利性满足。在上述过程中，每个人都是被动的，所谓根本性的私利（安全等心理欲求以及事实本身）与当事人没有实质性的关系。其他的理论家虽然在是否把权利移交给国家政府（利维坦）等方面，与霍布斯意见不同，例如拉美特利就主张交给理性（法庭），但在把私利视为人的行为乃至社会道德的基础上，大体上是一致的。休谟与他们的最大分歧在于，他不认为私利、自利或自爱等可以直接构成人乃至社会的道德基础，也不认为交付给国家或理性，就可以确定或坐实这个自私自利的道德性或普遍规范性。他认为，一定有某种新东西或新变量从自私自利的是然状态中成长出来，生发出来，扩展出来，一定是在这个新东西（变量）的扩展中，才出现了道德之类的价值属性。也就是说，道德价值不是本然或天然就在直接的情感里的，自私自利的感性快乐等，并不存在道德与否，但它们也不是完全与道德绝缘的，而是从这个私利中生长出来的，是从无到有的一个创造性的过程中产生出来的，以此也与哈奇森的纯粹美德相区别。

那么，一个更深入的问题就出现了，这个新东西究竟是什么？其实，休谟认为答案很简单，那就是利益的激情。也就是说，他在原先的关于直接情感和间接情感的情感论上，又提高了一个理论思想的层次，把是然的情感提高到一个应然的道德高度，在有关直接的苦乐感，尤其是骄傲、自卑和爱、恨的情感中，注入一个利益的激情的情感，使得这些情感形态及其相关的内容，具有了道德的价值属性，成为一些德性（美德与恶德）、行为举止和社会评价的标准、准则和原则。为什么利益的激情会起到如此关键性的作用呢？这里涉及休谟对于利益、激情的情感论的新定义，或者进一步说，休谟给予了一个与他的时代或早期资本主义时代密切相关的新定义，为的是回应社会转型中的苏格兰乃至现代社会的有关财富创造的道德正当性辩护。

前文我已经指出了休谟区分的两组间接情感，它们其实就是强烈的激情性情感，至于这些情感的快乐愉悦之源，所谓骄傲、自爱等对象化的内容，也都属于利益的范围，只是传统道德哲学将这种利益狭隘化或固化了，这样一来就被一些理论家们定义为自私自利的自我满足，并建立了一套有关自私的功利考量的道德哲学，霍布斯、拉美特利就是代表人物。当然，也有不赞同这种利益说的，像洛克等人，他们继承了自然法和自然权利的学说，建立起一套天赋人权论，开辟了一种新的政治哲学，但并非道德哲学，在道德领域留下了空白。霍布斯比较复杂，他的学说兼有权利论与利益论的双重特征，但他一贯坚持的还是性恶论，强调人的自私自利的本性。所以，上述两派理论都赞同一个自然正义的预设，认为人的自私自利、追求私人利益是合乎自然正义的；至于自然权利论，就更是如此，自然的权利当然是先天正义的。

休谟显然不接受他们的观点，但他也不硬碰他们的观点，而是采取迂回的方式提出了自己的观点。休谟认为，那些直接间接的情感，或许存在着所谓的自然正义或自利的德性，但它们不是最关键的，真正关键和根本的乃是在激情的财富创造与追求中的人为的正义或人为的德性，或者说，真正的道德与正义，不是自然的，而是人造的，是在人的财富等利益的创造中涌现出来的，人为正义和人为德性才是值得认真对待的道德哲学问题。如此一来，他就与霍布斯等人的私利理论分别了，也与洛克的自然权利、自然正义区别了。所以，他不点名地批判霍布斯和洛克等人的两种观点，他强调的是人的财富的激情，它们才是道德与正义的源头。这样，他就必须为两组间接的情感，诸如骄傲、自爱等情感注入新的内容或变量，也就是把它们提高到一种能够用财富的激情予以涵盖的领域，骄傲和自爱等情感的归属是创造财富的激情，创造财富的激情才是骄傲和自爱的中心议题，骄傲和自爱不是被动的，而是主动创造的，创造财富的激情才是最值得骄傲和自爱的情感。

在这个问题上，我也要指出休谟思想的一点短板。在他的《人性论》中，创造财富的激情以及由此产生的人为道德和人为正义是连贯通畅的，但他后来为了取悦读者而改写的《人类理智研究》一书，则多少背离了《人性论》的一以贯之的思路，提出了一个有用性的折衷观点，这样就降低了思想的水准，为功利主义铺垫了道路。不过，休谟的功利主义色彩是很淡的，他主要是道德情感主义和规则主义，不是功利主义，但那本书却开了功利主义的有用性、功效、利益的先河，为后来的思想史家们大加鼓吹，反而混淆了休谟道德思想的真正本色。这是题外话。

休谟是如何把财富的激情注入他的情感论并提出人为德性、人为正义的道德价值的呢？这就又回到他的想象力的同情机制，以及由此产生的共通感上面。在休谟看来，从直接的引起感性快乐的印象、意向和观念中，从骄傲和自卑、爱与恨的复合情感中，从与这些间接和复杂情感相关联的一系列诸如欲念、担心、希望、安心、恐惧等情感中，是不能产生道德和正义的，它们都是前道德的，无所谓是非善恶，不能用道德与否加以评价。如果用霍布斯的自然法则和洛克的自然权利来加以判定，也是可以的，但并不具有真实的道德含义，人们也很难接受。这些情感是扩展性的，其强烈化的趋势不仅体现在数量上，还体现在性质上，其中最凸显的是有关财富的激情，那些骄傲、自爱的情感，其强烈化的趋势促使骄傲和自爱的缘由变迁了，财富，或者创造与追求财富，以及由此产生的苦乐感，它们成为快乐与幸福的真正源泉。

关于这个问题，当代经济思想家赫希曼有过深入的洞见，他在那篇影响巨大的《激情与利益》中，精辟地揭示了休谟等18世纪苏格兰启蒙思想家的道德哲学在理论上的突出贡献，休谟他们从情感的角度，提出了一个关于财富的激情的道德哲学，以及由此构建了一套经济规则制度，从而赋予利益一种新的解说，这样一来，也重新改变了传统道德哲学对于人性情感的观点，也就是说，休谟等人的激情学说为现代的商业社会制度乃至法治制度，提供了一个新的情感道德哲学的基础。在休谟那里，骄傲、自卑、爱与恨，它们不是欲望，而是激情，这里就不得不提到赫希曼小册子的书名翻译，把Passions翻译为激情而不是欲望，能更为准确地把握了其蕴含的关于财富的激情性情感。相比之下，欲望（Desire）多与人的生物本能有关，人天然地具有各种欲望，一些直接或间接的情感，诸如饮食男女等，都属于这些欲望性的情感，休谟所分析的那些前道德的一些心理情态，也都可以称为欲望。但是，激情与此不同，它们有了某种转化，一些社会化乃至道德性的内涵被注入其中了，其中最显著的便是财富的激情，或者是作为财富的利益的激情。因为这里的财富，不是简单的物质对象，满足人的生理欲求，而是一种注入了人的社会性或文明性的物质对象，是某种商品，或可以为社会其他人共享的进入流通、交换和消费领域的物质产品，甚至也可以说是精神文化产品，这些获得了社会共识的产品，才是所谓的财富。例如，黄金白银，或者精美工艺产品、服饰和住宅，或者由工匠、工程师制造的一些产品，它们成为财富，不是因为这些产品的自然属性，而是因为它们附载的社会价值、道德价值等，它们之所以能够激起人们快乐、喜爱、幸福、骄傲和荣耀，引发占有和享受的激情，主要是因为这些物品所附属的社会经济与文化内容。

这样一来，所谓的利益其含义就发生了巨大的变化，利益不再是那些满足自然欲望的物质，而是叠加在这些物质上的社会附属物如财富利益等，是具有商品属性或社会属性的东西，是激情的对象。这些能够唤起人的激情的物质，才是利益，人的利益感是一种社会的激情，这种激情导致了财富的创造与追求，促成了一个不同于农业社会的工商资本主义社会，财富或利益的激情成为市民阶级的快乐与幸福的根源，市民社会由此产生。在这个扩展的财富与利益的激情中，一种新的道德价值或与道德价值相互关联的德性、正义也就随之产生。所以，休谟一再指出，道德美德、正义价值是一种人为的道德、人为的正义。所谓人为的，也就是人造的，人在情感的扩展中创造出来的。通过财富的激情，人创造出了一种社会的道德与正义，它们与原先的自然德性和自然正义是迥然不同的，属于第二种类的道德和正义，即人为的德性与正义。虽然与第一种类的不同，但其重要性却比第一种类更高，没有它们，人类的情感以及生活状态还会处于低劣的、原始的阶段，还是一种古朴、落后和粗糙的阶段，古代的狩猎、农耕时代就是如此，但经过财富的激情以及利益的扩展，一个文雅、精致、优美、富庶和生机勃勃的工商社会得以产生。这是一个工业试验大发展的时代，这是一个地理大发现的时代，这是一个商品大流通的时代，这也是一个个人情感蓬勃发展的时代。

休谟不是作家和诗人，他不会描写这个新兴时代的风云人物的喜怒哀乐，也还没有像 19 世纪的狄更斯他们那样看到这个新兴时代的丑恶嘴脸，作为 18 世纪苏格兰的思想家，他在为这个新兴时代的财富创造及其文化属性抒写赞歌。这也是真实的，因为这个时代确实是一个财富创造与利益隆起的最具有想象力的时代，是一个新文明的上升时代，资本主义在半个世纪当中创造的财富要比过去千余年创造的财富的总和还要多得多，这个时代给人的情感带来的华彩乐章、辉煌建筑以及仪容和美饰、精湛和富庶、文雅和高贵，等等，确实是前所未有并极大地丰富了人的情感快乐。对此，休谟并不是从逻辑上予以理性的推算，而是回到他的想象力和同情心的共通感机制上，试图通过一种情感主义的情感机制来解释这种财富的激情的利益属性，并给出一种人为的道德品质和正义价值的证成。

休谟认为利益是一种激情而不是理性，这一观点具有突破性的意义，也是从他的情感主义中产生出来的，只不过是一种被赋予了道德属性的激情说。在传统道德哲学看来，利益是一些能够满足人的欲求和需要的事物，更多地具有对象物的性质。根据需要或欲求的不同，利益可以分为不同的类别，例如，近期利益与长远利益，物质利益与非物质利益，小利益与大利益，等等，利益可以分化为千万种，如何划分这些利益的种类，关键是依据理性和计算。人依据理性的分析计算能力，而把利益分为千差万别的种类，并根据满足人的欲望的情况而决定取舍，所以，总括起来，利益从属于理性，或利益是一种理性的计算。休谟与之不同，他提出了一个著名的观点，即人的利益是一种激情，不是理性，决定利益的不是理性计算，而是激情的情感，而且由于激情的情感之强烈与差异的程度，又产生了道德感、是非感和善恶感，因此也可以说，利益的激情产生了道德与正义，由于利益的激情是需要不断创造的，所以，这些道德标准和正义的德性也是后发的、人为造就出来的。

既然理性计算在利益的激情中不起决定性的作用，那么利益的激情是否就杂乱无章、没有区分，从而形成不了一定的规则与秩序呢？因而所谓的激情情感世界的道德与正义就是子虚乌有呢？显然，对休谟而言这是一个重大的挑战：利益的激情如何区分，由此区分的规则和秩序如何形成道德与正义，并获得人们的认同。传统观点是归于理性，现在在休谟那里，理性不起作用了，如何建立一个基于道德和正义的情感世界呢，正是这个世界才赋予利益的激情以正当性和道德性的辩护。休谟认为，没有理性并不等于没有规则与秩序，恰恰相反，有一种远比理性更加恰当的协调利益激情的机制，那就是共通的利益感。这个共通的利益感，是由人的想象力和同情心类推和模拟出来的，由共通的利益感而形成的是非善恶美丑等道德和正义的标准，要比理性的计算更加契合人的情感本性，更有助于利益的社会化和文明化扩展。由共通的利益感而形成的社会，才是一个真正扩展的社会，一个协调了各种利益冲突、差异的共识共感的社会，才是一个道德与正义的社会。

　　为了说明这种由共通的利益感形成的社会规则，休谟特别列举了一个几人划船的例子：在一个溪流中几个人划桨前行至一个目标地，如何找到一种大家能够协调互动的步调以达到最好的平衡前行的效果，不是可以事先计算设计好的，而是在划行中逐渐达成的。这个过程其实就犹如一种共通的利益感促使大家找到一种相互协调适应的节奏、力度、步调和状态，等等，虽然各不相同，但大家相互配合，完成了这个划行的活动。人的利益的激情也是如此，大家在想象力和同情心的协调下，展示了一种利益感的合作机制，这个利益感是情感形态的同情共感，在此也就涌现出道德与正义的人为价值，这些人为价值，或所谓的道德与正义，不是基于理性逻辑的计算推理，而是基于道德感、是非感、美丑感和正义感，是由这些情感决定的，而这些情感又是由利益的激情支配的，利益的激情才是一个社会的道德与正义等价值的起源。

4. 共通情感与制度的形成

利益的激情产生了人为的道德，休谟特别强调指出，这个道德不是一种抽象的理性要求，而是一种演进的制度，其中的美丑、善恶、是非、正义与不义，等等，它们不是理性的概念体系，而是一种共通利益感的规则和制度演进，是有一个情感的协调机制在发生作用的，后来斯密提出的"看不见的手"，也属于这种共通感的协调机制，休谟则是把它置于适用于人为的道德领域。换言之，苏格兰道德哲学从开始，就对诸如自然法、自然权利的社会契约论不感兴趣，虽然他们并非完全不赞同，但他们认为不重要。他们并不认为是权利、理性决定了人的道德与正义的性质，而是由情感决定它们的性质，或者说，由利益的激情决定了道德和正义的性质，而且这个道德和正义是一种扩展的规则秩序。

说起来，人的行为取决于人的苦乐感、利益感。哪些行为是道德的，哪些是非道德的，哪些是正义的，哪些是非正义？这些问题，不能由理性判断确定，只能由情感本身来确定。也就是说，在诸多的情感中，通过情感之间的制约、抗衡与协调，在想象力和同情机制的协调下，一种共通的情感认同形成了，这个就是道德与正义等行为价值的定性。一个社会的各种德性与正义诸种形态，就是这样产生的，例如勇敢、骄傲、智慧、善良、仁爱、自尊、爱他、仁慈、羞耻、高尚、美好、文雅，公平、正义等等，这些德性都是这样产生和演变出来的，正义的德性在其中占据核心的地位。

　　很多人会生出疑问，基于情感，依据利益的激情，真能产生一种道德生成的机制或制度，并达成一种正义的德性吗？或许还是理性更可取，更让人接受。苏格兰思想家们不这样认为，例如休谟就指出，理性形成不了道德，只有情感才是社会道德的人为基础，才能生成一个道德制度。例如，每个人都在追求自己的快乐，或者说，追求自己的利益，甚至都在追求自己的最大化的个人利益，但在追求的过程中，每个人的快乐和利益是千差万别的，相互之间的快乐与利益也可能是相撞的、对立的，甚至在不同的时间和空间下，自己的快乐和利益也是有差异的，总之，这些快乐和利益在相互之间可能是既合作又抗衡的关系。如何协调它们之间的复杂关系呢？这里就演化出一种正义的机制，这里的正义，不是正义的理性概念，而是正义的共通感，它是慢慢形成的，需获得每个人的认同，也为大家所遵守，是一种主动的遵守，不是被动的强迫，就像行人走路靠右边走，慢慢形成了行走的规则，获得大家普遍的遵守。

　　社会的各种德性就是这样形成的，在缓慢的过程中，会有时间、空间等偶然机缘的作用，但主要还是由于共通的利益感，而不是理性的强制作用，就像马路上行走的规则，不是先有规则法令，而是先有共通的习俗，大家都这样遵守了，才会形成规则法令。这一点很像普通法的法律，它们是通过无数的判例逐渐形成的，社会道德行为的规则，它们也是由人们遵循的习俗惯例演变出来的，联系这些德性因素的是想象力、类似推理以及基于共通利益感的同情机制，这些东西的综合作用，就像斯密所说的有一个看不见的手在起作用，这个看不见的手其实就是正义感，正义感是道德形成的基础，也是道德演进的基础。

在此，为了方便人们对于休谟思想的理解，我推荐哈耶克在《法律、立法与自由》一书中使用的概念：正当行为规则。我认为哈耶克的观点是从休谟的思想中获得的。哈耶克认为人的行为最后可以还原为一种最基本的行为，这个行为用休谟的语言来说，就是利益的激情所导致的行为，这些行为与人的利益感、自私自利的情感、同情心和共通感等密切相关。奇妙的是，恰恰是在这些利益的激情中，一种道德的正当性出现了，也就是说，这些围绕着人的利益感的行为，产生了一个正当的行为规则，每个人追求自己的私利，但恰恰是在他们追求私利的激情中，一个正义性的规则产生了，这种道德演化的机制不是理性设计出来的。

正义可谓最基本的道德属性，与其他道德性美德相比，它可能并不崇高，但对于人来说，却最不可缺少，是人之为人的底线，人的各种情感及其利益所形成的规则，最为基本的是要达成一个正当的行为规则，休谟和哈耶克的理论把它的制度原理揭示出来了。要理解它，必须搞清楚，这里的正义不是积极性的正义，而是消极正义，利益的激情所产生的道德性的正义，或行为规则的正义，只能是消极正义，不能是积极正义，如果是积极正义，那就不可能从共通的利益感或利益的激情中产生出来，它们只能依靠理性命令和神性权威来强制式地落实，这就失去了个人的自由以及个人的苦乐感的主动性。对于这个问题，下面我从两个层次予以讨论。

第一，什么是消极正义，为什么要区分积极与消极两种正义？消极正义就是一种否定性的正义，它意味着不要去违背或破坏既有的道德规则。例如，一个大家默契的共通感，彼此之间最好不要去违背它，所谓消极或否定性，指的就是这个底线的要求，只要在这个限度之内，每个人都可以依据利益的激情从事他的快乐追求，但这个底线不可逾越，不要损害、违背或破坏底线，因为它是大家在行为过程中慢慢通过利益感的协调，由同情心的机制而人为造出来的，其中存在着一个正义的行为属性。

至于每个人具体喜爱什么，如何追求，效果如何，等等，这些具体的情感形态以及行为，与正义无关，人们可以任其苦乐感和利益感的感受而自行其是，但有一个约束，那就是不要违背、损害彼此达成的规则、默契和共识，这个不伤害的原则就是消极正义的原则，也是德性得以存系的原则，所以，消极正义偏重于形式正义或程序正义。积极正义与之相反，它是一种肯定性的德性诉求，一种赋予正义诸多正面内容的实质正义，由于这些内容都是人的行为中所没有的，也是从苦乐感、利益感中无法获取的，所以，它们只能由外部世界强制性地灌注，无论是外部的理性命令还是崇高的理想，都要求人去积极正面地实现它们，甚至不惜放弃和牺牲自己的苦乐感、利益感以及同情心。积极正义预设很高，要求也就很高，为此要改变人的基本人性，重新塑造新的人性。我们知道，这种积极正义的结果，往往是灾难性的，对此，法国大革命和苏维埃革命的历史已经得到充分的证明。休谟和斯密等苏格兰道德思想家们不看好积极正义和道德高调，反而推崇消极正义，认为这种否定性的正义是一个道德社会的基础，是建立一个良善社会的拱顶石。

第二，什么是消极正义与消极自由？为什么休谟他们这样看待道德问题呢？这里除了利益的激情这个因素之外，还涉及一个自由的问题，也就是说，自由与正义及与利益激情的关系。我们看到，在苏格兰启蒙思想中，有一个从政治自由到社会自由的转变，一个正义的社会，不是为个人规定一系列积极性的自由，而是通过消极正义，为个人的利益激情提供一个自由开放的空间或领域。对于这个市民社会的空间，或这个工商经贸的领域，最大的自由是在不损害他人利益的前提下，做任何满足自己利益激情的事情。这里的自由与正义的性质一样，也是一种消极的自由，意味着每个人的行为，尤其是利益的激情，只要在法律规则的范围内，就不受侵犯，尤其不受国家权力的侵犯。这样一来，正义便与自由联系起来了，成为自由的正义，当然，这种联系只能是消极意义上的联系，不能是积极意义上的。

自由地追求和创造性地满足利益的激情，不损害他人的利益激情和快乐感受，要如何加以界定呢？只能通过法律规则予以界定，换言之，做一切不违背法律禁止的事情，这就是自由，或消极的自由。自由与法律相关，是法治下的自由，但在苏格兰思想家们眼里，法律不是理性的产物，甚至不是国家制定的法律，而是社会演进的法律，像普通法那样的判例法，才是真正的正当行为规则。这样一来，正义与法律、正义与自由以及它们与人的利益激情，相互之间就联系起来，消极正义构成了法律规则的性质，恰恰是这个消极正义的行为规则，又为人之自由提供了最广泛而可靠的保障，于是，追求自由，也就是追求正义，它们又都与利益的激情密切相关。反过来看，从利益的激情到正当行为规则或消极正义，再到法治下的自由，就呈现出一个应然的价值系统的演进过程和一种正义价值的制度演化机制，在消极正义的基础上，诸多美好的德性才陆续生长出来或浮现出来，它们是利益激情的产物，也是现代文明的产物。

二、商业与市民社会的新道德

休谟的道德哲学主要由两部分组成。第一部分是有关情感主义的道德发生机制的人性研究，主要体现在他的《人性论》一书中（后来改写的那本小册子《人类理智研究》也是属于这类性质的理论，但并不能精确地表达了他的人性论思想，有滑向功利主义的倾向），我前面所述的有关印象、情感、骄傲、自爱、想象力、同情心以及利益激情、人为德性、人为正义、正当行为规则等内容的讨论，都属于这个层面的内容。但是，休谟关注的并不仅仅是情感道德的一般原理，他更加关注社会内容，或者说，他的一般情感论要面对的是一个现代社会，一个在英国革命实现了政治制度变革之后所生长起来的工商社会。他的道德哲学是提供给这个资本主义商业社会的，他要为这个社会的商业行为，尤其是为每个人创造财富、追求利益的激情，提供道德方面的论证和辩护，由此创建一个商业社会的新道德。这个思考就成为他道德哲学的第二部分内容，主要体现在他针对当时的苏格兰及英国和欧洲社会的经济与政治状况而写作的一系列论文，后来陆续以政治经济论文和道德哲学论文选集的方式出版。此外，休谟还有若干文学、历史和时评等方面的杂文小品发表，这些内容也都属于广义的道德哲学范畴。大致说来，这个广义道德哲学的内容就分为两块，一部分是下面我要论述的经贸与商业社会的道德问题，另外一部分则是政府与法治社会的道德问题，这部分我集中在下一讲专门讨论。

关于经贸与商业社会的道德问题，主要由休谟的一系列论文组成，它们有：《论商业》《论货币》《论利息》《论贸易平衡》《论贸易猜忌》《论势力均衡》《论技艺的进步》《论赋税》《论社会信用》《论古代国家之人烟稠密》《论人性的高贵与卑鄙》《论趣味的标准》《论悲剧》《论雄辩》《论道德偏执》《论贪婪》《论爱情与婚姻》等，此外，《英国史》和《人性论》以及《人类理解研究》也有相关的论述。相比之下，最具有代表性的讨论还是休谟的那些论文。

1. 勤勉、奢侈与商贸社会

休谟当时面对的社会——18世纪的苏格兰——已经是一个早期的商业社会。如何看待这个商业社会的道德，或者更进一步问：这个商业社会是否存在着道德呢？这是摆在启蒙思想家们面前的一个首要问题。如果说17世纪英格兰光荣革命解决的是一个政治社会的问题，构建了一种政治社会的政治理论，彰显了一种政治社会的政治哲学（16世纪以降的欧洲思想或早期现代的思想，均集中于政治理论或政治哲学，诸如马基雅维利、格劳秀斯、博丹、霍布斯、哈林顿、卢梭、西耶斯等人），那么，苏格兰所要解决的问题则是需要构建一种商业社会的理论，构建一个财富与法治的现代社会理论，并为这个商业社会理论提供一套道德哲学。具体一点说，就是主张商业社会是有道德的，工商活动的谋利赚钱具有着道德的正当性，追求商业利益、满足社会需要、发财致富、实现利益的激情及其快乐感受，这些商业社会的主要内容，不但不是丢人的、不道德的，而且还是光荣的、道德的，具有着德性的意义与价值。

意识到现代商业社会需要一种道德，这个问题在18世纪的思想家们那里是有广泛回应的，但是，如何从商业社会的内部机制中，尤其是从商业社会的情感主义中梳理出一套商业社会自生的道德哲学和美德论，这并不多见。很多人试图从人的行为和情感在外部为商业社会引入一套道德论，沙夫茨伯里、哈奇森的利他仁爱的道德主义就是一例，而卢梭等人从批判商业谋利败坏自然美德的浪漫主义开始，提出一套非商业利益的纯粹自然主义的道德，这是另外一例。休谟的理论创造性在于，他敢于从商业情感主义的内部，从商业利益的激情方面，推演出一套真正奠基于商业利益、商业社会的情感论道德哲学，这在苏格兰思想中具有典范性的启发意义。在此有一个著名的争论，就是如何看待奢侈问题，围绕着这个当时有广泛争议的问题，休谟示范性地论述了商业社会的道德所指，也就是说，商业社会的道德究竟是什么，它们是如何产生的，如何演变的，以及商业道德与现代社会的构建关系是如何形成的，这一系列道德问题都在有关奢侈的理论讨论中展示出来。

奢侈，就其语义来说，指的是人的一种追求优美奢华的生活方式，在过去的传统农耕社会，奢侈并不重要，只是社会中的极小一部分人的生活追求，例如，封建贵族生活的一种风尚。但是，奢侈观念以及相关的内容，在现代商业社会凸显出来，其承载的含义也有很大的扩展，在 18 世纪受到思想家们的广泛重视。奢侈生活以及奢侈品，还有追求奢侈带来的苦乐情感等，不再仅仅是传统小圈子的事情，它们变成了一种时尚，演化为主流商人阶层或市民社会的一种生活格调，与财富、利益、骄傲、尊荣及其文雅、浮华和情感享受等密切相关。一个社会，首先是这个社会的主流阶级，工商业人士、经贸投资者和商品经营者，还有文化艺术界精英，甚至还有普罗大众，他们的情感心理、利益的考量和激情的投射等等，都与奢侈问题有关，因此，奢侈问题就变得格外重要了。有必要好好考察一下究竟什么是现代社会的奢侈，奢侈问题的兴起究竟源自哪里，究竟应当如何看待它，尤其是从商业道德的角度来看，奢侈究竟有益于还是有害于市民社会的道德形成。

其实对于奢侈问题，在当时的英格兰和苏格兰，乃至欧陆思想界，已经有相关的理论分析，大致说来有如下三种。休谟的参与，使得第三种观点具有了非常厚重的理论深度，并且显示出苏格兰思想的特征。下面，我简单讲述一下。

第一种是传统的道德观点，它们认为奢侈以及奢侈之风与淳朴、美好的道德品质相违背，主要是满足个人的贪图奢靡、享受之心，败坏了社会风气，败坏了淳朴善良的世风，因此，奢侈是不道德的，甚至是丑恶的，应该加以排斥和批判。这种主张的代表人物就是法国的卢梭，他在著名的《论人类不平等的起源》一书中，基于浪漫主义的自然情怀，对商业社会以及由此引起的商人追求奢侈享受的世风，给予了强烈的谴责和挞伐。此外，也有一些道德主义者，他们从基督教和传统美德的视角，也指责奢侈、享受、浮华的市民资产阶级和商人资本家们流行的风尚，认为这些奢侈无度的生活享受，玷污了人的美好善良本性，导致淳朴的道德美德逐渐丧失殆尽。由此，他们也反对新兴的工商资本主义生活，提倡古朴、纯良和传统的农业社会的道德习俗和伦常纲纪。

应该指出，卢梭们对于奢侈和商业社会的道德指责与批判，虽然有着浪漫主义的情怀，却是无效的，苏格兰乃至大不列颠已经不可能回到传统社会，不可能回到农耕经济以及田园牧歌的时代了。与这种观点不同，第二种关于奢侈的观点来自赞同商业社会的道德批判，这里主要有两种对立的观点，一种以荷兰医生和道德思想家曼德维尔为代表，另外一种以亚当·斯密为代表。按说斯密与休谟的道德思想非常一致，二者的观点应该大致相同，但在关于奢侈的道德看法以及奢侈与商业等关系问题上，两人却有一定的分歧，其中又与如何看待曼德维尔的理论相关，具有一定的复杂性，需要简单予以梳理。

先谈曼德维尔的观点。他在那本著名的《蜜蜂的寓言》一书中，提出了一种为奢侈辩护的观点，他认为，奢侈系出于人的心理上的对稀有、华美和风雅事物的快乐性满足，由于人性是自私自利的，只要不是去犯法，不去损害其他人的利益，那么人如何满足自己的私欲，如何追求奢侈、精美、享受的生活，都是可以的，社会不能横加弹压和禁止。而且，曼德维尔还提出了一个著名的悖论，那就是追求奢侈的生活，可以促进社会的商业发达，可以促进精良工艺的生产，物以稀为贵，奢侈品有益于商业的生产和流通，有益于贸易和竞争。这里，他提出了一个难以解释的商业社会的秘密，那就是每个人都在追求自私自利的满足，都在为了自己的利益和激情而生活，却成就出一个公共的利益或公益，也就是人人为自己追求私利，最后得到的却是一个大家都可以享受的公共福利。这是为什么呢？曼德维尔并没有解释清楚，或者说，他并没有试图解释这个道德生成的制度机制问题，他倡导的还是一个看上去新颖但实质上依然陈旧的观点，那就是他要为人人为自己的私利辩护，认为自私自利的利益追求并没有什么可以指责的，而且它们还促进了工商业繁荣，甚至莫名其妙地制造出一个公共利益或公益出来，例如，他认为奢侈的生活方式有益于社会的福利，就是一个著名的例子。

由于曼德维尔站在商业社会的角度为自利和奢侈辩护，加上他有敏锐的观察力，所以其观点很受商人阶层的欢迎。斯密对这种情况大为不满，他同样站在商业社会的角度，却不能接受和认同曼德维尔的观点，在《道德情感论》和《国民财富论》两部重要的著作中，他都点名批判了曼德维尔的观点。曼德维尔说的私利和奢侈的非道德性，其实斯密是赞同的，他也认为自利和追求奢侈的心理，不具有德性，但他与曼德维尔的最大不同，是不能接受曼德维尔认为私利、自私之心和奢侈无害反倒有益的观点。这种把整个商业社会，尤其是商业生产、交换和贸易流通的动力机制，交付给一种自私自利的人心，交付给人们对浮华奢靡生活的享受的观点，斯密是完全不赞同的。

斯密认为，商业社会的发展动力在于一种正当的利益和合宜性的德性，它们强调人的节省、勤勉和努力创造、恪尽职守，颇具后来马科斯·韦伯所谓的"新教伦理精神"。这些具有新教伦理的勤勉持家、艰苦工作、不以享受而以责任为核心的现代道德，才是商业社会的道德所系，也才是商人阶级的道德规范。这种道德精神和工作伦理，促进了工商技艺的改良与完善，促进了商品市场的繁荣，促进了商业资本主义的发展，促进了自由贸易和一系列现代资本主义的制度发育。从这个视角看，曼德维尔的那种基于个人自私自利的私心好恶、苦乐感受和奢靡低劣的奢侈风尚是不可取的，也是有害的，败坏了商业社会的伦理道德，败坏了商业社会的繁荣发展。只为满足一己之私，穷奢极欲、浮华奢靡，这是商业社会之恶德，而不是商业社会之福祉。总之，斯密对于奢侈的基本观点是反对和批判的，认为它们不但无益于商业社会，而且有害于商业社会，阻碍了富有德性的工商资本主义的发展。

我们看到，斯密对于奢侈的观点，代表着一派也站在商业社会立场上的人们，他们与曼德维尔虽然针锋相对，但有一点却是一致的，那就是都认为奢侈是自私自利的不道德的情感欲望，这种私利的奢侈享受本身是不道德的，所不同的是，曼德维尔认为商业社会不需要什么道德，商业追求无所谓道德与否，不道德的利益欲求和激情，奢侈奢靡的快乐享受，恰恰促进了商业社会的发展。从功利主义的角度看，没有什么可指责和批判的，商业和商人就是不讲道德高调，但他们却创造了个人的财富和社会的财富，由此也实现了最大的公益。只要不损害他人和社会，个人可以自由支配自己的生活，奢侈奢靡和浮华享受，又有什么不妥呢？而斯密多少接受了他的老师哈奇森的新教背景的思想影响，斯密认为存在着一种商业社会的道德哲学和道德情操，商业社会不是不讲道德的领域，而是非常讲究道德的，他一辈子的主要事业就是致力于这个商业社会的道德情感论，所以，关于奢侈和私利的观点，他与曼德维尔是完全不同的，越是站在商业社会的角度，他越是需要批判曼德维尔的观点。关于斯密深入而宏大繁复的道德哲学，我在下面的课程中将会用两讲的篇幅来专门讲解，在此不细说，另外，斯密代表着一种不同于传统道德派的商业社会派，影响巨大。

下面，我就要谈到休谟。可以说，休谟代表着第三种观点，在整个西方（欧洲和英美社会）思想界具有着巨大的影响，甚至比斯密的影响还要广泛。休谟首先接受了曼德维尔的观点，认为奢侈与商业社会的发育有着正面的关系，指出奢侈有助于工商事业，而不是斯密等人所指责的那样败坏了商业和市场经济。其实，休谟的这个观点在当时也并非独见，曼德维尔的观察也是汲取了很多人的观点，可以说，奢侈有益论在当时是比较普遍的。为什么会如此呢？这里涉及如何理解奢侈的问题。其一，就奢侈的词源学来考察，奢侈在早期现代社会，与手工业、制造业的精良工艺有着密切的关系，奢侈物品的生产以及奢侈风尚的形成，为新的工商业阶层所接纳与追捧。要达到满足奢侈要求的水准，就需要对奢侈品生产的工艺加以改进，尽可能达到精湛、精致的高水准，这就促使奢侈品业较早地与早期现代科技的实验与应用结合在一起，所以奢侈物品和奢侈风气的兴起，与工商技术的改进和市场经济的流行有关，并且推进了这个现代商品的工艺化进程。其二，奢侈总被人们想象为浮华造作、巧伪奢靡，迎合人心的贪欲和放任，败坏了社会的纯良风气，很多的指责大多针对于此，但休谟认为，上述特征只是奢侈的一个方面，甚至还不是奢侈的主要方面，奢侈还有另外一面，那就是促进勤勉。勤勉不是守财奴，而是一种持久的追求财富的激情，有别于贪财和懒惰，奢侈导致勤勉，它促使人们摆脱懒惰习性，变得勤勉敬业，其结果就会令"爱财之欲战胜逸欲"，使人意识到奢侈品带来快乐和商业利润，人的精细灵巧之心和勤勉奋发之情一旦被唤醒，人就会将它们投入到国内各行各业以及对外贸易的种种改进之中。

从工艺精良、勤勉敬业两个方面，休谟补充了曼德维尔关于奢侈问题的观点，尽管如此，休谟并不完全赞同曼德维尔对奢侈的看法，而是与斯密一样对此有所反思和批评。休谟思想的要点在于，不能把奢侈定义为非道德的私欲，满足私欲的利欲熏心，并以此把商业社会和市场经济以及利益的激情等都视为不讲道德的领域，在这一点上休谟与斯密对于曼德维尔的指责是一致的，商业社会和市场经济应该也能够发育出一个道德与正义的体系，所不同的是斯密认为奢侈对此无功有害，而休谟则认为奢侈无害有功。尽管在对奢侈的具体看法方面，两人是有分歧的，但在市场经济和商业社会自我生成了一个情感主义的道德体系和价值性质方面，休谟与斯密是一致的。休谟与曼德维尔的相同点在于他们都看到了奢侈对于市场经济的促进作用，但两人之间的最大分歧在于，休谟试图从道德发生学的生成机制方面，洞开一个奢侈主导的商业社会的道德原理，而曼德维尔并没有这样的企图，甚至从头到尾就认定奢侈是自私自利的、满足欲望的，在商业社会和市场经济中，完全可以不讲道德。

鉴于此，休谟围绕着奢侈问题，所要解决的是如何培育和促进商业社会繁荣发展的道德问题。从利益的激情出发，奢侈无疑具有心理上的强烈势能，追求奢侈精美的生活方式、满足猎奇玄幻的奢侈心、生产精美富丽的奢侈品，造就一种与财富创造和享受密切相关的快乐幸福之源流，这无疑是现代商业社会的本质特征。问题在于，这个满足奢侈欲的创造财富的激情，并不是奢靡浮华的，使人萎靡不振的，恰恰相反，休谟基于早期资本主义上升时期的视野，发现或开辟了一条感情主义道德哲学的新路，那就是，奢侈与稀有产品的精工细作的企业家精神有关，与勤勉致富的商业品质有关，与追求优美和文雅精致的快乐与享受有关。勤勉致富、奢侈追求、精湛工艺和文明风尚，促进了工商业社会的繁荣，激发了财富的激情，同时也孕育了道德品质，尤其是高尚的追求卓越的道德品质，它们不但没有败坏社会风气，反而促进了商人追求卓越和精湛工艺的财富品质，赋予了财富以新的内涵，商业社会应该鼓励和提倡这种奢侈文雅的精神。

在另外几篇关于科技工艺和政府政体的文章中，休谟具体分析了什么样的社会制度才能导致工商业和奢侈风尚的发展与繁荣。他认为，一个自由、法治和开放的政体，像英国的政体，会促进商业文明的发展与繁荣。在一个推崇自由与文雅的社会，奢侈品的打造会精益求精，文化和文明才会闪亮地登场——宽松的舞台，财富的激情，奢侈精湛的时尚，个人才能的发挥，人们的财富不是像土财主那样用在买房置地上，而是用在奢侈文雅的稀有精湛商品的制作和工艺上。一方面培育了新的财富的激情，另外一方面也培育了新的符合财富阶级的新道德。同时，也增加和扩大了社会的公共财富的积累与繁荣。公共财富也不是用在政府的穷兵黩武和贵族的任意花销上面，而是营造更大的文明舞台以及投在科技工艺的发明创造上。所以，奢侈与创新密切相关，与财富的创新、文化的创新、智慧的创新以及激情的创新有关。资本主义市场经济的新道德，不是简单的来自传统社会的遗产延续，而是要通过财富激情的创新，通过想象力和同情机制的传导才能建立起来，其中，奢侈以及与奢侈相关的勤勉努力、精湛的工艺创新、财富激情的不断递进享受，占据重要的位置。

应该指出，休谟关于奢侈的正面推崇的观点，在当时的经济学界乃至历史学和道德学等多个领域都是影响深远的。首先，与斯密不同，休谟认为奢侈、奢侈品和奢侈业，它们对于商业经济的发展和繁荣有着重大的促进作用，而不是败坏作用，因为奢侈要求勤勉持家、勤勉致富，而且通过商人投资精致精良的制造业，促进了商品生产的工艺技术和程序的不断优化。卓越性和高水准的奢侈产品工艺，不但促进了奢侈品市场的发展，还带动了其他产业的发展与开发。从奢侈、奢侈品和奢侈市场的自发竞争秩序中，会不断涌现出创造性的技艺优先的企业家，这个观点后来为自由主义市场经济学，尤其是奥地利经济学所吸收和继承。其次，就道德学来说，奢侈所引发的社会风气，是否仅仅只是导致私欲横流、伤风败德？其实也不尽然。奢侈不是基于丑恶的自私自利之心，不是奢华无度的满足个人猎奇追新的快乐享受，而更多的是对人的财富激情的提升和优雅化，把个人快乐情感的享受转向一个创造的心理领域，通过想象力和同情心的共通感机制，激发出创新的快乐，这样一来，奢侈风气就不是丑恶的德性，而是美好的德性。当然，这个德性不是积极美德，而是消极美德或消极的正义与自由，这就与休谟的政治哲学思想联系在一起了。总的来说，休谟阐明了一个商业社会的道德制度的发生学，提出了一种商业生产、奢侈品制造和市场流通与文雅竞争的新市民道德或资本主义工商道德的新学说，也可以称为休谟的道德哲学。休谟以此为商业社会的财富激情作辩护。

2. 共通的利益感与财产占有的基本规则

休谟关于奢侈的论述，只是其道德哲学中的一个例子，从一个横向的视角，正面讨论了有关财富与情感的关系，也就是说，他不否定乃至肯定商业社会中每个人追求财富和奢侈生活的正当性和道德性。

当时还是资本主义早期阶段，财富的形式还没有与银行发行的纸币联系起来，但是，也出现了关于银行的性质以及纸币、股票、投资等经济问题的讨论，休谟的《论货币》《论银行》《论信用》等多篇论文都与这些财富的新形式有关。无论怎么说，现代工商业社会是与财富以及货币金钱相关的，增加财富的商品流通，增加每个人的财富数量，多赚钱，这是现代生活的一个主要内容，经济社会就是围绕着财富利益打转的。此外，奢侈与财富相勾连，可以有多个视角的考察，奢侈的生产即奢侈品是其中一个视角，与工艺技术的精良、产品制造业的优质化有关。此外，还可以从奢侈满足心理需求的刺激，培育勤勉持家的美德，促进高新消费的市场经济的视角来谈，还可以从利益的激情、创造致富的快乐情感以及美好德性的生成等视角来谈。个人财富增加了，手里有钱了，该如何追求美好的快乐，享受高品质的生活，这就出现了财富与社会风气的关系问题，奢侈只是一个方面。财富激情与商业社会乃至与生活品质的关系，都可以通过奢侈这个聚焦点得到较好的澄清。

但是，问题并没有得到解决。为什么奢侈符合现代商业社会的要求，甚至生发出一种有德性的市民生活，诉诸奢侈以及财富的激情并不能给出令人满意的答复，这就促使休谟回到情感的源头，对于商业社会的德性问题给予一种道德哲学的思考。

其实，曼德维尔触及了这个深层的问题，他敏锐地指出了商业社会的一个悖论，即每个人追求私利的行为反而促成了公益，但是他并没有进一步思考这是为什么，其转化的机制为何，而是简单地得出结论，私利就是私利，奢侈以及财富的激情也是私利，商业社会不需要公益，公益只是一种虚伪的假设。这样一来，就堵死了深入思考的路径，因此他的观点难免遭受斯密等人的猛烈批判。应该指出，曼德维尔提出的问题确实是深刻而攸关的，涉及商业社会以及英国社会转型的一个大的理论难题或世纪难题，也涉及道德哲学的核心问题，私利与公益的关系，或者说，如何从私利中推演出一个公益，这是苏格兰道德哲学的根本性问题。休谟与斯密等人正是沿着这个路径，采取一种情感主义的方式，建立了一套道德哲学。曼德维尔提出了问题，但他并没有给出很好的解决。

为什么曼德维尔没有解决这个问题呢？因为他不是情感主义的思想家，他是属于法国启蒙思想一脉的理性主义理论家，按照理性主义的逻辑，从私利是难以推演出一个公益的，所以，要么否定私利，要么否定公益，两者必须选择其一，他选择了后者，赞同私利的有效性，人是自私自利的，公益不过是外部的观察，是一种假设而已。休谟接着曼德维尔的问题意识，却回到情感主义上来，他并不是简单地承认私利，也不是外在地赞同公益，而是在情感内部，尤其是在利益的激情中找到了一个共通的情感，即以同情心机制贯穿的共通的利益感。关于这个从私心到共通感的具体内容，尤其是从间接情感如何生发出一种人为的道德与正义的制度，我在前文已经作了详细的论述，休谟的理论贡献就在于他通过想象力和同情机制，克服了简单把私心定义为非道德或反道德的，而是从中梳理出一个共通感，这个共通感也就与公共利益密切相关了。在这个大思路上，他与斯密是一致的，不同之处是休谟通过想象力和同情心把私利与公共利益或公益联系起来，而斯密并不完全赞同，他为此提出了一种公正的旁观者的视角，提出了一个合宜性的道德生成理论，对此我将在下面专门予以讲解。

尽管休谟与斯密在如何看待同情心和想象力的问题上有分歧，但就商业社会的目标来说，还是大体一致的，那就是从私利到公益的转变。其中涉及何为公共利益，他们一致认为，现代社会或商业社会的公共利益是一种人为的德性、制度性的道德，并且其性质是消极性的，不是积极性的。也就是说，所谓的公共利益作为一种德性、善和正义，乃是一种规则或法律，是一种形式性的最低且基本的行为规则。对此，休谟说得更为精确明了，他认为私人财产权规则，是现代工商社会的基本规则，说起来，也是最大的公共利益或公益，是由私心导致的最大的公益。通过想象力和同情机制内在地生长出来的公共利益，就是基本的规则，它们也是基本的人为德性和人为正义。

这样一来，就需要对利益的激情有一种新的认识，前面通过奢侈问题的讨论，对于利益激情的强烈程度的外扩性有了一个了解，利益可以扩展为一种涉及商业社会乃至市民生活之方方面面的激情，并且促进了工商、技艺、时尚、风俗等层面的演变，不能说这些演变都是正面的，也有负面的，这也全方位地展现了商业社会利弊参半的实情。对此，赞赏者有之，责备者也有之，都有各自的理由。相比之下，休谟更为看重它们的正面作用，斯密则看重它们的负面作用。但是，关于何为公益，他们的分歧并不大，甚至有着大体一致的看法。

所谓的公益或公共利益，并不是个人私利的累加，并不是所有人的利益加在一起就形成了公共利益，公共利益不是这种个人利益的加总，但后来的英国功利主义诸如边沁等人，就是用这种方式来计算利益得失的，提出一个最大多数人的最大利益的空而无当的原则。在苏格兰启蒙思想家们看来，公共利益只能是一种共通的利益感，这种利益感所达成的不是数量上的利益的增加，而是生发出一种规则，行为的规则和秩序，或制度演进，这才是最根本的公共利益。所以，公益的标志是形成了一种规则，一种公平正义的行为规则，为每个人所分享的规则，才是最大的公共利益。在此，每个人追求自己的私利是必要的，但在追求私利的过程中并不是仅仅达成了个人利益的最大化，也不是通过剥夺每个人的私利而打造出一个共同的公共利益，并由公益组织或政府来管理，而是在个人私利的追求过程中形成了一个共通的利益感，并由此演变出一套行为的规则，形成规则与秩序，这是一种制度的演进。道德制度、正义制度也属于这种制度的一种形态，也是从私利中演变出来的，是人为地塑造出来的，最具标志性的就是它们都具有法律的性质，或者说，它们类似普通法的规则与制度的演变，由此，公共利益或公益就逐渐形成了。这就解决了曼德维尔提出的问题，当然这是一种情感主义的人为道德与正义的制度演进路径，与后来功利主义的理性主义计算设计的制度构建路径有着重大的分野。休谟与斯密反对理性主义主张情感主义，关键在于情感主义通过想象力和同情机制，可以确立一个正义规则和德性实践得以实现的商业社会的秩序，这个属于哈耶克后来概括的自生自发地扩张秩序的大谱系，也是英美自由主义所在的大谱系，以及普通法和海洋法所在的大谱系。

达成一种自由与正义的规则与秩序是最大的或最基本的公共利益，这是前面所讨论的制度演进的一个结论，也是私利与公益悖论的一个解决视角，苏格兰思想家们通过利益的激情、财富与奢侈的培育和想象力的通感联系机制，从而创建了一种现代工商业社会的道德哲学。对于休谟来说，还有一个更为基础的问题，人为正义的规则是什么呢？讨论这个基本规则问题是休谟道德哲学的一个突出的贡献，因为他认为，私人财产的稳定占有、经过同意的转让和承诺的履行，这三个是人类社会或现代工商社会的基本规则，是社会得以存续的基础，尤其是私人财产权，它是现代社会最根本的基石。斯密也讨论过同样的问题，不过他称之为正义问题，认为正义是现代社会大厦的拱顶石，没有它，其他的道德都将荡然无存。

为什么苏格兰思想家们把规则问题，尤其是正义的规则看得如此重要呢？——休谟在多处称之为"财产权的规则"，斯密称之为"消极性的正义德性"，哈耶克后来总结"正当行为规则"或"自由规则"，虽然理论家们的称呼有所不同，但含义是大体一致的，这是一种自由、正义的规则或秩序，是现代商业社会之合法性与正当性的保证，也是德性道德的保证。为了回答上述问题，在此有必要辨析一下道德与法律的关系。

在 19 世纪下半叶和 20 世纪之后，随着实证法学和分析法学的兴起，道德与法律的区分成为现代法理学的一个主要问题，相关研究文献大量涌现。在此之前，无论是古典时代还是早期现代，道德与法律的分野并不明显，甚至两者是一回事情。当然，这种区分的一个主要原因是法律变为国家权力的专属，在法律成为国家立法的法律之后，那么，道德问题就从法律问题中剥离出去，而成为社会的问题，法律与道德的关系，就势必激起自然法与自然权利论的对抗，于是，实证法学（分析法学）与权利法学围绕着法律与道德问题展开了多个回合的论争，道德与法律的问题就变成法理学的一个重大问题，菲尼斯、哈特、富勒、拉兹、德沃金等著名的法学家都有大量的相关讨论。

但是，如果回到早期的现代社会，尤其是面对工商社会的规则制度问题时，当时的理论家们并没有这样的区分，因为这里涉及一个更为基础性的问题，那就是法律规则究竟是什么，或者说，实证法学家奥斯丁关于法律是国家专属性的权力表述，只有国家强制制定的法律才是法律，这样的观点并没有获得 18 世纪乃至此前的法学家们的认同和接受。英格兰普通法的法学家们，诸如爱德华·科克、梅因他们就不赞同，即便是大陆法的历史法学派大多也不赞同，苏格兰虽然实施的不是普通法或判例法，而是从法国、荷兰等传来的大陆法，但休谟和斯密等人也不能接受只有国家依据政治权力颁布的法律才是法律。他们认为法律是社会演进的结果，是社会自生自发地演进出来的，国家的法律更多地是接受和认同这个社会规则的演进，发现和接受，而不是取代社会由国家独自制定出来，依靠行政权力而颁布的法律只能是次生的法律、条例、命令等。

如果从上述社会演进的法律规则，尤其是元规则的视角来看休谟提出的三个基本的规则理论，就好理解了，它们完全不需要作什么道德与法律的区分，或者说，这些基本规则既是法律的，也是道德的，既涉及正义性价值，也涉及自由性价值，还涉及道德性价值，是把政治哲学、道德哲学和法律哲学融汇在一起的元规则。所谓元规则就是规则的规则，一切后来形成的规则或法律制度、政治制度、道德制度，甚至经济制度，都是从这个原初的规则那里演化出来的，所以，它们是基本规则，是一阶性的规则，其他的规则都属于二阶规则。所以，休谟的三个基本规则，它们既是道德规则，也是法律规则，也是经济规则，也是政治规则，涉及德性、正义和自由这三个最根本性的现代价值。为什么说是现代价值？因为这三个基本规则只适合现代的工商资本主义社会，并不适合古典的城邦国家，也不适合封建制社会。那些前现代的社会制度，或许适合其中的一个价值，例如，在古代希腊罗马社会是（公民）德性优先的，在中古封建社会是（贵族）自由优先的，但不可能同时适合三个价值，只有现代商业社会，才是正义、德性善和自由三种价值同时位列于第一位阶，并且形成一种制度化保障。所以，休谟在接续英格兰光荣革命的政治成果之后，变革了洛克的私人财产权理论，才将其转化为一种情感主义的规则理论。

休谟在《人性论》和其他著述中，多次指出三个基本规则在现代社会，尤其是在英格兰和苏格兰社会转型中的重要性。这三个基本规则涉及持有正义、交换正义（兼及分配正义）的问题，它们作为一种人为的正义，也是道德善的问题，还是一种公共利益的问题。

第一，私人财产的稳定占有，这是休谟三个基本规则的首要规则，也是优先性规则。应该指出，财产权问题是西方社会古今之变的首要问题，也是西方政治思想史的一个重要问题，早在 16 世纪的思想家们那里就被提了出来，格劳秀斯、孟德斯鸠、普芬道夫等人，都曾经从不同的视角谈到财产权问题，尤其是洛克，把私人财产权视为现代人的一项基本权利，可以说，围绕着英国光荣革命，私人财产权就是一个重大的政治问题，也是一个理论问题，它与个人主义、现代工商业的财富创造与占有，与现代的法律秩序以及政府制度密切相关，被视为自由主义理论出现之前（19世纪才出现所谓的自由主义理论与学说）的自由主义问题。在此值得一提的是，近期政治思想史的一个重大的理论争论，就是围绕着洛克的财产权理论展开的，有众多学者参与到这次争论，其中有麦克弗森的新马克思主义视角的，有剑桥学派邓恩、塔利的共和主义视角的，以及施特劳斯学派的自然权利论视角的。各派争论激烈，关于要将洛克定位为自由主义还是共和主义抑或社群主义，仍然难以达成共识。

上述理论纷争只是现代学术层面的争论，本课程并不深究它们的细节，我还是接受传统政治思想史的观点，认为在财产权问题上，洛克是一位自然权利论者，他从财产权的法律资格，尤其是劳动占有等方面，确立了私人财产权作为现代政治的一项基本性的权利，是政府等公权力不能侵犯的，也是个人主义得以存在的政治与法律基础。通过私人财产权，现代政治具有了正当性的制度基石，没有私人财产权，个人的其他一系列权利，诸如生命权、言论自由权和宗教信仰权，还有各种宪法性的权利，都无从谈起，个人拥有自主的支配自己财产的权利，是现代社会的首要原则，也是英国革命所实现的现代政治制度的基本成果，洛克的财产权理论是这场革命的理论辩护。

下面还是回到休谟的问题上来，休谟当然知道洛克的财产权理论及其重大的理论与现实意义，他也接受了洛克的观点，把财产权问题视为现代社会的首要问题。但是，休谟没有照搬洛克的财产权理论，而是在如下两个方面深入发展或转变了洛克的理论。

其一，私人财产权在洛克那里主要是一种政治原则，是与英国革命关联在一起的，洛克强调的是私人财产权的权利资格，以及资格上的劳动等人格能力的参与，由此确立私人财产权的法律与政治属性，与他的自然权利论的政治哲学息息相关。相比之下，休谟有所不同，他对私人财产权的重视，主要是基于财富制度的经济属性考虑的，其所强调的是一个工商社会的发展与繁荣，与私人创造性地占有财富的制度演进有关，尤其是与占有财富的正当性与道德性有关。换言之，洛克看重的是财产权的政治权利，休谟看重的是财富占有的道德性或正当性问题。也就是说，在光荣革命发生半个世纪之后，商业社会的工商业者，他们占有财富不仅是一种法律权利，而且还具有道德的正当性，合法赚钱或自由贸易、个人致富，不仅是一项臣民的法律权利，而且还有道德的正当性，利益的激情，甚至奢侈、骄傲与尊荣等，还是符合商业道德的。这是休谟关注私人财产权所处的时代背景，有别于洛克的时代。没有人会指责说，追求财富是非法的，但追求财富是否合乎道德，并未得到普遍接受，休谟强调这个基本的规则，就是要为之正名。

其二，休谟对于私人财产权作为基本规则的关注，与洛克相较还有一个重要的不同，他更强调稳定的财产占有，而不是权利资格，毕竟苏格兰道德哲学的情感主义与英格兰的自然权利论的方法论不同。休谟在《人性论》中多次批评自然权利论和天赋人权论，主张权利规则的社会历史演进，它们是逐渐在历史的过程中产生出来的。在私人财产权问题上，休谟除了关注历史权利的演进之外，还格外关注财产的稳定问题，也就是说，私人的财产权，主要体现为一种在情感心理上的对于财富的稳定占有，只有保证稳定的财产占有，情感的德性发生学或人为正义等才是落到了实处。个人财富创造的激情以及共通的利益感机制，要成为一种规则，最重要的是达成稳定的占有，只有在情感心理上有了这种稳定的占有感，才能使得每个人扎扎实实地创造财富并且享受财富，稳定的占有感与共通的利益感密切相关，由此才能导致德性与正义的规则之制度演进。所以，强调对于财富的稳定占有，这对于现代商业社会的基本规则是非常重要的，休谟把权利论转化为情感论，重点关注的还是这个情感机制问题，这就不同于洛克他们关注私人财产在空间和时间上的先占、人的劳动以及人格注入等问题，休谟、斯密关注的是主观的情感心理问题。休谟认为，稳定的财富占有的心理，对于处于市场经济社会的商人来说是非常重要的，没有这种稳定的预期，商业产品的生产、流通与交换，以及商业利润的获取等，都是不可能的，私人财产权在商业社会所达到的就是一种稳定的预期，而不是物质财富的消费性的占有和使用。私人财产权就是保障这种市场化的稳定预期，这才是商业制度和商业经济的根本，才是财富得以扩展的根源，才是所谓的资本主义市场经济，这一点显然与洛克他们的理论重心是不同的，是政治社会完成之后的一种对于真正的财富经济的规则保障。

通过上述两个方面的探讨，我们看到休谟虽然与洛克他们都注重私人财产权，但区别很大，休谟的观点是在洛克理论基础上的进一步社会化演变的结果，而且体现着苏格兰情感主义的特性。财产的稳定占有，对于现代商业社会的经济发展和繁荣，对于利益的激情，对于共通感的正当规则的促进是非常必要的。基本规则是什么，其实说到底就是一种法律秩序的预期，规则是自生自发的法律，财产权就是一种个人对于自己财富的稳定性的占有与支配的预期，这构成了现代社会的原点。所以，在休谟的道德哲学中，这个私人财产权的规则，成为最优先的规则，商业社会没有这个规则是不可能建立起来的，即便有自然权利论的财产权，如果没有稳定的占有财富、财产的预期，现代商业社会与市场经济也是不可能实现的。

第二，同意的财产转让和承诺的履行。在第一个私人财产的稳定占有之后，休谟还提出了另外两个基本规则，这两个规则都与财产有关，而且也是从第一个延伸出来的。对此，我简单作些讨论。财产的转移涉及一个市场经济的财产交换问题，对此，罗马法和普通法都有大量的法条与案例，在物权、债权等方面都有讨论，属于专业性的法律问题，按理说并不值得休谟予以专门论述。休谟为什么如此看重这个基本规则呢？我认为涉及一个同意问题。"同意"在洛克时代，是作为社会契约论的一个中心问题予以探讨的，也就是说，个人权利的转让，必须经过每个人的同意之后，才能达成一个社会契约，组成一个政治共同体，由此组建政府等行政权力机构，所以，"同意"是当时各派理论探讨的中心概念，未经个人同意而构成的政治社会，是不正当的，也是缺乏合法性的。休谟把同意用在财产转让领域，其实是试图突出财产转移的商业性质，这个又与第三个基本规则"承诺的履行"有关，也是为了突出商业财产的性质。为什么会是这样呢？原因如下：

其一，现代市场经济是一种信用经济，无论是商品的转让和交换，还是承诺的履行，实质上都涉及信用问题，是信用经济社会的一种表现。休谟强调同意和履行承诺，都是为了突出商业社会的财产与财富的增值和扩展的意义，而不是传统民商法意义上的财产保值，这与他对于财产稳定占有的预期的观点是一致的。预期与信用，不仅是任何一个社会的财产占有的特征，还是市场经济或商业社会的根本，只有把预期、信用的财产性质搞清楚了，才能真正搞懂商业社会的本性，才能理解财富是在商品生产与交换的经济共通利益感中不断扩展的。所以，现代商业社会也是一种信用社会，财产权问题就有了稳定占有的预期以及同意转让和承诺履行的规则问题。

其二，与上述问题相关，这三个基本规则都属于情感主义的财产权理论，也就是说，休谟并不仅仅是从客观法的角度看待财产权利问题，他更重视从主观情感的角度看待财产与财富问题。这种主观情感主义的视角，开辟了现代经济学的主观主义市场价值论，现代的奥地利学派经济学就把经济价值和财富的创造，视为主观心理性的，而不是客观效益论的。当然，休谟还不是现代的经济学家，他关注这个情感主义的财产与财富理论，主要是为了更好地从道德哲学的高度、从正义制度的演进来论证一个现代财富创造的动力机制与正当性问题。在他看来，财富不是死的，而是活的。现代商业社会之所以能够把财富、财产激活，而不是像过去的土地贵族那样消费掉，源于把财富的激情，把财富转换的不断投资和获利，作为市场经济和市民生活的正当方式。这就要求预期、信用问题规则化，法律上的财产权要转化为市场经济的合法预期和资本信用，所以，商业社会在休谟眼里就是一个情感主义的财富扩展机制，具有道德的正当性，因此就有这三个基本规则，哈耶克在论述休谟法律思想的论文中，把它们称为正当行为规则或正义的自由规则。

总之，通过三个基本规则，尤其是私人财产权或财产稳定占有的规则，休谟开辟出一条情感主义的现代商业社会的创造财富和享受财富的正义的德性之路。当然，这个德性的财富占有，是人为的德性，而不是自然德性，是人为正义，而不是自然正义，因为它们需要一套共通感的处理私利与公益的规则与制度的演进方式，不是一味地追求私利就能达成的，也不是一味地倡导公益就能达成的，简单的利己主义和利他主义，都不符合现代商业社会的演进秩序。

通过利益的激情以及想象力和同情心的机制汇通，则是可以为这个商业社会的追求快乐、创造财富和公益生成提供一种基本的规则。这个基本规则的性质是消极性的，实现的是消极正义、消极自由和低阶道德（一阶伦理），但没有这个低阶和消极的自由正义的支撑，再高级的道德理想都是乌托邦式的梦想，都可能有无穷的人道灾难为其陪葬。

第五讲

休谟的文明社会论

苏格兰道德哲学不同于一般教科书上的道德哲学，它旨在为现代工商业社会提供一个道德哲学的基础，不唯如此，它还有一套文明社会论，在它看来，英国革命后的现代社会不仅是一个商业社会，也是一个文明社会，所以，它的道德哲学也是在为这个现代文明社会提供道德基础。应该指出，这个从政治到经贸再到文明的思想传统，是苏格兰启蒙思想家们的共同传统，从哈奇森、弗莱彻、卡姆斯、罗伯逊等人那里就体现出来，更有代表性的思想家则是休谟、斯密和弗格森，相比之下，关于从道德哲学到文明社会的演进关系的论述，休谟学说更具有思想的辩护性意义，即从早期现代资本主义社会蓬勃发展的视野，对于现代文明有着乐观主义的认识和推崇。这一讲主要探讨休谟的文明社会论，我认为，文明社会理论也属于休谟道德哲学的一部分，一个道德系于利益激情的商业社会，也是一个法治的文明社会，这是休谟道德思想的组成部分，也是其道德哲学的应有之义。

　　从洛克的政治社会到休谟的商业社会，其中围绕着人为道德与正义制度的生成，这是我上一讲的内容，在这一讲中，我将集中考察休谟是如何完成从商业社会到文明社会的演进，探讨与此相关的道德哲学与政治哲学问题。应该指出，苏格兰启蒙思想在如下两个方面，呈现出与前后大致同时代的其他思想流派（诸如英格兰自然权利论、欧陆理性主义和法国启蒙思想）大不相同的思想特征。第一个方面是情感主义，第二个方面是历史主义，这两者叠加起来就成为苏格兰所继承的英国经验主义的主要内容，或者说，英格兰经验主义经过苏格兰思想的继承与发展，就从偏重于认识论、方法论的经验主义实验科学，转化为一种偏重于情感心理和历史叙事的经验主义社会科学。为什么苏格兰思想如此看重感情和历史两个方面的内容？源于它们反对欧洲理性主义的决定论，遵奉以感性经验事实为依据来思考社会问题，情感世界和历史世界无疑是最具感性内容的世界，它们当然成为苏格兰道德哲学和文明社会论的主要内容。休谟的思想理论无疑也具有这个经验主义的特征，进一步说，休谟的思想理论对于苏格兰启蒙思想还格外具有开创性的意义，是他较为完备地提出了一个融汇情感主义和历史主义于一体的文明社会论，并试图揭示其内涵的文明道德价值。

一、文明社会的历史演进

在上一讲，我主要是从利益的激情等经验心理层面分析休谟对于商业社会及其道德正当性的论述，其实，在休谟看来，商业社会还是一个文明社会，对此，他主要是从历史主义的视角展开讨论；斯密和弗格森在论述他们的文明社会观时也有类似的视角，他们都有相关的著述和论文，对待相关问题也都采取着历史主义的方法论，可以说，历史主义是苏格兰思想的基本特征。

休谟关注历史，尤其是英国史，作为一个大历史学家，他晚年大部分时间花在撰写《英国史》上面，这部多卷集的《英国史》给他带来了不斐的声誉，这部《英国史》也是一部名著，跻身于史学经典之列。休谟《英国史》中的思想观点有点类似于托利党人的史观，与辉格党人的史观有所不同，但休谟也明确说过他并不是托利党人，他的历史观具有着苏格兰思想的特征。反过来，他的《英国史》也会影响他的道德哲学，尤其是他的文明社会思想。

作为一个具有历史观的史学家同时又是哲学家的休谟，他是苏格兰启蒙思想的代表性人物，他在一系列论文，诸如《论政治可以析解为一门科学》《论政府的首要原则》《论政府的起源》《英国政府是倾向于绝对君主制还是共和制》《论公民自由》《论技艺和科学的兴起与发展》《论民族性》《论原始契约》《论新教继承》《完美共和国的观念》等，确实提出了一种历史主义的文明社会理论。或者说，他立足于现代商业社会的道德哲学，除了情感主义的视野之外，还有历史主义的视野，这个视野使他对于现代工商社会的认识具有了文明史的意义，即工商社会也是一个文明社会。总之，工商社会也好，文明社会也罢，它们都需要一种道德哲学的证成，即它们都是一种具有道德属性的社会形态。通观休谟的一系列著述，尤其是多篇论文，在《论政治、历史和文学》的论文集中，休谟大致从如下几个方面予以论述。

第一，社会历史形态论的雏形。在苏格兰启蒙思想家中，斯密在《法学讲义》中有专门的社会形态的历史理论，提出了人类历史演变的四阶段论，对于后世的历史学和经济史学影响巨大。此外，弗格森是最早提出文明史观的苏格兰思想家，他独具一格的文明社会史论，不但在英美学界引发热议，而且给德国思想界带来的影响更是巨大，激发了德国后来的诸多历史学大家的思考。关于斯密和弗格森的相关论述，后面的课程中我将专门讲解。有意思的是，休谟虽然写出了皇皇宏富的《英国史》，与斯密和弗格森相较，休谟更像一个专业的史学家，但他却没有提出一套宏观的历史理论，揭示人类文明史的纵横经纬。尽管如此，休谟也不是毫无论述，而是在一系列论文中，涉及人类社会的历史形态论，尤其是集中在现代工商社会也是一种高级文明社会之观点，据此可以说，休谟接受了斯密的社会发展阶段论，大致提出了一个文明历史的初步演化史观，属于社会历史形态论的雏形。

休谟不像斯密那样提出一个人类历史演变的四阶段论，他重点关注的还是英国社会（包括苏格兰社会）的古今之变，他在著述中多次指出，现代的工商社会是从传统的封建社会演变而来的，现代社会的市场经济与自由贸易，不同于传统社会的农耕土地经济，从生产方式到生活品质，乃至社会财富和国家治理等多个方面，都有着巨大的变革，经历着古今之变的演进。例如，他曾经考察分析了人口增长问题，研究了财富的表现方式，劳动产品的商业化过程，手工业的机器化改良，商品贸易的形成和发展，对外贸易关税的顺逆差等。还有与商业社会密切相关的货币流通、发钞、贵金属（黄金白银）、银行债券、货币信用、资本投资等诸多问题，他都有过深入的研究。此外，他还考察了市民和商人的生活方式，尤其是风尚习俗、审美趣味、爱情婚姻、宗教信仰、奢侈、简朴与文雅时尚，还有贪婪、自杀以及灵魂不朽等精神生活，等等。

在休谟的视野下，上述这些变化都指向一个重要的标志性时间，那就是英国社会正在经历着一场古今之变的历史大变革，这个时间在休谟的思想中，其实又隐含着两个节点。一个是英格兰的光荣革命，即政治社会的变革，以洛克的理论为标志，这个时间节点非常重要，他的《英国史》便是从罗马入侵大不列颠开始而以光荣革命为终束，光荣革命意味着一个政治时代到此结束了。这个古今之变另外还有一个节点，那就是英国工商社会的开始，其中英格兰与苏格兰的合并构成了大不列颠联合王国，意味着一个基于君主立宪制的现代国家之开始。这个时代乃是开启了工商业社会的时代，休谟所处的时代，恰恰就在这个时间节点的坐标上，一切才刚刚开始，他的思想理论就是论述这个现代工商业社会之历史进程，为之提出一套道德乃至文明意义上的辩护。所以，古今之变是休谟历史观的一个重要主题，至于历史阶段论之具体划分与形态特征，他虽有所论及，但并无多大兴趣。

第二，工商业社会是一个文明社会。上一讲我重点讲述了休谟思想中的现代工商业社会的财富性质，即现代社会首先是一个工商业社会，创造与享受物质财富是这个社会的基本特性，并且利益激情也被赋以道德的属性，在本讲中，我将进一步揭示休谟的文明社会论。他在苏格兰思想中首次把文雅作为一个文明社会的基本属性提出来，认为工商业社会又是一个文雅社会，一个文明社会。本来，文雅一词是一个文艺性词汇，在情感主义视野下，它多与品位和趣味上的雅致和优美相关，一种文雅的生活指的是与粗糙、粗鲁、野蛮、低俗、贫困的生活相对立的文质彬彬、优美、高尚的生活，尤其涉及人们的衣食住行、行为举止等方面的品质。

休谟接受了这个含义，但给予了一种文明化的提高。在他看来，文雅不仅是一种生活的品位，衣食住行的优美化，而且还与社会形态相关。传统农耕社会的经济生活水准决定了其粗糙、低劣，甚至野蛮的生活，土地经济不可能提供大量的财富，农副产品和衣食住行难以摆脱粗陋低劣的特性。只有现代的工商业社会，只有商品自由贸易的经济体，才释放了利益的激情，致使创造与享受财富成为一种社会风尚。奢侈品的生产催生了制造业的精良、生活方式的精美富丽、文化艺术的普及风行，这一切都使得文雅优美成为商业社会的主流风尚，成为公共生活、社交与娱乐的标准格调。这样一来，文雅就转化为文明，商业社会也就是一种文明社会，其文明程度要高于传统社会，休谟在《论趣味》《论人性的高贵与卑劣》《论技艺的进步》等文章中多次论述了这个方面的情形。

前面我在讨论休谟关于奢侈的问题时，曾涉及奢侈与勤勉的关系，从文明社会的视角来看，休谟对于洛克的劳动观是有所修正的，洛克认为财产的私人占有权很关键，人通过劳动把人格注入对象物了，所以具有占有权利，洛克的这个思想对于黑格尔和马克思的经济学产生了重大的影响，直到今天的麦克弗森、哈贝马斯，都受到这种劳动人格对象化的影响。当然，马克思剩余价值的剥削理论已不再受到推崇，但黑格尔的劳动异化说、青年马克思的劳动审美说，在思想界还是广泛流传的。相比之下，苏格兰启蒙思想就不赞同这种劳动异化说和审美感说，而是看重奥派经济学的主观主义偏好理论，斯密和休谟都否认劳动有快感，有审美，认为劳动是一种痛苦的、被动的、粗鄙的活动，劳动难以导致文雅和文明。他们认为人的活动有三种，一是劳动，二是悦乐，三是闲暇，娱乐和闲暇在他们眼里，才是与文雅、奢侈、财富的享受相关的活动，因而与自由有关。休谟认为，奢侈可以导致勤勉，从勤勉到娱乐，尤其到闲暇，这是文明社会人的一种主观心理的偏好。问题在于，娱乐和闲暇并非无所事事，而是自由自发的活动，由此反而产生了财富的创造激情，促进了文明的发展。也就是说，文明社会不是来自苦不堪言的被迫劳动，而是来自人的娱乐偏好，尤其是来自人闲暇时的自由创造。

在休谟看来，商业社会作为一种文明社会，或者一种发展到今天较为文明的社会形态，其文明的内涵，就不仅体现在优美的品位层面，也不仅体现为文雅的风气和时尚方面，更主要的还是体现在科学与文艺的思想与精神的自由充分的发展和繁荣上面，体现在科学与博雅的大学教育与人才培养的制度演进之中。这样一来,在苏格兰思想中,文化与文明的含义就开始有所区分,当然,它们还只是一种潜在的区分,这种区分在19世纪之后才逐渐成熟起来。在他们看来,文化多是指外在风格,文明则多是指内部机理,两者密切相关,相互重叠,但文明更为重要,它偏重于制度的自生自发的演进。

历史文明问题是人类的一个历久弥新的问题,就苏格兰的道德哲学来说,工商社会也是一种文明社会,这是当时思想家们普遍认同的观点,对于休谟来说,在文明社会这个问题上,他的独特贡献主要有三个方面:第一,特别强调现代的财富创造有助于文明社会,工商社会极大地促进了文明的进化;第二,文明社会又是一个法治昌明的社会,法治政府是文明社会的保障;第三,休谟提出了一种文明政体与野蛮政体之分野的新政体论,这个理论一直被思想理论界所忽视,在休谟看来,文明也是一种政体。我认为上述三点是休谟文明社会论在苏格兰启蒙思想相关问题中的独特理论贡献,下面分别予以讨论。

二、工商社会与文明进化

在前面一讲中,我对休谟理论中的利益激情以及工商社会已经有所讨论,主要是偏重于创造财富的道德性问题,其实,这里还孕育出休谟的经济学,并从工商经济推演出一个文明社会。在休谟看来,现代的文明不同于古代的文明,不是少数人的文明,而是社会所有人的文明,所以,现代文明需要一种物质财富的基础,要孕育出一个财富创造与享受的商贸经济机制，这个机制无疑只能是现代的工商经济、市场经济与自由贸易，这是英国作为一个海洋国家最先开发和演进出来的制度形式。古典时代也是有文明的，但它们的文明不是所有人都能分享的，只有少数人，如城邦奴隶主、封建国王、贵族阶级，他们才能享受古典社会的文明成果。历史进入到现代社会，文明不再是一种特权，文明作为一种生活方式，进入寻常市民百姓家，工商业群体、企业家、手工艺制作者、文化人、商人、律师、资本家、学校职员等等，几乎所有现代工商社会的参与者，都可以分享这种现代文明的成果。

从社会经济史的角度看，光荣革命之后，英国已经初步完成了较为残酷的早期资本主义的原始积累过程，休谟所处的 18 世纪恰好是一个生机勃勃的工商业经济大力发展的时期，也是科技、教育、文化、艺术蓬勃发展的时期，苏格兰的启蒙思想家们也已经感受到这种新时代的新气象。休谟在完成《人性论》的写作之后，把相当多的时间投入到参与这个苏格兰与英格兰合并过程中的各种经贸与文化的事务之中，游学伦敦和欧洲各国，结交法兰西各类思想家，参与东印度公司的事务，担任赴法大使赫特福德公爵的大使秘书，担任格拉斯哥市图书馆馆长，与斯密等人一起组建爱丁堡知识界的精英协会，等等。在这个变化纷纭的时期，还写作了一系列论文，主题涉及当时英格兰、苏格兰和欧大陆的各种政治、经济、政策、文化和文艺等多个方面，涉及经济学、人口学、货币、证券、股票、战争均势、外交、文学、历史等多个领域，并把这些论文编辑成册陆续出版，休谟的论述广受欢迎，为他赢得了世界性的声誉，在欧洲大陆、英格兰和苏格兰休谟都享有盛誉，终成为一代大文豪。

休谟的文明社会演进论，就是在这个时期逐渐形成的。其主要的一个有别于法国思想界的独特观点，就是提出了财富的创造、利益的激情，甚至奢侈的风尚，这些工商社会的成果，它们不但无害于文明社会，反而促进、培育和成就了文明社会，工商社会构成了现代文明社会的经济基础。为什么工商社会能够为文明奠定基础，极大地促进文明社会的发展？休谟认为，工商社会在社会财富的创造机制方面发生了一场经济学的革命，这个革命与政治上的光荣革命相辅相成、并驾齐驱。传统的封建社会，甚至古希腊、罗马的城邦国家，那时的经济生产方式还是小农经济，以农耕土地的自给自足的农副产品为主体，商品贸易是外在的，因此，财富的生产是非常有限度的，无论是国家财富还是个人财富都处于低水平，所支撑的所谓文明其程度也是很低的，君主和贵族小圈子里的宫廷文化尽管富丽堂皇、奢侈浮华，但终究是依附性的，大多数的农民和农奴制下的生活水平非常低劣和粗糙，其文明程度与平民百姓的财富程度大体一致。这就限制了文明社会的扩展，更谈不上臣民对于文明成果的享受。现代工商社会的一个革命，就是因为其变革了土地农业制度，开辟出一个通过商品贸易创造财富的市场经济制度。商业社会的经济内容在此暂且不论，有一点对于文明社会的影响却是巨大和深远的，那就是追求财富的激情可以正当化地转化为一种个人能力上的竞争，并形成一种制度化的创新激励，从而实现财富创造的无限可能性，这个财富创造的无限可能就为文明社会的文明内涵注入了强大的生命力，所谓现代文明的实质，就是创造与享受创造的无限生命力。

为什么现代的工商业社会有助于文明进化？休谟在有关财富和利益的激情的论述中，提出了一个财富的中介机制，也就是说，通过财富，现代文明社会才能得以存系，没有财富也就没有现代文明社会，当然也没有工商社会。这就是为什么苏格兰启蒙思想家，尤其是休谟和斯密如此关注财富问题的原因。那么，究竟什么是苏格兰思想理论中的财富呢？对此需要有所辨析。财富不等于赚钱，犹太人很会赚钱，古代的高利贷者也很会赚钱，他们都与苏格兰理论家们的财富问题无关。在休谟和斯密眼里，财富问题是一个现代问题，它的关键点在于现代社会的产品生产是一种商品化的生产，通过日益细致的劳动分工和自由开放的市场贸易，实现劳动产品的交换与流通，财富就在这样一个生产、交换和流通的商品化的市场机制中实现出来。这样的社会就是商业社会，不同于农业社会，财富的激情是其所围绕的中心。

问题的关键在于，商业社会的财富，不是固化在一定的物品上，对于当时盛行的重商主义和重农主义财富理论，休谟和斯密都不赞同，并分别提出了批评意见。总的来说，商业社会的财富机制是一个活动的形态，不能简单等同于重商主义系于黄金和白银的国内储备和贸易顺差，也不能等同于重农主义的农业产品的生产数量或土地使用效率。苏格兰思想家们更看重利益的激情，或者说，他们更看重在商品生产与交换过程中的情感心理机制。对于休谟来说，那就是利益的激情，一种追求财富、创造财富与享受财富的情感心理，恰好市场机制为这种主观化的激情提供了无限度的可能性，而传统的封建土地经济，还有城邦国家的地中海贸易，都不像现代的工商业经济形态那样可以为利益的激情开辟无限度的空间与可能性，这个就是前文我说的有关财富创造与占有的稳定性预期和信用。这样一来，商业经济就使得财富的物化形态变得不再重要了，财富背后的创造财富、占有财富和享受财富的激情成为比财富本身更重要的东西，因为这种激情可以随时随地兑现为财富的物化形态，无论这种物化是商品还是货币，无论是生活消费品、奢侈品、黄金白银，还是土地、牧场、工厂、实验车间，等等，其实这些都是次要的，关键在于这些都从属于主观的激情，围绕着激情的创造，可以生长出一系列财富的物化形态，并且能够相互等价地交换。

衡量这种交换的标准不是固化的东西，诸如土地，或白银黄金，或者货币、证券等，而是活的创造力。由于财富的激情是无限度的，这种创造力也是无限度的，这才是文明的活力或生命力之所在。工商业社会之所以能够取代传统社会，在于它把对财富的创造力的限制和约束取消了，市场经济赋予财富生产和等价交换一个自由开放的制度，每一种新的产品都能够在这里通过交换而获得等价的认可，优胜劣汰，这是一个竞争的机制和制度。鼓励创新，创新能够获得财富的回报，丧失了创新，也就被淘汰，也就失去了财富回报。所以，财富只是一个商品社会的载体，重要的是追求和创造财富的激情，以及生生不息的创造力，是它们支撑着现代工商社会的不断发展与繁荣，而且永无止境。关于这种财富创造与享受的激情，以及由此引发的一系列工商业社会的工艺技术改良和创新、奢侈勤勉的转化，还有市场经济延伸的银行、信用、货币等问题，上一讲都有所讨论。除此之外，这个财富激情还有另外一层含义，那就是其与文明社会的关系，培育工商业创新精神的财富激情，也有助于文明的进化。

从现代学术的视角看，休谟显然不是文化多元论者，他虽然尊重文化的多元发展，但从根本意义上说，他是一位文明的进步论者，也就是说，他相信文化要从属于文明，而文明有一个演进的过程，有一个从野蛮、粗糙到文雅、文明的进步的发展过程。文明是有程度上的差别的，人类历史存在着一个从低级到高级的进步演变，也即古今之变，从传统农耕社会到工商社会，就是这样一个演变和进步的过程。从粗野到文雅的文明演变也是这样一个从低到高的文明程度不断进步的过程。不过，虽然休谟讲文明进步，讲工商社会是一种比农业社会要高级的文明，但他却不是线性的文明进步的一元论者，并不认为一定有一个单一线路的文明进步规划和方案，人类可以凭借理性知晓这个规划，按照这个规划设计自己的未来。由于他是一个认识上的不可知主义，是情感主义的感知论，所以，关于进步的路径、方案与规划，他并不认为有一个终极的目标和路线图，也不认为人类可以凭借理性来认知这些不可知的东西，人只是按照感知情感去触及未来，依据共通的利益感以及财富的激情，趋向某种未来，并且凭借着想象力和同情心来预测文明社会的进步，仅仅如此，决定人的行为的是情感或利益的激情，并不是理性。所以，后来的哈耶克所提出的人类社会的扩展秩序，以及自生自发的演进路径，还有默会的知识，显然都与休谟的情感主义的文明进化论有关，受到了休谟思想的很大启发。

在休谟看来，工商社会之所以有助于文明的进步，就在于财富的激情促使每一个人都能最大化地激发出创造的激情和才智，从事各种工商业和文化艺术的创造，这样势必导致文明的进步，从而催生一个更加文明的高级社会。由于财富的创造是无限度的，享受这种创造的感性快乐也是无限度的，所以，文明演进的程度及其实现方式也是不可预知的，用哈耶克后来予以发挥的理论语言来描述，那便是现代的文明社会是一个自生自发的扩展秩序，其动力机制在于财富激情的无限创造力。

三、文明社会的自由与法治

现代社会的活力来自财富的激情，工商社会为财富的创造与享受提供了市场经济的扩展空间，但这一切又都系于现代人的自由与法治，所以，自由和法治就成为十分重要的东西。我们在苏格兰启蒙思想家们那里，常常会读到他们相关的大量论述，休谟的思想理论也是如此。

英国是一个自由与法治传统最为悠久的国家，所谓自由贸易、海洋帝国、大不列颠精神等等，都跟自由与法治这两个要素密切相关。孟德斯鸠在《论法的精神》一书中，多次以赞赏的文字描述过英国的自由和法治，认为英国是一个政治自由和法治昌盛的民族，孟德斯鸠的观点很能代表当时欧洲思想界对于英国的看法。启蒙思想家们认同英国的法治与自由的，也把苏格兰纳入英国乃至英美的大历史谱系之中。他们对工商业社会的认识如此，对文明社会的认识也是如此，至少对休谟、斯密等代表人物是如此。休谟的《人性论》和《英国史》，斯密的《国民财富论》和《道德情感论》，均是英国的视角，即英格兰与苏格兰合并之后的大不列颠的视角。从文明的角度看，苏格兰虽然具有"北方不列颠"的独特性，但仍然是英美自由法治下的文明社会的一个组成部分。

我们看到，关于英国的自由和法治，英格兰的思想家和法学家都有充分的论述，代表者例如洛克，就结合光荣革命，以政治自由的立场，雄辩地探讨过有关个人的天赋权利以及组建政府的权利，甚至合法反抗政府的权利，这种自由权利论为光荣革命的君主立宪制奠定了理论基础，其自由政治理论无出其右者。关于英国的法治问题，尤其是英国普通法的司法独立和司法裁判权，以及法治对于君主专制的约束，对于个人自由的保障，还有一套司法的技艺，这些论述是大法官们如爱德华·柯克的专长，他对英国法治的辩护和阐发，也可谓影响深远，无出其右。至于稍后一点的爱尔兰思想家柏克，其对英国法治与自由的论述，也不过是英格兰上述诸人的翻版，坚守着他们的精神以反对法国大革命，彰显出一种保守主义的英国自由主义传统。其实，仅就英格兰来说，法治和自由无所谓激进与保守之分野，它们一以贯之的不过是光荣革命后的英国政治上的自由与法治，英国革命不但没有破坏英国的传统自由与法治，反而进一步优化了这种自由与法治精神。这种论调直到19世纪英国功利主义的出现，才受到强有力的挑战。但对于18世纪的苏格兰启蒙思想家们而言，他们却面临一个困难，即在继承英国自由与法治的前提下，又提出自己的新的思想贡献。对此，休谟和斯密就显示出了卓越的思想理论的创造力。如果说爱尔兰柏克的贡献是由于法国大革命的刺激而被激发的，休谟和斯密则是由于苏格兰工商业社会的财富激情及其文明社会的制度需要而被激发的。接下来我先讲休谟，斯密在下一讲专论。

第一，从政治自由到经济自由的转变。休谟接受和继承了洛克等英格兰思想家的观点，也认同自由和法治的重要性，但是由于英国社会已经从光荣革命的紧迫时刻走出来，所以，他强调的不再是诸如财产权、人身自由权、言论自由和宗教信仰自由、政治参与等与国家构建有关的政治自由问题，而是如何在一个经济社会中维护自由的问题，或者说，是如何在一个商业社会实现创造与享受财富自由的问题。所以，他虽然也讲财产权问题，但不是以此对抗暴政，而是重在确立占有财富的稳定性。同样，他也重视法治，认为法治是现代工商社会和文明社会的基础，没有法治，也就没有个人的自由，没有创造财富和占有财富以及从事商品创造的保障，但是，他对于法治的理解不是重点在约束和限制政治权力的滥用方面，而是在于自由秩序的稳定和个人自由的边界上面，在多篇论文和《英国史》的相关论述中，他眼里的法治，是如何达成个人自由与政治权威的协调与平衡问题，是一种自由边界的规则问题，而不是对抗暴政的问题。

所以，洛克与休谟由于所处时代的不同，对于自由与法治的理解是有所不同的，总的来说，一个是革命时代的自由与法治问题，问题意识是反抗暴政与构建政治的合法性，另外一个则是如何扩展经济自由的问题，解决个人自由与政府权威的规则边界；一个采取的是自然权利论和社会契约论，另外一个则是情感主义和历史演进主义。基于上述时代问题的不同，休谟对于自由与法治的看法，就转化为自由与权威的法治化规范问题上。他认为，在一个商业社会中，个人的自由无疑是十分重要的，没有自由的身份和自由的行为空间，尤其是没有自由的追求财富的激情，这个社会是缺乏生命力的，获取的自由也是没有保障的，难以稳定和持久占有的，所以，创造、占有、使用、支配财富和享受财富，以及在市民社会中自由地活动和行为，开拓任何可能的谋利发财的空间和机会，是商业社会的基本性质。但是，休谟又认为，个人的自由又是有边界的，是在一定的社会秩序之下、在遵守政府权威的前提下、在法律约束下的自由，所以，政府是必要的，它们是现代工商业社会的政治前提。政府要有权威，法律要有约束力，所以，自由与权威、个人与政府，就处于一种对峙的关系。如何取得自由与权威的平衡协调关系，既要尊重和维护政府的权威和法律的约束力，又要保障个人的自由，扩展自由的空间，激发财富的创造，促进工商业的蓬勃发展，这是一个成熟的现代社会的基本特征。休谟认为，这种平衡的标志就是法治，法治就是既保护和拓展个人自由又维系政府权威和行政施为的最好方式，英国之所以取得如此不错的历史成就，一个主要的原因是其具有悠久的法治传统。

第二，法治是自由与权威的调和剂。按照英格兰法律人的论述，英国的法治就是普通法的司法独立，是法官依据判例法而不受君主制约的司法裁决，并以此保障臣民个人的自由权利，这是英国普通法的传统。英国的自由主要是由这种司法裁决的专属权来培育和加强的，最著名的论述是大法官爱德华·柯克与君主詹姆斯一世的对话，对于这个流传甚广的故事，休谟并没有给予否认，他在《英国史》中列有专门讨论英国法律的章节，对于英国的法治传统多有析解与褒扬，认为英国普通法在抵御君主的独断专制、保障臣民自由，并能通过法律程序和法律技艺从而维护专属的司法裁判权，对于英国的文明演进居功甚伟。

但是，休谟并没有一味固守英国的法治传统，针对英国历史的实际情况，尤其是光荣革命后一直到与苏格兰合并的时代，他在一系列论文中，进一步对政府权威及其对于经济秩序的作用提出了新的看法。在此，他没有特别讨论英国的普通法，而是集中论述一般的国家法律，这一点与斯密的法律观大体一致，因为苏格兰实施的不是普通法，但面对的自由与秩序的问题与英格兰却是一样的，那就是，政府、政治权力和它们的权威是不可能忽视的，任何一种秩序，尤其是经济和商业秩序，都离不开政府的管制，但握有政治权力的政府，应该如何管制社会及其经济秩序呢？这就不能依据个人专制性的权力和独断意志，而是要通过法律加以整合治理。法律是什么呢？法律主要是来自对于社会自发秩序的承认、接受与汲取，因此，法治便是社会规则的权威性的统治，即法的统治。这里的法治，既有社会中的人的自由的最大化预期与正当性诉求，以及时间和传统的演进参与，又有政府权威的认可、接受，甚至转化为行政命令和法律规定的颁布实施，所以，法治必然是自由与权威的综合之融汇。在休谟看来，法治秩序之所以能够得到落实，法律规则之所以能够为人们所遵守，在于有政府权威的保障，自由是需要权威保障的，同样，权威也要符合自由之正义的标准。

正是在这个意义上，休谟认为自由是一种法治的预期，这就与把自由理解为反抗君主暴政的自然权利论不同，也与把法治理解为判例法的司法裁决的独立权不同，而是在承认政治权威的情况下，强调个人自由创造财富的预期不受政府权力的侵犯和限制，法治就是一种协调确认个人自由和政府权力的边界和规则，这个边界规则与其说是一种硬性的规定（法规和行政命令），不如说是一种预期，法治就是确保这个预期的稳定维系。由此，我们可以看出，休谟的思想又回到情感主义的规则理论上来，因为正是这种预期，使得一种工商社会的制度得以自生自发地演进出来。没有预期的激发，一个社会可以有权威与自由的平衡稳定，但不会有商业社会与文明社会的突飞猛进的发展，不会有鼓励创新与奢侈文雅的社会繁荣和科技进步。这也从另外一个方面解释了普通法的法治虽然源远流长，但为什么只有光荣革命后的"古今之变"，这个法治才促进了工商业社会和文明社会的发展演变。休谟认为仅仅有普通法是不够的，法治只有成为一种财富创造的预期，个人自由与文明发达才会结伴而至，这是拜工商业社会所赐。

第三，政府的起源与责任政府。如何才能使得个人自由从政治领域转为经济领域，法治成为一种自由的预期呢？休谟认为，正确地理解政府的权威与责任是非常必要的，在此，他提出了一种不同于社会契约论的政府起源论，并首次提出了人类如何对待作为"必要之恶"的政府的观点。休谟的相关思想主要集中在其《论政府的起源》《论政府的首要原则》《论议会的独立性》等几篇重要的论文中。在上述论文中，休谟提出了一个著名的人性恶的假设，并由此认为政府也是一种"必要的恶"。在人类的社会生活中，政府是必不可少的，说政府是恶的，这是欧洲启蒙思想的主要观点，从自然法和人类理想的角度来看，一个美好的乌托邦社会是不需要政府的。政府掌握权力，握有权柄，并大多实施专制统治，满足统治者的个人私欲或好大喜功的偏好，所以，在现实的人类社会中，政府和统治者大多是恶的，恶政或暴政，恶人或邪恶的专制独裁者，这样的黑暗统治在历史上比比皆是。

对此，休谟并没有完全像启蒙思想家们予以彻底批判和排斥，主张革命性的否定和摧毁，在他看来，由于人的有限性，能力、情感和知识等方面的有限性。一个没有政府的社会，或有些人所主张的无政府的自由社会，是不可能达到的，其结果甚至更糟。所以，一定的政府是必要的，即便政府是恶的，也是必要的恶，这主要是由于人的自私自利的本性，甚至他还提出了要从假设人性恶的角度来考虑政府的性质，这样，必要的恶就是可以容忍的。所谓必要性，就是社会生活需要政府的管理，政府要有权威，通过权威之手管理社会，为社会提供必要的秩序，从而塑造和平与有序的社会环境。

问题在于，政府的权威统治是如何产生的呢？休谟不赞同卢梭、霍布斯乃至洛克的社会契约论或政治契约论，认为它们只是一些理性的构想、逻辑的设计，并不具有历史的实际内容。休谟采取的还是历史经验主义，他考察了政府的起源，提出了政府以及政府权威的正当性与有效性的几种形式，诸如占领、征服、殖民、继承等，在他看来，虽然这些政府形式不具有自然权利论者所要求的绝对正当性与合法性，但它们还是具有一定的历史正当性与现实合理性的。换言之，这些政府体制一旦掌握了政权，统治了天下，实施政府统治时，就不能还是采取打天下的暴力手段来坐天下。要治理社会，管制臣民，上述政府不管是以什么方式建立的，无论为了自己的统治持久性、稳定性、有效性，还是从臣民的幸福、社会的和平来说，都需要采取一种新的方式，那就是法治。依法治国是任何一个政府都必须采取的统治方式，也是维护权威和人民福祉的最必要方式。

这样一来，休谟认为，问题就从政府权威的起源、统治社会的方式，转变到法治上来，法治变成衡量一个政府是否具有正当性以及判别其良善还是邪恶的主要标准。一个政府很可能是比较权威专制的，但只要有法治，政府实施依法治国，那么这个政府就还是一个较为文明的政府，一个不太邪恶的政府。没有任何法治，君主独断专行、肆意妄为，就是一个邪恶的野蛮的政府。这样的政府，其统治不可能长久，肯定会被人民的革命所推翻。从这个意义上说，休谟并不反对英国的革命，但他也不主张革命，而是一种我们今天所说的保守的自由主义，在当时他更偏向于托利党人的观点，他并不认为查理一世的君主统治是一个完全没有法治的政府，所以，他要为查理一世之死掬一把同情之泪。他的《英国史》往往被视为托利党的史观，与辉格党人的史观相对立，其实也并非如此，休谟在自传中就诉苦说他屡遭误解，其实他既不是托利党也不是辉格党，他就是他自己。

还是回到法治问题上来。究竟什么是法治呢？休谟指出，对于政府来说，法治就是要恪尽职守，法治就意味着责任政府，一个权威的有正当性的政府，不是要如何管制臣民，而是要约束自己的权力，通过法律明确政府以及政权的责任，其最大的责任就是造福臣民，为臣民谋求福祉，这样的政府才是良善的政府，才是善治，才能获得人民的拥护，实现持久的统治。所以，不是用枪杆子刀把子，而是用法律条文严加约束自己的言行，恪尽职守。法治对于臣民和社会来说，就是放松管制，还社会和人民以最大的自由，尤其是追求财富、言论表达和宗教信仰的自由，并通过法律和司法体制，保障人民的权利，使人民的合法追求获得政府的保护，让人民的自由与尊严获得最大限度的保障。所以，法治就是政府权威与人民自由的最好的调节器。一方面，法治使政府权威消除了暴虐和专横的性质，将其纳入为社会提供秩序、为臣民提供保障的责任范围之内；另外一方面，它也规范了个人的无法无天、私欲无度，将其纳入一种公共利益的规则之下，在合法的规则内充分发挥各种激情，尤其是财富和文艺的激情。

　　总之，在休谟看来，一个法治昌明的社会，必定是一个工商业蓬勃发展的社会，也是一个文明昌盛的社会，因为在这个法治社会之下，政府的权威被限制在提供社会秩序和安全的范围内，君主和贵族特权不得侵犯和掠夺市民社会的权利，反而转化为一种令大众尊崇的文明标志。这样就促进了一个商业社会的富足，同时也提升了商业社会的文明程度，致使工商社会演进为一个比农业社会更文明的社会。当时的英国，包括苏格兰，恰好正处于这个商业社会和文明社会的发展时期，休谟的思想与之密切相关，他特别注重商业财富和法治制度对于这个时期的英国和苏格兰所具有的基本性制度的意义。

四、休谟的文明政体论

休谟还提出了一个关于文明政体的理论。这个文明政体论被后来的理论家们严重忽视了，其实这个理论蕴含丰富，不仅上有所承，受到维科、格劳秀斯、孟德斯鸠等人的影响，而且极具创造性，对文明历史的演进提供了新的思路，即便今天依然有启发意义，在此值得深入探讨。

1. 孟德斯鸠的文明政体观

文明社会的核心在于文明政体。与古代的城邦政治相比，近代民族国家是伴随着神权政治的解体而出现的，市民社会的形成，新兴城市共和国的产生，商业与贸易的发展，公民权利的兴起以及人性的世俗开放等，这多种因素综合起来，迫切要求一个治理市民社会或民族国家的新的制度安排。17、18 世纪欧洲的社会政治思想处于一个所谓的启蒙时期，思想家们对于世界的认识不但有启蒙的眼界，还有历史的眼界，他们冲破神学束缚，开启民智，审视人类从野蛮到文明的发展历史，为本国的社会变革输入新的资源。这一历史潮流在法国，体现为对各个民族的风俗、礼仪、文化与制度的考察，体现为孟德斯鸠的《论法的精神》、伏尔泰的《风俗论》等一大批著述的涌现。这一历史潮流在苏格兰，则体现为考察一个社会或民族内部在演变过程中所形成的经济因素和法律制度的作用，体现为以大卫·休谟、亚当·斯密和亚当·弗格森为代表的苏格兰启蒙思想家的文明论思考。

在孟德斯鸠和休谟之前，维科的《新科学》曾经考察过历史政制的演变，但其中神学色彩浓厚，他有关从神权向民政制度演变的考察虽然重视历史，却忽视了经济与法律的重要作用。传统的自然法理论，如格劳秀斯、普芬道夫等人的国际法学说，虽然考察了法律对于世界各个民族的发展与交往的作用与影响，但那是一种国际的公法原则，显然不同于一个由经济和法律共同塑造的文明社会的机制研究。至于当时的各种社会契约理论，它们对于国家与政府的形成机制，只描述了一层单向度的历史演变，即从自然状态向国家状态演变的历史的理性逻辑，与其说是历史的演进逻辑，不如说是理性的演绎逻辑。

政体论说到底要处理两个基本的政治问题，即由谁统治与如何统治。传统的古典政治学区分政体类型的一个主要标准是有关统治者的人数问题，亚里士多德就是以统治者是一个人、几个人或多数人为标准而把政体分为君主制、贵族制和民主制（平民政体）三种基本类型。这种传统的分类虽然有很多优点，但有一个问题却被忽视了，那就是如何统治，即是否依据法律进行统治，这样一个根本问题在上述政体划分中并没有凸显其应有的重要地位。例如，同样是一个人统治，是否实行法治，在何等程度上实行法治，就使得统治性质具有了根本性的差别，绝对专制的君主政体，如东方的君主制乃至僭主政体就属于野蛮的政体，而有限的君主专制，如法国的君主制则属于文明的政体。正是看到传统政体理论以统治者人数为划分标准所带来的问题，孟德斯鸠才对法治问题十分强调，他的三种类型的政体分类便不是单纯依据统治者人数的多少来区分的，而是兼顾考虑统治是否依据法治并实现自由来区分的。

孟德斯鸠在《论法的精神》中提出了有关共和政体、君主政体与专制政体三种政体的性质及其动力原则的观点，其特色是区分了文明政体与野蛮政体。孟德斯鸠的君主政体指的是君主立宪制，它和共和政体都属于文明政体，而专制政体则属于野蛮政体。文明政体与野蛮政体的区分，在孟德斯鸠这里体现为根本性的差别，从思想史渊源来看，它们可以追溯到西方政体论中关于正宗与变态政体的区分。亚里士多德的政体论就有正宗政体与变态政体的分类，他按照正义的标准，依次划分了如下六种从好到坏的政体序列：君主政体——贵族政体——共和政体——平民政体——寡头政体——僭主政体。在亚里士多德看来，正宗的意味着符合正义的，变态的则是不符合正义的，前者是君主政体、贵族政体与共和政体，后者是僭主政体、寡头政体与平民政体。

　　亚里士多德的正宗政体与变态政体的划分，关注的主要是德性正义问题，回避了政体的自由与专制属性。自由政体问题不是古典政治学考虑的问题，而是近代启蒙思想以来的政治学关注的核心问题。孟德斯鸠三种政体的区分，从某种意义上来说把这个根本性问题凸显出来了。孟德斯鸠认为专制政体的性质是一个人依据他的意志和反复无常的爱好加以统治，其唯一的动力原则是恐惧，专制统治者用恐惧压制人们的一切勇气，窒息一切野心。相比之下，君主政体的动力原则是荣誉，共和政体的原则是各种各样的美德——共和政体有很多类型，每个不同类型的共和政体追求不同的美德。孟德斯鸠心目中的理想政体是英格兰的政体，而英格兰政体是一种混合政体，这一混合政体的动力原则是自由。

　　从这里应该可以看出，孟德斯鸠把专制问题简单化了，在他那里专制就是以恐惧为原则的个人专横统治，至于专制的程度区分，他并没有给予足够的重视。按照他的推论，专制政体就是野蛮的政体，专制等同于绝对专制，因此等同于野蛮。这样一来，虽然是在理论上解决了问题，但却并不符合历史的真实状况，因为欧洲近代以来的很多君主政体都或多或少具有着专制的色彩，即便是法国的专制君主制也不能完全说它就是一种野蛮政体，固然像路易十四那种"朕即国家"的专制统治是一种个人的独断专行，但并不能否认即便是在这种政体之下，法国社会依然经济发达、文化昌盛，是当时欧洲文明的中心。

2. 文明与野蛮二阶政体论

苏格兰启蒙思想的一个突出特征就是从历史的角度考察社会的本性，这与英格兰和欧洲思想家们对于历史的理解是不同的，他们通过对文明历史的考察，如政府、财产的起源以及知识、文字的起源，甚至审美、情感的起源等文明多个领域的历史考察，试图找出文明演变的内在机制。他们关于人类历史形态演变的考察不像法国思想家那样偏重于风俗与文化，而是偏重于经济动力和法律制度对于文明社会的塑造作用。例如，斯密在《法学讲义》的演讲中就系统地论述了这个演变过程中的法律制度，考察了不同社会形态之下的政府体制与法律规则。

休谟也是如此，他并不像法国的启蒙思想家那样，认为人们可以事先通过理性的计算而主动地建立起一种政治契约，由此组成一个国家或政府，在他看来，政府是一个逐渐形成的过程，伴随着文明的进步和商业的发展一步步地演化出来。休谟的政府理论可以说是一种社会的进化论，一种哈耶克意义上的自生自发秩序论，在其中通过人为的正义德性的制度转换和历史演变，逐渐建立起一个以法律制度为核心的政体模式。休谟在他的著作中系统地考察了近代以来西方社会的诸多政体类型，指出这些文明程度不同的政体的共同基础在于人性与法治。

休谟认为人类的历史大致经历了四种基本的社会形态。第一种是极少文明的野蛮社会，在那里还没有出现主权之类的事物，例如美洲的印第安人就是如此。第二种是古代希腊、罗马社会，虽然存在少许的贸易，但工业并不发达。政制形态有多种类型，城邦公民相互平等，共和精神和民主意识都很强烈。第三种是封建社会，经济上主要依靠农业，封建等级普遍存在，国家有统一的法律，在法律下人人平等，但生产技艺落后，生活简陋，无高雅兴趣。第四种社会是近代以来的商业社会，有关这个社会的经济、政制与文明的内容是休谟论述的中心，他的一系列著作都是围绕着这个近代社会展开的。总的来说，休谟实际上已为我们大致勾勒了一个从原始渔猎社会、古希腊罗马社会、封建农业社会到近代以来的商业社会的文明演变史。

这个演变史尽管受到了格劳秀斯等自然法学派和法国启蒙思想的影响，但如此明确地描绘出这条线索，休谟的贡献仍然是巨大的，对斯密、弗格森的社会历史理论也都有所启发，他们共同构成了18世纪苏格兰思想有关文明社会论的主要内容。例如，斯密沿着休谟的路径，着重考察了不同社会形态下的法律制度的演变，为我们勾勒出了一个从古代游牧民族到当时欧洲社会的各种政治体制和法律制度的演变图表，包括野蛮民族政府的由来、游牧民族政府的由来、小部落酋长政府、贵族政治发生的方式、侵略性小共和国和防御性小共和国的崩溃，以及专制政治瓦解以后欧洲发生的各种政体等。

休谟不赞同各种社会契约论有关假想的原初自然状态的存在，但他并不否认人类文明前的游牧渔猎社会的存在，在他看来，问题的关键是从上述野蛮社会到文明社会转变的机制。休谟强调经济动力与法律制度对于文明社会的机制性推动作用，他认为文明首先是一种制度，这一观点与他的政体论是密切相关的，是构成野蛮与文明之别的关键所在。文明与野蛮之区别，固然体现在生活状态、生产技艺、思想意识、知识文化等方面，对此，当时的博物学家、旅游家以及传教士都曾有过大量的描述，他们为当时的欧洲人提供了一个世界各地，尤其是东方社会、非洲大陆和美洲印第安人蒙昧生活状态的景观描述，但对休谟来说，文明本质上是一个政治或法律的概念，文明的进步本质上意味着法律与自由的进步。

在休谟那里，制度表现为经济与政治两个方面。野蛮社会根本就没有真正意义上的生产与商业行为，也没有以追求财富为主要动力的经贸往来，在那里只是简单地依靠天然的自然环境而一次性地满足基本生存的欲望。而在文明社会中，人们可以克服自然环境的匮乏，通过劳动特别是分工来进行商品交换和经贸往来，并在这个过程中生产了知识，积累了财富，创造了文明，从而建立起一个文明的社会。就政治方面来说，野蛮社会受丛林原则支配，人们之间不是相互为敌，就是受制于一个野蛮君主的专横统治，而在文明社会，人们却可以通过正义的规则建立起一个政府，并在权威政府的法律统治之下获得基本权利的保障。特别是近代的立宪制度，则在更高的制度层面上塑造了一个自由、富足与繁荣的文明社会。总之，文明社会与野蛮社会的根本区别在于制度的不同，或者说文明社会正是有了制度的保障才使人从蒙昧状态走出来，享受经济繁荣与政治昌明的果实。正是在制度文明的基础之上，人类文明的其他要素，如文学艺术、科学技艺、审美感受乃至奢侈品的创造等才成为可能。休谟在一系列论文中分别考察了文明社会的各种良好品态，谈审美，谈趣味，谈雄辩，谈写作的简洁与修饰，谈鉴赏力的细致与情感的微妙，谈艺术与科学的起源与发展，谈技艺的日新月异，谈人性的高贵与卑劣，这些都是他关于文明社会内容的具体品察。

休谟虽然没有构建斯密那样的法学系统理论，但他的一系列政治、经济、道德与文学论文，同样为我们揭示了一个人类社会从野蛮到文明的政体形态与法律制度的变迁，其中最具理论创造性的是他提出了一套"文明政体"的理论。我们看到，休谟考察了一系列不同形态的政体，诸如专制政体、自由政体、共和政体、混合政体、民主政体、绝对专制政体、君主政体、君主专制政体、民主共和政体、东方专制政体、温和政体、野蛮政体、僭主政体等等。我认为，休谟理论中的这些政体形式并不是平行排列的，如果仔细研究休谟的政体理论，就会发现其中隐含着一个内在的政治逻辑，即隐含着一个有关人类政治体制的二阶划分。休谟政体论的突出贡献，就是在政体形态的二阶划分中，用野蛮与文明作为一阶划分的标准，而以文明的程度作为二阶划分的标准，从而对孟德斯鸠的比较简单的文明政体论做了实质性的深化。通过对上述大量的政体形式的考察，休谟做了二阶的层次划分：首先，野蛮政体与文明政体的划分是一阶逻辑；在一阶的基础上，才有所谓二阶形态的政体区分。

虽然，有关野蛮与文明的一阶划分在休谟的政体理论中是隐含的，不是休谟所要分析与研究的主要对象，但我们不能因此就忽视了它的基础性意义，否则就不能准确地理解休谟的政体理论。这一点，要联系到休谟和孟德斯鸠对专制的不同看法才能获得理解。休谟与孟德斯鸠一样对于专制问题格外重视，不过休谟的思想要更为复杂和深刻，在他看来，对于专制应该有程度上的衡量标准，而这也正是休谟的文明政体论超出孟德斯鸠文明政体论的地方。

休谟认为文明政体可以有许多不同的种类，但是野蛮政体本质上只有一种，即追求绝对无限暴力的专制政体，在他那里这种野蛮政体主要是指东方社会诸如波斯、土耳其的君主专制政体。但是，休谟实际上并不关心波斯之类的野蛮政体究竟如何，他也没有就此专门讨论过，如果我们仔细分析、挖掘其背后的涵义，我们就会发现这种野蛮政体在休谟的心目中还有另外几个版本，他是以东方的绝对专制政体为野蛮政体的正版，并以此为参照而评论欧洲社会的政体类型。在这一点上休谟采取的是皮里春秋的笔法，影射当时欧洲历史上曾经存在过的一些绝对专制的政体，例如僭主政体在他眼中就是如此，克伦威尔的独裁也是如此。休谟的政体思想虽然在政体形态上吸收了孟德斯鸠的分类理论，但他有关政体区分的实质标准却与孟德斯鸠的文明与野蛮简单二分的标准大不相同，他更关注自由政体的历史性发生和演变，更关注不同程度的文明政体的衡量标准。在休谟的政体论中，这个文明政体的衡量标准就是，各种文明政体中的相对专制究竟达到何种程度——文明政体的衡量就转换为对专制程度的衡量。

正是因为看到了专制问题的复杂性，所以休谟并不像孟德斯鸠那样对政体采取简单化的一概而论，他感到专制程度是一个值得认真研究的重要问题，他隐含地把专制的程度作了绝对与相对的划分，认为只有绝对专制的政体才是野蛮政体，而一些相对专制的政体仍不失为一种文明政体。在他看来，区别专制程度的标准不是随意的，也非孟德斯鸠的恐惧原则所能解决，因为恐惧正像专制一样也是一个在量上无法加以衡量的东西，是一种心理感受。针对这个问题休谟开辟了一个政体论的新路径，他高度重视法律制度的重要性，把法治原则纳入到划分野蛮政体与文明政体之专制程度的区分上。在休谟看来，区别绝对专制与相对专制的核心标准在于是否存在着法治，而不是在于是否由一个人、多个人或全体人民成为统治者这样一个传统政体论的划分标准；对相对专制的衡量，则以法治的实现程度为衡量的标准和依据。也就是说，通过法治这一实质性的制度转换，有关专制程度的量的区分而变成在客观上可以予以衡量的。

由于考虑到专制有一个程度的问题，休谟就把孟德斯鸠的理论向前推进了一步，他通过把法治这一根本性因素作为衡量专制程度的客观标准并放到一个首要位置，因此，对于政体类型的划分与传统的古典政体论的一般划分有了很大的不同。虽然他也同时接受了传统政治学按照统治者人数划分政体类型的分类标准，但对他来说，它们只是二阶政体形态层面上的政体分类。休谟通过把法治导入政体理论，从而提出了一个二阶的实质性政体理论，即一阶是有关野蛮政体与文明政体的划分，它以是否存在绝对的专制为衡量标准，至于如何衡量专制的程度，则取决于法治这一根本性尺度。在野蛮与文明的一阶层面上，关键在于法治之有无，在文明政体的二阶层面上，政体的优劣则在于法治之程度。这样一来，关于专制的论述，就克服了孟德斯鸠的简单化之不足。我们根据休谟隐含的政体理论，可以分析、考察不同的专制政体，这些专制政体并不都是平行排列的，并不都只是形态的不同，它们之间可以有本质性的差别，绝对的专制政体与有限的专制政体是大不相同的，前者属于法治之无，后者存在着一定程度的法治，绝对的专制政体是一种野蛮政体或准野蛮政体，而相对专制的政体则大多属于文明政体。

休谟有关政体类型的二阶理论，就使得政体分类不再是单纯形式上的区分，而具有了实质性的内容。例如，同样是专制政体，在传统的分类标准之下只是一种类型，但对于休谟来说，就具有如下几个性质不同的形态：一个是绝对的专制政体，如东方的专制君主制，以及欧洲的某些暴政统治，它们属于野蛮政体；另一个是仅有君主专制形式的法治政体，它们以英国的混合政体或君主立宪政体为典型，这种政体属于较为文明的政体，它的专制色彩是极其少的，为此休谟称之为自由政体；此外，还有程度不等的有限的专制政体，是一种介于绝对的野蛮专制与英国的自由政体之间的君主政体，如法国的君主制，它们也属于文明政体。

休谟文明社会论关注的核心问题，是从野蛮社会到文明社会的转型，他在多篇论文中一再指出了野蛮政体是一种绝对专制的政体，并把它与东方社会的君主专制联系在一起，这种野蛮政体并不直接等同于游牧、渔猎社会，因为在那里尚没有出现成熟的政制，政治的野蛮性是从那个社会演变过来的，这种演变并没有像欧洲的政治社会那样走向一种文明化的道路，而是走向一种绝对专制的道路。东方社会大多就是如此，它们不同于游牧、渔猎社会，已经具备了十分完善的政制，但并不是欧洲那样的文明政制，而是野蛮政制，其野蛮性质并不体现在生产方式、生活形态、风俗习惯等方面，而在于政制方面。尽管东方的野蛮社会在很多方面超越了原始社会的贫乏和低下，甚至有时在某些方面，如制作技艺和物质财富方面优于欧洲一些国家，但因为它们的政治制度的绝对暴力和专横性质，因此仍然可以称之为野蛮社会。西方现代政治文明的建立，主要是走上了一条文明政体的道路，建立了不同于东方社会的政治社会。从前现代社会向文明社会、向政治文明的现代宪制的转型机制只能是商业社会的发展与法治的进步，最终到立宪政府的达成。

休谟重视有关政府起源的考察，正是在这个起源问题上，休谟与契约论的理论家们拉开了距离。契约论总是义正词严地寻找政府的正当起源。但从历史的角度来看，实际上从来就没有一个政府是完全建立在相互同意的理性契约之上的，随便考察一个人类历史上的政府形态，我们都不得不承认这样一种现实，那就是几乎没有一个政府建立在人民的同意之上，它们无不是通过政治上的强权，通过征服、掠夺而建立起来的。休谟并未像洛克那样用契约论去论证政府的文明起源以及随之而来的权威，他宁愿采取另一种方式论证政府的权威；休谟的现实主义道路意味着，没有什么政府在起源上是没有原罪的，但是起源上的肮脏和野蛮并不取消后来走向文明和向善的可能性。休谟认为尽管政府在起源上无法排除强权和野蛮，但是政府毕竟是有益于公民的共同利益的，是人类社会必要的恶，实际上任何政府一旦产生之后，其合法性与正当性就不再基于人民的原初同意与否，政府的权威随着统治时间的持续而自然地形成。

　　休谟指出，一个政府是否合法与正当，关键看它在统治过程中是否能够保持长久的稳定，并且满足人民的共同利益，看它最终能否走向法律规则之治，而不是依据统治者个人的独断意志进行统治。所以，政府的权威及其正当性依据并非来自起源上的神圣，而是在政府的持久延续，特别是在政府稳固地实施法治并走向立宪主义的过程中逐渐形成的，并在这个法治和立宪的过程中逐渐获得人民的认可和同意。用我们今天的话来说，就是看在历史进程中最终能否走向政治文明范畴下的法治和立宪主义。休谟的这种经过历史演化而逐步达成法治政府和立宪政府的道路，是一种历史主义的文明演进之道。

第六讲

斯密的《道德情感论》

亚当·斯密也是苏格兰启蒙思想的重要人物，尤其在道德哲学和政治经济学方面，具有开创性的理论贡献，影响深远，他与大卫·休谟被思想史界视为苏格兰启蒙思想的双子星座。不过，人们对于斯密的认识，就像认识休谟一样，也有一个逐渐深入的过程，从把他视为一位现代经济学的开创者，到一位深刻的道德思想家，再到把他视为一位熔经济学、道德学、法理学和文明论于一炉的综合性的伟大思想家，也不是一步到位的。其中也有曲折，甚至有误读，但随着历史的变迁，在西方的学术界乃至公共知识领域，直到晚近三十年才有了一种重新理解斯密的道德哲学乃至经济学的呼声，并出现了众多研究性成果，从而使得我们能够穿越专业经济学的束缚，从文明演进的历史高度，理解他对于早期资本主义的经济、政治、法律、道德与文明具有前瞻性的看法。

　　斯密被视为现代经济学的创立者，但他自己并不是这样定位自己的，甚至可以说，创建一门新的经济学科，并非他的自我期许，而是无心插柳的附带成果。他与当时的苏格兰启蒙思想家们一样，主要面临和思考的乃是一个现代的英国社会，在工商经贸自由发展的情况下，国民财富的性质与原因及其如何正当化的道德问题，尤其是在现代工商业和市场经济的文明社会下，道德是如何形成的，或者说，一个国民财富创造与扩展的社会，是否存在着一种道德规范，以及这些道德是如何与财富的激情和市场经济的运行密切相关、相辅相成的，这是斯密终其一生所思考的大问题，也是文明社会进展到他那个时代所面临的首要问题。作为一位思想家，他深感应该回应这些问题，他的几部主要著作，《国民财富论》《道德情感论》，以及《法学讲义》和其他演讲稿，都是围绕着上述问题思考的。作为一位严谨而审慎的思想家，斯密晚年的主要精力都用在了修订完善他的两部书稿上面，他四次修订《国民财富论》，七次修订《道德情感论》，直到去世时都还没有完成最终的修订。至于其他的几个演讲稿，他在去世前皆因不甚满意而付之炉火，好在他的学生留下了记录稿，后人才有幸可以看到。

斯密的道德哲学思想，不仅体现在数易其稿的《道德情感论》一书中，还体现在《国民财富论》和其他讲座稿之中，所以，我也分两讲讲授斯密的道德哲学，一讲是《道德情感论》，另外一讲是《国民财富论》。当然，正像休谟一样，斯密的道德哲学也不是狭义的，而是一种苏格兰启蒙思想品质的道德哲学，其中包括了现代思想的基础原理，涉及政治、经济、社会、法律、历史与文明等多个方面，具有为现代资本主义或市民社会确立道德正当性的理论意义。

一、《道德情感论》与《国民财富论》

斯密与休谟一样，也是出身商人之家的孩子，1723 年出生于苏格兰一个名为科尔卡迪的小镇。他先是在当地最好的市立学校读书，1737 年未满 15 岁时便去格拉斯哥大学读书，完成古典学、数学和伦理学等课程，学习努力，成绩卓越。1741 年，斯密在获得文学硕士之后，就赴英格兰的牛津大学学习了七年。由于不满牛津大学当时的学术混乱，1746 年斯密回到苏格兰，先是在爱丁堡大学担任讲师，讲授英国文学，1750 年受聘于格拉斯哥大学担任伦理学、自然科学、道德学的教授，这期间他曾经到法国和欧洲游学了一段时间，1758

年斯密被任命为格拉斯哥大学图书馆的财务主管。1759年斯密出版了《道德情感论》，引起了学界的争论，获得好评。1763年斯密辞去了格拉斯哥大学的教职，担任巴特勒公爵的私人教师，陪同其游学法国，返回英国后斯密获得了优渥的报酬，后来又担任苏格兰海关专员和盐务专员。由于衣食无忧，斯密专心致力于《国民财富论》的写作。1776年《国民财富论》出版，此书影响巨大，斯密由此获得了广泛的国际声誉。斯密在晚年致力于《国民财富论》和《道德情感论》的修订，直到1790年去世。与休谟一样，斯密也是终身未婚。目前有多部传记，比较不错的有伊安·罗斯的《亚当·斯密传》，当然，最真实质朴的还是斯密同代人杜格尔格·斯图尔特撰写的《亚当·斯密的生平与著作》。

斯密一生的著述并不宏富，说起来主要由三部分构成，一是《国民财富论》，一是《道德情感论》，还有就是《法学讲义》及其他小型作品。其中《国民财富论》和《道德情感论》最为出名，也得到他自己的认可，但都经历了数次修改，像《道德情感论》就修改了七次，第七版还是在他去世后，由后人编辑出版的。至于其他作品，他并无意出版，而是在他去世后，后人根据收集的各种文献，陆续编辑出版的。为了弥补研究斯密思想理论的缺憾，后人还编辑了斯密的通信集，这部通信集记录了大量的他与同时代的学界及亲朋好友的通信，这些对于研究斯密的思想非常重要。本讲主要是讲斯密的《道德情感论》，当然以这部著作为蓝本，由于这部书是斯密最为看重也最为用心的作品，他先后修订了七次，所以，我们主要是阅读第七版，但也参考其他版本。这里我要予以说明的是，斯密的道德思想集中体现在这部书中，但也不全部如此，对于他的道德思想，我们要有一个更为广阔的视野，他的经济学乃至法学讲义等，都是其道德思想的一部分，都是围绕着他的道德核心问题展开的，关于这些方面的内容，我将在下面一讲专门讨论。

谈到斯密的两部著作，它们已成为中外经典，在具体讲解它们之前，我觉得有必要对于它们书名的中文翻译，做一个说明或梳理，这对我们准确理解斯密的思想理论很有必要，否则这些中文译名的通俗化理解，会导致对于斯密思想的误读。下面先说《道德情感论》，这部书的英文是 The Theory of Moral Sentiment，目前国内有多个译本出版，最早和流传最广的是商务印书馆 1997 年蒋自强等翻译的版本，名为《道德情操论》。此外近些年来又有多个译本，有译为《道德情操论》的，也有译为《道德情感论》的。据悉，浙江大学出版社启真馆正在筹备斯密全集的翻译，由罗卫东教授主持，他们准备把这部书翻译为《道德情感论》。我大致同意罗卫东的观点，应该说译为《道德情感论》比较准确，原因有二。第一，sentiment 的英文含义主要指一种情感状态，并不具有太多的道德含义，用"情感"翻译这个英文单词比较符合原意，而"情操"在中文语义中已经非常道德化了，这样就把非道德性的其他情感状态排除掉了，与斯密的原意不太符合。第二，就斯密的道德思想来看，他并不是积极的道德理想主义者，他关注的很多情感都是前道德性的，而道德情感的产生有一个发生演进的心理过程，不是先天就有的，他与休谟一样，都属于情感主义，道德情感是通过想象力、同情心等机制激发出来的一种高级的情感，所以，翻译为"道德情感论"，更能准确地表述斯密的思想。但约定俗成，由于《道德情操论》已经为中国读者广泛接受，使用这个书名也无不可，但要理解这里的"情操"，其实具有丰富的含义，有道德性的情感，也有非道德或前道德性的情感。在本课程讲座中，我使用的是《道德情感论》书名，指的就是大家习以为常的《道德情操论》此书。

相比之下，斯密另外一部著作的译名问题更多，处理起来就比较麻烦，但正是鉴于此，更有必要予以澄清和说明。这部书的英文书名是 An Inquiry into the Nature and Causes of the Wealth of Nations，斯密写于格拉斯哥大学和科尔卡迪的老家，1776 年出版第一版，此后陆续修订了四版。斯密作为格拉斯哥大学的道德学教授，他写此书，并不是完全在研究经济问题，而是其道德思考的一个副产品，因为他与休谟一样，要处理的是工商社会财富问题的道德性问题。所以，商品的生产、交换与流通、市场经济，以及政府与财富的关系，等等，就成为商业社会或早期资本主义的关键问题，斯密对此深入研究，完成了这部著作，出版之后获得意想不到的成功，成为经济学的一部经典著作，竟被视为现代政治经济学的开山之作。关于这部书具体的思想蕴含，我在下面一讲专门讨论。此书对西方经济学产生了巨大的影响，大致有三个谱系。一个是对主流经济学的影响，另外一个是经过李嘉图对马克思的影响，还有一个是对制度经济学（包括奥地利经济学）的影响。说到此书的中文翻译，最早和影响最大的是郭大力和王亚南在商务印书馆出版的译本，商务印书馆多少年来一直沿用的是这个译本，书名有正副两个，主书名是《国富论》，副标题是"国民财富的性质和原因的研究"。按说，这个译本的副标题是非常准确地翻译了斯密此书名的原义，如果为了书名的简洁扼要，也应该取名"民富论"或"国民财富论"，而不是"国富论"，所以，我认为把斯密此书名译为"国富论"，无论是就英文的原义还是依据斯密思想的原义，都是不准确的，甚至是错误的。

第一，wealth of nations，英文什么意思呢？国富论之国家，按照中文的意思，这里的国或国家，应该是 state，这个国家作为一种政治体制，才是国富论的主体；但是，它与斯密的这里的 nations 在语义上是不适合的，nation 的意思是民族，它不是个人主义意义上的个体，而是国民的一种较为综合的表述，但又不是政治性的国家政权，不是利维坦。此外，在当时的英格兰和苏格兰，还没有后来盛行的民族主义之泛起，更没有德国思想界后来兴起的那类民族主义。所以，斯密使用该词汇的意思是指国民群体，而且斯密并不是从法学和政治学来看待这个问题的，主要是从财富来看的，尤其是从社会财富来看的，而不是从私人的个体财富来看的，英文的 wealth 主要指的便是这种国民的社会性财富。所以，从上述两个词汇的英文含义来说，斯密的这部书的书名，显然不是汉语意义的国富论，或国家政权的财富总汇，而指的是国民财富的总和，这个总和的主体是社会共同体，不是国家，它是国民的一种松散的集合体，或者说，是运行在市场经济中的所有国民所拥有的一种社会财富的总和。所以，用国民财富，取代国家财富，以及个人财富，则更为准确地反映这个英文的含义。

第二，其实，这个问题斯密已经有明确的说明，他在书中曾经以税赋为例指出，他所谓的国民财富，指的便是一个国家的年度总收入扣除国家税收之外的全部收益的总和。按照斯密的这个意思，国民财富不但不是国家税赋的总收入，反而是要把这个税赋减去之后的属于社会全体国民的经济收入的总和。他的这部书就是对这个社会经济总收入即国民财富的性质与原因的研究，实际上就是探讨市场经济中的商品生产、交换、流通与分配的基本内容和原理，揭示现代社会财富增长的秘密。因此，也就创立了一门新的现代经济学，因为他提出了前人没有发现的有关劳动分工、商品交换、贸易流通、货币金融以及政府职能等方面的现代经济学的基本原理。在此，中文意义上的国富论显然与他思想的本意差别甚大，甚至相反，国家如何创造财富，如何占有、管理和使用财富，这些根本不是他的研究内容，反而是他要予以祛除的东西，因为他的经济学是现代工商社会的经济学，是以自由市场经济为主导的。

综上所述，我建议用《国民财富论》作为斯密这部著作的译名，但是，由于郭大力、王亚南的翻译已经成为中文经典，商务印书馆长年累月地予以反复再版，传播广泛，影响巨大，读书界很少有人提出质疑，只有罗卫东等学者表述和发表过与之商榷的文字，但反应者寥寥。我认为，为了准确而正确地理解、研究和传播斯密的思想理论，有必要使用更契合斯密思想和英文原义的书名，因此，在本课程讲座中，除了特别的情况，我一般都用《国民财富论》替代《国富论》，这一点请同学们明察。

在初步讨论了斯密道德思想的宏观社会背景，以及他的两部经典著作的中英文书名的翻译之后，下面我就进入关于斯密道德情感论的正题，不过，探讨这个正题还要先从两部书的相关问题说起。

1. 德国思想中的"斯密问题"

在西方经济思想史研究中，对斯密经济学的历史定位一直变化不断，主流理论一般都认为斯密的《国民财富论》开辟了现代经济学，其主要贡献是提出了劳动分工理论、自由市场理论和"看不见的手"的机制，而这些都基于一个前提预设，即理性人的假设，或者说，现代的自由市场经济需要假设参与者个人是一个自利的理性人，在这样一个假设下，现代的市场经济秩序才能运行。这也是斯密《国民财富论》一书的基本假设，这个假设以及相关的自由市场原理，形成了后来的古典经济学、新古典经济学、效益均衡学派和芝加哥学派，等等，这些主流经济学都是在斯密的上述论说中发展演变出来的，两百年来一直是西方经济学的主流。但是二战之后，西方经济学有所分化，出现了凯恩斯与哈耶克关于福利国家的论战、奥地利经济学与古典经济学关于社会主义的论战，等等，这些促使人们重新回到斯密等早期理论家的经典作品，寻找思想灵感，斯密的《道德情感论》开始受到经济学家们的重视。人们不再把此书视为一部与经济学无关的伦理学著作，而是从道德情感的视角理解斯密的经济学和《国民财富论》，理解自由市场经济和分工理论，尤其是理性人的假设，这样一来，就发现斯密《国民财富论》的一些基本观点和经济学原理受到他的道德情感论的挑战，或者说，两部书的基本观点发生了很大的分歧，斯密这位现代自由市场经济理论的创建者，他认同的究竟是何种经济学呢？这是重新思考斯密学说所带来的一个重大疑问，另外，斯密还是一位自由主义经济学大师吗？他的经济学还需要一种理性人的假设吗？如果需要，那与《道德情感论》中的情感人，是什么关系呢？这些问题随着《道德情感论》的重新被重视，随着斯密思想的晚近复兴，原先经济思想史中的斯密经济学的定位就面临重大的挑战。

其实，上述问题并非晚近三十年才被提出来，早在 100 年前，关于斯密的《国民财富论》与《道德情感论》之间的关系，尤其是斯密经济学的基本预设与斯密道德学对于人性情感的论述存在着不小的分歧，就被一些德国经济学家们提了出来，当时称之为德国经济思想中的"斯密问题"。近三十年以来，随着《道德情感论》受到广泛的重视，并在英语学术界的主流经济学和道德哲学等领域引发重大的思考与讨论，德国思想界的这个"斯密问题"又被激活。谈斯密的经济学与道德哲学，绕不开他的两部重要的著作，斯密关于经济领域和道德领域的基本观点，它们之间的关系究竟是怎样的，这涉及斯密思想的重大理论创建问题，为此，有必要回应德国思想界中的斯密问题，还有晚近斯密思想复兴所带来的相关问题。我认为，所谓德国思想中的斯密问题，有狭义和广义两个层次的理解。狭义的理解就是一百年前德国经济学研究者们提出的那些老问题，它们早在斯密思想的晚近复兴之前，就被德国人提了出来，并且有了初步的结论。至于广义的理解，则脱离了德国语境，主要是从晚近斯密思想在英美主流思想界的背景下，重新理解斯密关于《国民财富论》与《道德情感论》之间的关系，修正人们对于斯密关于理性人和道德人的理解偏差，重回苏格兰思想的轨道，寻找它们之间的契合关系。

德国学者在一百年前提出了一个问题，他们认为亚当·斯密的两部著作，其基本观点是不兼容的，甚至是相互对立的，由此否定英美主流经济学对于斯密经济学的认知和推崇。在他们看来，一个大师级别的理论家怎么会有两个不相容的基本观点呢？在《国民财富论》一书中，斯密被理解为创立了一套基于理性自利人之上的现代资本主义的自由市场经济的经济理论。这个经济理论的基本假设是存在着一个理性的自利人，作为个人主义的自由自利主义者，他们参与市场经济，并在看不见的手的市场机制的调整之下，追求最大化的个人利益，从而塑造了一个现代经济秩序，包括从分工到交换和贸易以及分配等整个商品运作过程，由此促进了资本主义的经济发展与繁荣。所以，理性的自利人就是一个理性的经济人，这个经济人把市场利益视为个人自由参与市场的出发点，每个人只有作为这种以自利为主导的理性经济人，才能形成资本主义的市场经济。现代经济学就是以理性经济人或自利人为基本假设而建立起来的，其中关于劳动分工、等价交换、自由贸易和有限政府等一系列经济学的基本原理，都需要这个前提的预设，否则，现代市场经济秩序就难以实现。在斯密经济学理论的视野之下，道德学或伦理学是不存在的，或者说，在自由市场经济领域，是不需要甚至是排斥道德哲学的，纯粹的经济学是不讲道德的，只能以理性经济人的自利假设为基点，以经济效益、市场均衡、利益优化、成本效率等为经济行为的标准。

问题在于，斯密还有另外一部他自己更加重视并且写了一辈子的《道德情感论》，在德国学者看来，这部书提出了一个与斯密经济学完全对立的道德学说。他们认为，斯密的道德学是一种基于在利他主义原则的道德理论，斯密通过一套中立的旁观者的视角，提出了一个与理性经济人或自利者完全不同的道德人的假设，这个市民社会的道德人的假设，就与经济学的理性自利人的假设完全不一致，成为斯密道德思想的核心。这样一来，德国学者的问题就被尖锐地提了出来，一个建立在利他主义道德学基础之上的理论家，怎么能够同时建立起一个以自利的理性人为中心的现代经济学呢？由于斯密的两部书的基本观点或根本预设是对立的，那么，不是斯密的思想混乱不堪，就是现代经济学误读了斯密的经济学理论，片面地发挥了斯密思想的一个方面，而把斯密思想的更为重要的另外一面抛弃了。所以，现代经济学所继承的斯密理论是有问题的，德国学界的结论偏重于后者，他们谈斯密问题，主要是基于德国民族主义经济学的背景，以此反对现代的英美主流的自由市场经济学。

上述就是狭义的德国思想界的"斯密问题"，这个问题虽然被关注和讨论，但并没有受到英美主流经济学界的重视，因为英美经济学界普遍认为德国学者对于斯密《道德情感论》的认识是有很大偏差的，大多是从翻译的只言片语中理解斯密的思想，并没有深入研究斯密的全部思想作品，加上德国经济学的国家主义色彩，所以德国思想界中的"斯密问题"后来就被翻篇了，在英美学界很少有人提及。不过，随着晚近三十年斯密思想的复兴，尤其是他的《道德情感论》越来越受重视，德国学者曾经提出的"斯密问题"就重新被翻了出来，并在经济全球化的新语境下受到重新关注，这个就是我说的广义的理解。这个新的视角涉及如下三个方面的问题。

第一，德国学者质疑的是：英美主流经济学把理性的经济人或自利人视为斯密经济学的核心理论，并且由此发展出来的现代经济学各个流派，是否完全忠实于斯密的《国民财富论》以及《道德情感论》的思想，他们对于斯密思想的理解与发扬光大是否存在一定的偏差？显然，这种质疑是有道理的。换言之，现代经济学把理性的经济人视为现代经济学的原初出发点，把经济秩序视为一种基于个人利益的理性计算的市场经济行为，这多少偏离了斯密思想的原意。那么，究竟什么是理性，什么是经济人或自利人，市场经济是否就是经济理性的逻辑演绎，自利人就是没有同情心和仁爱情感的自私自利呢？道德究竟在市场经济中扮演什么角色，看不见的手只是理性的无知之幕吗？这些问题都是现代经济学要重新思考的问题，那种教条主义的市场原教旨主义，理性经济人的刻板预设，都将受到来自斯密《道德情感论》的挑战。

第二，现代经济学的基础理论有短板，是否就意味着德国学者的观点正确呢？情况并非如此。德国学者对于斯密道德思想的重视是必要的，暗合晚近斯密思想的复兴倾向，说到底这种复兴也是理性经济人的现代经济学面临困惑的一种返回斯密道德哲学寻求灵感的学术举措。但是，问题在于，德国学者把斯密的《道德情感论》也误读了，把斯密等同于简单的道德说教主义，等同于利他主义的传统助人为乐和慈爱的学说，这样就把斯密思想中的有关同情的自利心与合宜性的思想也排斥掉了，导致的结果就是把斯密的经济学与道德学对立起来，贬低了斯密经济学思想的创造性意义，并由此否定主流的现代英美经济学。所以，他们的观点并没有得到经济学界的广泛重视也是有道理的，因为斯密的经济学与道德学并非简单对立，理性的经济人与情感的道德人，也不是两种相互对立的预设，经济秩序与道德情感之间存在着内在的联系，具有着共通的问题意识，并且得到了斯密富有创造性的解决，这才使得斯密的思想呈现着广阔的包容性，并且对于现代经济学依然具有启发性的作用。

第三，既然现代经济学在继承斯密经济学原理方面有短板，德国学者对于斯密道德情感论的理解有偏差，那么，如何理解斯密的思想呢？那就是重新回到苏格兰思想的语境中，从当时苏格兰思想家们所面临的时代问题以及回应的理论构建中，寻找斯密思想的源泉。应该指出，斯密与休谟等苏格兰思想家一样，都不是简单地为了现代社会的经济效益问题提供经济学的理论，他们研究经济问题，甚至创建了一套现代经济学原理，乃是为了当时正处于转型时期的英国社会，提供一整套经济、社会与道德的系统化或综合性理论，其实质是为一个上升时期的现代工商业资本主义，提供一种正当性的道德与文明上的辩护。为此，他们非常重视财富生产与市场经济的现代工商业秩序，但是，更让他们关注的是这个工商经济社会的情感心理问题，即怎样的一种精神状态才使得这个社会不至于沦落为人欲横流的低俗社会，而演进为一个有道德的文明社会。他们都不信奉理性主义，而崇尚经验主义，在历史和心理方面，他们是文明演进论和情感主义论，所以，打通经济利益和人心情感，接续历史传承而又文明进步，实现人为道德与正义制度，就成为他们思想的主要内容，至于经济学或道德学，不过是上述核心问题的不同层面而已。现代经济学显然忽视了苏格兰思想家们的道德关怀，德国学者则是肤浅地理解了斯密的道德思想，如要真正把握斯密的核心问题的一贯性，并打通他的两部屡次修改之著作的沟壑，还是要回到苏格兰思想的历史脉络中，那里蕴含着现代社会发育的种子。

2. 斯密与其他思想家

斯密的《道德情感论》修订了七版，花费了数十年时间，其间思想观点也有很大的变化，与他相关的思想谱系的关联度也会发生变化，致使问题甚至张力性有所凸显。这些是我们理解和研究斯密的道德哲学所必须了解的大致思想背景。下面谈四点看法。

第一点当然是他的老师哈奇森。斯密在爱丁堡大学读书时，哈奇森曾经是他的老师，哈奇森的课程对学生们的影响是巨大的。就斯密来说，虽然斯密后来的思想理论偏离了哈奇森的轨道，自创一体，成为苏格兰启蒙思想的重镇，获得国际性的声誉，但追溯起来，哈奇森对于他的影响仍然不可小觑，大致表现在如下几个方面：其一，斯密在情感主义思想路径上与休谟一样，接续的都是哈奇森的路径，哈奇森开辟了苏格兰的情感主义，强调情感对于理性的决定作用，这在斯密的道德哲学中也是一条主线。其二，哈奇森对加尔文新教思想的汲取，虽然并没有被斯密全部继承，但哈奇森对罗马自然法与加尔文神学的沉思，对斯密晚年的思想也多有启发，斯密在《道德情感论》的多次修改中，尤其在第六版第三、六卷关于道德情感的内省和良心等方面的论述，就与初版的有关利益感的观点多有出入，加入了很多斯多亚主义和神学思考的成分，这与哈奇森的某种启示也不无关系。相比之下，休谟一生的道德思想大致保持着相当的一致性和连贯性，少有基督教神学的色彩，两人之间的反差在此就很大。其三，斯密显然不赞同哈奇森的第六感的纯粹道德官能理论，对于那种利他主义的道德哲学，他是不赞同的，但是，哈奇森的那种试图在情感自身的机能中寻找道德情感的努力，对于斯密试图通过想象力达成一种公正旁观者的合宜性视角，也是有启发性的。哈奇森的第六感官是一种设想，斯密的旁观者也是一种设想，它们具有一定的相似性。

第二点，当然就是休谟。斯密与休谟保持着一生的友情，他们俩思想和人生具有非常大的契合性，情投意合且思想观点一致，被视为学术思想史上的一段佳话，为人们所敬仰。大致说来，他们的思想观点大同小异，他们之间也相互影响、彼此砥砺，作为苏格兰启蒙思想的双子星座，都是世界级别的大师，各自创造了独具新意的思想理论体系。休谟是著名的哲学家和历史学家，斯密是著名的经济学家和法学家，同时他们又都是道德哲学家，两人相互关联，把苏格兰思想推向一个世界思想史的高度。仅就本课程所涉及的道德哲学来说，他们的关系大致有如下几点值得关注。其一，他们都是情感主义道德思想的推崇者，都把道德情感视为道德与工商业社会的联系纽带，并为现代资本主义辩护，纠结于共同的时代问题，他们的理论倾向和价值取向大致是相同的。特别值得指出的是，在情感论的从个人自利之心到利益和财富的激情，再到道德标准的制度生成等一系列情感主义的发生与演变机制方面，他们大体上也是相同的，以至于后来的思想史家总把他们放在一起加以论述。其二，他们在基本原则和思想倾向大致相同的同时，也还有很多具体观点的不同，这些分歧有些不是技术层面的，而是涉及道德哲学的重要问题，他们之间因此又呈现出张力性的关系，由此显示出苏格兰道德哲学的复杂性和丰富性。例如，通过心理的想象力达成的是共通的利益感，还是不偏不倚的旁观者的合宜性，在这一点上两人就有尖锐的差异；在如何看待奢侈问题上，两人的分歧也是很大的；还有，斯密晚年多次修订《道德情感论》，呈现出很深的神学与良心论的色彩，就与休谟的不可知论大为不同；在如何看到功利、效用、有用性，乃至对于英国功利主义的影响方面，两人也是不同的，休谟的影响更大一些；最后，在如何看待现代工商业的未来前景，或资本主义的私利扩张方面，休谟一贯的乐观主义与斯密晚年的悲观主义，也是不同的，上述这些不同，我在下面讨论斯密道德哲学的内容时，还会专门论及。

第三点，是英国的思想，首先是同时的曼德维尔以及法国的爱尔维修等利己主义道德思想。前面论述休谟时我已经谈到，曼德维尔对于苏格兰道德哲学是有很大刺激性影响的，斯密的《国民财富论》和《道德情感论》都把曼德维尔视为一个重要的理论批判对手，可见其在斯密心目中的地位。如果说休谟对于曼德维尔以及爱尔维修等人的私利主义观点是复杂纠结的，斯密对于他们的看法却是明确的，那就是他反对这些唯物主义者的人性观和经济观，认为人的本性不是自私自利的，而是主张有高于私利的同情仁爱来统辖它们。在经济领域，单纯的个人私利更不是国民财富的动力机制，市场经济不是由私利来推动和完成的，所以，斯密在经济学和道德学两个方面，都批判曼德维尔的私利主义。尽管如此，曼德维尔对于斯密的刺激还是很大的，斯密为了解决市场经济的动力机制，尤其是道德情感的本源，就对劳动分工、看不见的手以及同情心、旁观者、合宜性等问题给予深入的研究，从而创建了一套自己的经济学和道德哲学，他与休谟的很多分歧也与如何对待曼德维尔的思想有关。

第四点，还是英国的思想，即隐含的霍布斯和洛克的政治思想。应该说，这批光荣革命前后的英格兰政治思想家，并非苏格兰启蒙思想的理论对话者，但他们的影响仍然是潜在的，甚至是休谟和斯密等人的隐含的理论对手。因为，苏格兰思想家们在接受了英格兰的政治遗产及其内含的政治原则之后，并不是照搬英格兰的思想方法和基本观点，而是另外走出了一条独特的苏格兰思想之路。由于休谟、斯密等人采取的是历史主义和情感主义的方法论，对于诸如政府起源、政府职能等相关的政治哲学问题，他们就没有接受霍布斯、洛克等人的政治契约论和自然权利论，而是在历史经验和现实语境下，探讨诸如自由社会、情感苦乐、国民财富、政府职能、法治传统等问题，斯密的主要著作虽然涉及政府、个人、福祉、利益、权利、法治、自由等主题，但与霍布斯、洛克等人的观点是不同的，尽管他们都属于大的英美自由主义思想谱系，斯密也不反对社会契约、自然权利、个人主义、自由宪政，但论证的理论路径和关注的要点问题是大不相同的。前者聚焦于革命性（英国式的）的古今之变，后者聚焦于革命后的社会建设，尤其是自由经济和文明社会的建设。

总之，上述斯密与多方位的思想界的复杂互动关系为我们理解他的道德哲学提供了很好的理论背景。

二、同情、旁观者与合宜性

斯密与休谟一样，他的道德哲学也是情感主义的，他对道德问题的分析也不是从观念出发，而是从情感出发，由此建立起他的道德思想的体系性构架。如果简单勾勒一下其内在的情感主义道德逻辑，可以采用罗卫东教授一段总括性的陈词：斯密的道德哲学是从情感分析出发，通过一种社会秩序的建构，最后达成其美德的显现，即情感—秩序—美德。下面我予以具体讨论。

1. 情感、想象力与同情心

关注个人的感性情态在苏格兰思想家们那里是共同的，情感高于理性，理性从属情感，这是情感主义的基本观点。斯密与休谟类似，都对情感的类别、形态、性质以及内涵外延等方方面面有所论及，此外，他们还会对诸如想象力、联想、同情心、移情、共通感等一些与情感密切联系的心理机能给予更多的关注。由于问题意识相同，分析斯密的情感论，最好与休谟的情感论做一个对勘比较，可能会更加清晰明确，他们有很多的相同点，也有很多的分歧点，对这些异同的辨析有助于我们深入理解斯密的道德思想。

斯密认为，情感首先指的是人的自然感觉，它们由不同的快乐、痛苦、舒适等情态组成，这些直接的苦乐感是一种自然的情感。与休谟把个人的情感分为直接与间接两种层次稍有不同，斯密对人的情感做了更为细致的划分，在《道德情感论》中，他大致区分了五层，分别是：起源于肉体的情感、起源于想象力的情感、非社会的情感、社会的情感和利己的情感。斯密上述的分析，有如下几个要点值得特别注意，它们也是斯密情感分析的关键部分。

第一，虽然情感都是个人性的，每个人的情感都由个人自己感受，但是，由于情感不同于直接的物理刺激，所以，这些情感又都具有一定的群体性或社会性，尤其是从第二层的情感开始，群体性与社会性的内容逐渐增高。例如，人的幸福的快乐就与群体社会中的他人的认同有关，获得别人认同的幸福感，无疑是幸福感的重要内容，还有诸如爱慕、骄傲、自卑、忧伤、美妙、敬仰，等等，这些情感都与群体社会性的密切联系相关，不仅仅是孤单的个人的孤独的情感感受。所以，社会性是斯密的情感分析的一个基本特性，由于每个人都是社会中的人，他的各种各样的情感，都具有社会性的内容，是与群体社会中的情境、交往和关联度等要素密不可分的。即便是分类中的源于想象力的情感、非社会的情感和利己的情感，它们也具有一定的社会内涵，只是相对于社会的情感，它们较为具有自我的相关性，例如愤怒和妒忌的情感，沾沾自喜或失意懊丧的情感，等等，这些情感显然也与他人的感受或社会风气有关。

第二，斯密关心的问题不是情感本身，而是情感是如何传导的，或者说，每个人的私自的个人情感是通过什么机制相互传导的，由于人是社会中的人，个人的情感具有社会性，但彼此如何传导情感呢？由此，斯密提出了想象力的心理能力，以及同情的情感生发机制。对此，休谟也给予了关注和分析，斯密关于想象力与同情心的观点与休谟大体类似。由于人是一个群体性的动物，每个人的情感感受，诸如快乐和痛苦的情感，幸福与悲伤的情感，不仅是自己领受的，其他人也是可以感受到的。同样，别人的一些情感，我也是可以感受到的，这种情感上的同情共感的功能，不仅人这个群体具有，动物群体也具有，我们从生活中可以观察到动物之间的休戚相关的同情共感的状态。

是什么导致个人之间的情感相互传导或彼此相通共感呢？斯密和休谟都认为源于人的心理活动中的想象力这种特殊功能。想象力在斯密、休谟等情感主义思想家那里，不是观念的逻辑联系能力或理性推演能力，也不是后来德国思想家诸如康德、谢林等人发展出来的理性直觉能力，而是一种情感的联想力，一种与同情共感的同情心（sympathy）相关的情感能力。斯密分析说，我看到一片美景所产生的美感的快乐，会联想到其他人看到这片美景也会产生同样的快乐，而且我的快乐其他人也能感受到，诸如其他的情感，我对于一个人的行为和仪容的喜好，他人也会感受到，并且我由于感受到他人的对于我的喜好的感受，会更加增强了我的喜好，忧戚和悲伤、自卑和骄傲等情感也是如此。想象力是一种情感的辐射性传导能力，而且是相互共通的，贯穿其中的是一种人心攸同的同情共感。所以，想象力必然又与同情心密切相关，想象力如果没有同情心的渗透，则成为观念逻辑的理性附庸，同情心如果没有想象力的传导机制，则成为一种干巴巴的高调宣示，正是由于有了情感的想象力的传导渗透，同情心就被开发出来了，成为一种具有强大功能的情感生发机制。对于同情机制的更深入的分析，我在下面再说。

第三，到上述为止，斯密所谈及的各种情感，从形态、类别、层次，乃至群体社会性，还有想象力的联想以及同情心的同情共感的心理功能，都还是前道德意义上的分析或经验事实的描述，并不具有道德的含义。也就是说，斯密与休谟一样认为，在道德情感尤其是道德善恶、是非、美丑的价值内涵介入人的情感之前，还有一个非常广阔的前道德的领域或地界，这里还没有道德性的划分和界定。所谓的前道德，指的是道德情感和道德德性发生之前的那种状态，既有时间性的，也有空间性的，但主要还是表现在人的心理状态层面。承认这个不分道德善恶性质的前道德状态，对于苏格兰道德思想家们是非常关键的。例如，哈奇森就不承认这种状态，他为此提出了一个第六感官的纯粹道德情感以统辖、驾驭和抵制那些混乱的非道德情感。至于曼德维尔，他就干脆否定了道德情感，认为所有的情感都是非道德性的。斯密、休谟则不同，先是承认一个前道德的情感世界的事实状态，并且认为人的大量情感都来自这些自然的情感，但是，自然情感不是他们关注的中心，他们不是心理学家，而是道德学家，他们关注的是如何从前道德的自然情感生发或演变出来一种道德情感，道德情感的发生和演变的机制，才是他们思想理论的重心。说起来，这就是休谟所谓的从是然到应然的转变，从是什么到应当什么，对于斯密也是一个根本性的问题。他下一步重点应对的便是这个问题。

2. 旁观者的视角

斯密认为，要理解道德情感的发生与演变，由此形成一个道德社会的秩序，建立起基于美德的人的生活，不能从外部为人的情感提供依据，像基督教道德就是从神的旨意出发向人进行训诫的，也不能像康德那样说是来自绝对的道德律令，至于哈奇森的第六道德感官，也缺乏生理学基础，且与人的自然情感相互隔膜。这些都行不通，还是要回到人的情感自身，从人的情感的想象力和同情心寻找道德情感的发生学基础，这一点他与休谟是一致的，他们都试图从前道德的自然情感挖掘开源出一条上升到道德情感乃至社会秩序和良善美德的道路，并以此为现代的工商社会和文明社会辩护。不过，细致考察可以发现，斯密虽然与休谟在大的方向上是一致的，但仍然有很大的理论上的区别和分歧，主要表现在斯密提出的旁观者的理论以及道德的合宜性标准。

下面，我们先看斯密提出的不偏不倚的旁观者的理论。斯密的这个观点首先涉及苏格兰道德思想中的同情心问题，对此，斯密与休谟的看法是有所不同的，虽然他们都赞同同情心是伴随着想象力的一种同情共感。休谟主要是把同情心视为一种基于共通的利益感的相互认同，并以此奠定了休谟的人为德性的心理基础，斯密对此并不赞同，而是提出了一个基于想象力和同情心的同情共感所引发出来的第三者——不偏不倚的旁观者，并认为这个旁观者才是人为道德德性和社会伦理秩序的基础。

为什么斯密要提出一个旁观者呢？这个其实表明斯密并不认为休谟提出的共通的利益感能够真正带来不偏不倚的正义性质，也就是说，这种共通的利益感并不能真正超越个人的私利和利己心，从而为一个社会群体和公共领域带来公平的正义价值，以此为基础的公共利益也难以克服个人的私心和利己的情感。所以，他试图超出情感关系中的你我他的同情联谊特征，而抽取出一个从同情心生发出来的第三者视角，引入一个中立的旁观者来确立一种道德情感的正当性。

当然，旁观者是一个假设，斯密给出的是一个第三者的视角，这个视角下生发的仍然还是情感性的心理感受，为什么要设计这个旁观者呢？因为从常人意义上的乃至休谟意义上的通过想象力和同情心所彼此传导的情感，很难达到一种公正性，每个人总是容易站在自己的视角来对待情感的生发，即便仁慈的利他心，也很难获得彼此双方或社会多方的认同，这里的标准很难规定，例如休谟的共通的利益感，某人对病弱之人的照顾，以及反射回来的病人的感激，就很难摆脱某些猜疑、自卑和骄傲的联想。

实际上，在人的情感的生发与传导过程中，在想象力和同情心的同情共感的场域中，已经自发地演进出一个第三者来，这个第三者是每个人都认同的假定的旁观者，由于假定有这样一个第三者，一个不偏不倚的中立公正的旁观者，那么就可以把那个同情共感的为每个当事者都认同的道德情感交付给它，这样就有可能克服每个人的私心和自利的情感倾向，虽然实情未必如此。实际的情况也是如此，按照斯密的考察分析，人的情感确实在同情心的传导下，出现了一个不偏倚任何一个当事者的情感机制，这是人类的同情心的特别机制。由此观之，旁观者的假设，在斯密看来，不是一个特别的超人或神人，而是一种机制，一种制度，把它类比法庭或法官就好理解了，他们不是当事者，而是旁观者，是一个第三者，没有自己的私心私利掺杂其中，就可以不偏不倚地从人们的自然情感中生发和演进出一种道德性的情感出来。所谓旁观者的视角，就是这样一个法官的视角。

关于这个旁观者，休谟在他写给斯密的信函中有过讨论，休谟的疑问是关于人的同情心可以有愉快和痛苦的各种感受，而斯密假定的旁观者的同情心似乎只是令人愉快的，这样就不甚符合实际的情况，斯密的回答则是他所谓的同情心包括两个层次。第一个层次，旁观者对于原初情感的反应当然包含着愉快和痛苦等多种性质，但第二层次的同情心主要是旁观者自己的情感与当事人情感的某种契合的心理感受，因而总是令人愉悦的，休谟仅仅看到了第一个层次的同情心。从两位的通信应对来看，休谟像是知道共通的利益感无法达到纯粹的公正性，但他感到，毕竟还有一个可以让相关者彼此认同的大致的公约数，即在利益感和财富的激情中产生基本的规则。斯密的旁观者虽然看起来具有第三者的客观公正性，但如何提供一个为彼此各方认同的标准，这是斯密的旁观者的视角所难以给出的，因为它毕竟是一个中立的假设，就像法官，自己不是当事人，可以公正裁决两造的纠纷，但在情感领域，似乎不可能有旁观者，大家每个人都是参与者，作为参与者的法官如何裁决呢？对此情况，斯密像是并不赞同，他不觉得旁观者无能为力，因为旁观者只是一种假设的视角，在此视角下，可以生发出一种类似法官的公正的情感机制，道德感以及社会良善秩序就是从这里生发的。由此，他提出了基于旁观者的道德情感的合宜性标准问题，这是他对休谟挑战的回应，也是斯密道德哲学的一个核心观点。

3. 合宜性的情感

旁观者只是一个视角，一种假设，如何由此产生出一种恰当的公正的情感呢？斯密提出了一个合宜性的观点，也就是说，从旁观者的视角才能生发出一种合宜性的情感，或者说，才能判断出某种情感的是否妥当，所以，合宜性实际上是一种渗透于想象力和同情心之共通情感中的判断标准。

合宜性（propriety）这个词汇的含义是指某种恰当的合适的感觉，按照斯密的解释，在情感领域，合宜性能够恰当地解决情感的公正性问题，因为它提供了一种情感平衡的机制。同情的合宜性能使个人与他人的情感达成一种恰当的一致性，并由这个同情的一致性来比较、衡量和判别自己的情感的正当与否。这样一来，关于同情共感，斯密的同情的合宜性分析就比休谟的共同的利益感要更加深入和缜密。在这种情感的共通性上，如果仅仅是休谟那种共通的利益感，则是相当模糊的一种东西，没有办法搞清楚每个人是如何感受和承认其中的公正性的，为此，休谟提出了一种"默会的知识"的解释。所谓默会的，就是难以言传的，只能凭着经验感觉的，在日常生活中积累出来的那种东西，例如手工业的技艺就属于某种默会的知识，它们的传授采取的是一种默会的言传身教，在不知不觉中就教会了。对于休谟的这种观点，斯密不能全部赞同，他认为要达到情感的公正的平衡点，最好的办法是假定一种第三者，旁观者的视角，以此来感受和摸索到那个最为恰当的情感，这个情感的感觉标准就是合宜性。由此，通过情景转换，每个行为者的感觉与旁观者的感觉能够得以比较和判断，在找寻一致性的过程中形成某种赞同与否的合宜性。

在斯密看来，合宜性要比共通的利益感更为恰当与准确，也更为公正和平衡，因为它确定了一个站在旁观者的合宜性感受。例如，我想象我的快乐，他人感受到也肯定是快乐的，但如何判断他也是快乐的呢？这要通过想象力的类推，还要使得同情心也渗透到想象力之中，达成一种同情共感的状态。至于我的快乐与他的快乐，以及我因他的快乐的反馈而引发的新的快乐，等等，用一个同情共感的利益感受，虽然能够解释，但还是模糊的，但是，如果置入了一个旁观者的视角，那么，我的快乐与他的快乐的同情传导，就有了一个中立的第三者，由此感受到的情感，就具有合宜性，这种合宜性的情感，则是不同于原来的我的与他的情感，而是一种在社会群体中值得推荐的情感，具有了道德情感的属性。因为，这种合宜性情感，诸如爱和恨、骄傲与自卑、仁慈、羡慕、荣耀、羞愧，等等，对于每一个人都是合适的、恰当的与可接受的，大家都觉得这种情感既有助于每个人的情感传导，也有助于社会化情感的培育，就像法官的裁决，致使当事者双方，乃至社会其他人也都接受一样。通过旁观者的视角而形成的合宜性的情感，就成为一种培育社会道德情感的机制，促进了社会化道德德性的生成、定位与扩展。

斯密与休谟一样，都认为社会化的诸多美德，像仁爱、赞助、荣誉、温良恭俭让，等等，它们都不是外部强加的，而是来自每个人对合宜性情感的培育和认同。在他们看来，道德是很难从逻辑上理性推导出来的，只能从情感中滋生和演化出来，至于如何滋生和演化，休谟没有给出一个明确的机制，而是提出了同情共感的默会演进机制。斯密不同，他给出了一个旁观者和合宜性标准，试图通过一个旁观者的视角，使得滋生和演化道德情感的机制有一个合宜性的标准，从而实现社会化道德的秩序构建。

但是，斯密的这个设想也面临新的问题，那就是如何保证旁观者的视角是公正的视角，从而达成合宜性的道德情感呢？因为在我与他之间的作为第三者的旁观者，很可能不是等距离的，可能有厚彼薄此的问题，其合宜性的公正性也就难以达成。为了解决这个问题，斯密又设立了一个新的旁观者，即在你我他和旁观者之间的第二个旁观者。他认为这个旁观者肯定会比第一个旁观者更能处于不偏不倚的公正状态，由此产生的合宜性情感才能保证是真正恰当的公正的合宜性情感。这样一来，斯密实际上就处于一种难以解脱的圈套困境之中了，他在第一个旁观者背后，还要设立一个更加公正的旁观者，这另外一个旁观者，从某种意义上来说，就变成了一个半人半神的东西，变成了一个超越性的存在，这就有点像康德哲学的意味了。所以，斯密在解决了一个问题的同时，又制造了另外一个更深层次的问题。

应该指出，解决休谟提出的从是然到应然的道德情感的发生学问题，斯密通过设立一个旁观者的视角给出的同情共感的合宜性，是一个途径，合宜性标准解决了休谟共通利益感的不确定性。但是，如果不像休谟在情感的不确定中通过默会的感觉达到基本的规则（三个基本的正当性规则），而是寻求更高的正当性或不偏不倚的合宜性标准，那就要超越世俗情感的层面，彰显一个超验性的维度。这个超验层面在斯密的思想和著作中，一直隐含着，尤其是在斯密的晚年，他修订自己的《道德情感论》，斯多亚的自然神论，还有加尔文新教的良知论，这些超越性的思考在斯密的心中纠结着，难以割舍。他不像休谟那样放弃了道德思想的神学思考，只是就人的情感谈情感，并由想象力和同情心来滋生和演进出一种人为的德性，斯密难以做到这样的世俗主义，他摆脱不了基督教神学的影响。这一点，他的老师哈奇森的影子就不失时机地出现了，虽然斯密不像哈奇森这样主张纯粹的利他主义，也不完全接受基督教的道德神学，但关注超验性问题一直是他晚年思想的一个主要特征，尤其表现在他的《道德情感论》第5、6、7版的修订文本中。例如，他对于慈善美德的强调，把斯多亚哲学的"自然"，改为大写的"自然"，等等。所以，斯密一生的道德哲学是富有张力的，情感论与良知论、经验主义与超验主义、财富利益感与沉思审慎感，多种精神元素富有张力地纠缠在一起，难以达到简洁明了的统一性。

其实，这种情况也是苏格兰道德哲学的一个基本特征，他们在情感主义和经验主义的大背景下，在为工商社会的正当利益给予道德辩护的基本主张之下，每个人的思想观点都是不一样的，甚至一个人不同时期的观点也是不一致的。这种情况并没有什么好奇怪的，它们反而扩展了苏格兰道德哲学的复杂性和多元性，使其更加富有力度和深度，从而与 18 世纪英国社会的工商资本主义的演进相互匹配，它们表明现代社会的转型正在进行，终结还远没有到来。

三、正义规则与德性谱系

斯密与休谟等苏格兰思想家的道德理论并不是为了道德而道德，他们主要是为了给现代工商社会和市场经济提供道德基础，尤其是斯密，他的情感论从一开始就包含着社会内容，所以，情感的社会性是他们道德哲学的一个重要特征。问题在于如何给社会提供道德根基，这就涉及道德情感的发生学追溯，休谟是共通的利益感，斯密则是旁观者的合宜性，这些所指向的都是社会秩序的构建。他们都认为，只有在社会秩序中的道德才是真正富有内容的德性或美德，所以，从大的逻辑来看，走的还是自然情感—社会秩序—美德德性的路径。

一说到自然情感，说到社会秩序，那么就不能离开情感中的苦乐感、利益感，不能摆脱一个工商社会的财富激情和谋利机制，这一点对于斯密和休谟来说，他们的道德哲学从来都是不予排斥的，只不过他们发现，个人的各种情感，哪怕是最自私自利的情感，一旦融入社会共同体的同情共感之中，融入社会的市场经济的制度运行之中，就会自发地发生变化，就会从自然的苦乐情感和趋利避害的经济人之中，发生出一些新的机制，从而实质性地改变了原初的状态。对于斯密来说，情感的社会性会产生不偏不倚的旁观者的合宜性，也会出现"看不见之手"的功能，这些显然不是原先的自然情感和自然私利的初衷，却是从那里演变出来的，它们是一种新的机制，甚至是一种新的制度，这个机制既是道德性的，也是经济性的，总之，从那里才可能建立起一个社会秩序。当然，按照现代自由主义哈耶克等人的解释，这个社会秩序，不是理性建构出来的，而是从自然情感中演进出来的，是一种自生自发的制度演进的结果，这种解释符合苏格兰的情感主义思想，与理性建构主义是对立的。

斯密在《国民财富论》一书中着重探讨的是这个社会秩序中的国民财富的原因与性质等问题，以及与此相关的经济与道德、政府与道德以及法治社会等方面的内容，对此我将在下一讲专门讨论。在《道德情感论》一书中，斯密所要解决的乃是社会秩序的道德基础，尤其是正义与德性的性质与层级等问题。在斯密看来，旁观者的视角以及合宜性的标准，它们促成的情感的转变，首要的成果就是形成了一种工商社会之道德价值的生发机制，确立了一种正义的基础。此外，还建立了一套德性的层级分类谱系，这样一个从道德情感发展出来的基础正义以及不同等级层次的德性美德，它们才是现代工商社会以及市场经济的道德性证成，才是一个财富繁荣发展和德性普遍盛行的现代社会。因此，现代的工商资本主义才具有了正当性和道德性。

1. 正义规则的基础性

对于古典社会的认识，传统理论大多沿袭着柏拉图与亚里士多德的路径，把社会视为一个伦理社会，遵守着美德高于正义的理论范式，这个基于古典城邦公民社会的德性优越论，在中世纪以来的封建社会那里，也没有多少改观，公民美德变为贵族美德，美德高于正义的道德观一致占据着主导的地位。但是，随着现代工商社会的建立，社会结构发生了深刻的变化，与之相关的道德伦理的思想基础也会发生变革。如果说，在政治革命时期，思想家们还忙于政治上的制度革命，核心在于创建一个现代自由宪政的政体，那么随着革命完成之后的经济社会的建设，一个适应工商市场经济社会的道德伦理学说，就显得十分必要了。苏格兰启蒙思想的道德哲学便是应运而生的一种市民社会的新学说。

由于城邦公民制度（奴隶制）和封建等级制被逐渐废除，一个公民平等的自由市场经济社会或工商社会逐渐建立起来，那么如何为这个现代社会的市民阶级或工商资产阶级提供一个致力于财富创造、等价交换和自由贸易的道德正当性，就变得刻不容缓，表现在思想理论上，就是把正义的规则，视为这个社会的最为基本的道德原则，视为现代社会的基石或底座。用斯密的话说，仁慈、利他等传统美德犹如美化社会的装饰品，并不是根本性的，正义才是最根本性的，它是支撑社会大厦的主要支柱或拱顶石，没有正义，人类社会的巨大结构势必会在一瞬之间便倒坍崩溃。如此看来，古典社会的一些美德，诸如勇敢、智慧、仁慈、仁义礼智信、温良恭俭让等，它们作为传统社会中的道德德行，虽然也很必要，但并不根本，并不是支撑现代社会的基石。相比之下，一个社会的基本正义原则、正义制度和正义德性，它们要比那些高尚的、令人景仰的传统美德，更为重要和根本，没有正义的制度与德性，现代社会是无法建立起来的。对此，斯密与休谟都有明确而清醒的认识，他们的道德哲学非常强调正义的优先性和根本性。例如，休谟的私人财产权等三个基本规则，就是正义性的规则，斯密也是如此，虽然他没有明确提出私人财产权等三个基本规则，但也一再指出，正义的德性是一个社会的根本性的德性，是其他诸多德性的基础。

　　既然正义如此重要，人们就会进一步追问：苏格兰道德思想中的正义是什么呢？斯密《道德情感论》和《国民财富论》中的正义有哪些呢？对于这个问题，斯密采取的是反向逻辑，即从否定性或消极性的视角来加以定义，而不是肯定性或积极性的视角。这一点与休谟等人的古典自由主义一致，与集体主义、国家主义、民族主义、社群主义、共和主义乃至社会主义的逻辑有所不同。关于什么是否定性的视角，现代思想家以塞亚·伯林、哈耶克有明确的揭示。例如，伯林指出消极自由不同于积极自由，是不受外部力量干涉的自由；哈耶克也指出消极性或否定性指的是免于外部势力尤其是国家公权力的干涉和侵犯。虽然苏格兰思想家们没有像当代思想家们那样的明确定义，但大致意思还是相近的，即他们眼里的正义不是集体性的一种亟待实现的道德诉求，也不是个人设定的宏大愿景，而是一种维系社会正常秩序的底线原则和德性标准。

　　休谟关于三个基本规则就属于基本的正义原则，没有它们，一个社会的秩序难以存续，斯密的观点也是如此，他们都不赞同古典社会的美德高于正义的原则，而是认同现代社会的正义高于美德的原则。斯密一再指出，正义是一种底线的基础性的德性，是人为道德的首要德性。也就是说，他们强调的是正义的基础性，正义并不是一个社会的高调德性，也不是鼓舞人心的高尚道德品行，不像传统美德那样冠冕堂皇，而是一个社会必须具有的最起码的规则，正义或缺了，社会也就难以成立了。所以，所谓反向逻辑，并不意味着正义价值按照从低到高的价值排序，属于不重要的低级德性，恰恰相反，这个反向逻辑是一种二阶逻辑，正义是一个社会的一阶价值，越是一阶的越是根本的，它们是基石，是基础，是一个社会其他二阶美德的支撑。所以，正义是社会秩序的最重要的人为德性。对于正义的德性，是不能用善恶、是非、美丑的程度之多少来评价的，只能用有和无这两个截然对立的标准来评价，所谓否定性或消极性，指的就是这种基础正义之不可剥夺、不可或缺。

所以，斯密认为正义的一个根本性质，就是不可伤害性原则。道德情感的合宜性标准在此所体现的就是情感中的不可否定或不可损害的正义德性，这是旁观者视角的一个前提，也就是说，在其他社会秩序的诸多德性中，合宜性可以在道德情感的程度变化中达到一个平衡点，由此调节社会道德制度的运行，但这个合宜性最终要有一个不可调节的终点，一个不能逾越的情感上的界限。例如对于遭受苦难者的恻隐之心，这个就是否定性的正义德性，属于不可伤害性的情感原则，一个人如果连这种情感都没有，显然他（她）就不值得称其为人。由此可见，正义不是一个社会乃至一个人的行为举止乃至情感发生的较高的道德要求，而是最底线的要求，没有正义，也就没有社会了，人也不成其为人了。在这个正义之上，一个社会和一个群体，才有可能通过合宜性的情感调节，形成一些有关善恶、好坏、美丑之不同程度的人与社会之德行品质的界分。

2. 持有正义与交换正义

斯密认为，一个现代社会或工商业社会，不是靠美德立国的，那种传统理论中的德治国家是不可行的，而是要靠正义规则、正义的法治立国，法治国家才是现代工商社会的国家之本。正义之法是什么呢？对此，斯密虽然没有提出休谟的三个基本规则，但他提出的工商社会和市场经济的持有正义与交换正义，其思想与休谟是一致的，那就是首先确立现代社会对于财产、财富占有的持有正义和自由经济的交换正义，这些正义才是现代社会的根本，它们可以被称为法律规则，也可以被称为道德法则。总之，它们是一种正义的社会制度，一种社会秩序的基石。

鉴于上述的道德秩序观，斯密对传统道德学中的利他主义和神学的仁慈仁爱理论给予了批判，他认为虽然这些高尚的道德品质与美好德性是一个社会所要提倡的，也是值得鼓励的，也是美好社会的标志，从纯粹道德主义来看，无可质疑，问题在于它们并不是根本性的，而是修饰性的，可以鼓励和提倡，每个人都可以效法践行，但不能把它们视为一个社会秩序的基石，因为现代社会需要财富的创造和个人自由，需要等价交换和市场效益，如果用利他主义和慈善仁爱取代了这些基本的社会运行，那么所导致的结果就是贫困和低效、落后和封闭的社会衰败，乃至崩溃。所以，他并不接受崇高的利他主义和基督教道德，这也解释了他为什么没有追随哈奇森的道德主义之路。在这个问题上，斯密在当时也受到苏格兰长老教会的指责，斯密一辈子谨小慎微，最后宁愿把自己的一些手稿付之一炬，也是因为他的道德思想与长老教会的主张是不兼容的。至于他的老朋友休谟更是如此，甚至受到了长老教会的迫害，一些著作不得不匿名出版，大学教授职务也一直难以获得正式聘任。

不过，斯密不赞同高调的利他主义道德，是否就意味着他主张利己主义呢？答案也是很清楚的。他更反对曼德维尔、爱尔维修等人的利己主义和自私自利的道德观，这一点要比休谟更为明确和坚定。休谟某种意义上说观点还很暧昧，他的著述确实有很多功利主义的色彩，这为后来的英国功利主义留下大量可资利用的遗产，但少有人把斯密视为功利主义思想前辈，因为他明确反对把利己、自私视为其正义德性的情感论基础。

这样一来，斯密就面临一个问题，他的道德情感主义与《国民财富论》是如何协调的呢？斯密认为，正义的关键在于底线的旁观者的情感合宜性，表现在国民财富问题上，就是财产的持有与交换的正义，正义是一种规则制度，而不是私人利己之心，更不是排斥他人的利己主义。虽然都强调正义的规则，斯密与休谟的最大分歧在于，休谟由于没有旁观者的视角，所以他的共通的利益感还是为自私利己留下的口子，为满足个人私心快乐留下了通道，为利益的有用性埋下了伏笔。所以，他的三个正义规则有规则的一面，也有利益的一面，或财富的激情的一面，后来的功利主义发展出两种形态：规则的功利主义和内容的功利主义，与休谟思想中的这两个方面的路径分叉是有关系的。应该指出，边沁等人的功利主义只是内容功利主义的极端化发展，他们把休谟的规则功利主义遗弃了。

斯密有所不同，他强调的是正义的规则方面，没有给功利主义的私利私心和利己主义留下口子，所以，他在两部著作中，集中关注的主要是财产、财富的持有与交换正义问题。为此，他强调劳动、勤勉、市场规则、商品价值、自由贸易等看似经济学的问题，实际是道德哲学的问题，因为它们关涉了现代工商业社会的正义问题。所以，正义的人为德性，在斯密看来，就不是自利原则，也不是功利原则，而是正义的规则。斯密认为，在现代社会，个人对于财产和财富的占有是非常重要的，是现代社会必不可少的制度基础，但对财富的占有不是为了个人的私利，不是为了满足个人的情感快乐或者财富的激情，而是为了获得个人的自主、独立和自由。这些基本性情感又通过旁观者的合宜性而达成现代人的道德情感，也就是说，合宜性改造了人的自然情感，使人在持有和交换产品的活动中获得了一种新生的道德情感，那就是正义，或正义的规则。

所以，正义的情感虽然与个人的自然的私心私利、快乐满足并不截然对立，但绝不等同于这些情感，而是经过旁观者的合宜性的改造或提升生发出来的道德情感，并且还演进为一种制度，这种正义的制度就是自由市场经济和商品社会的经济制度，这个制度还是一种法律制度。斯密《道德情感论》之外的其他著作，像《国民财富论》和《法学讲义》等，都是围绕着这些经济制度和法律制度展开的，这些制度之所以能够实现和发展起来，核心在于它们奠基于一个正义的道德（规则）制度之上，因为这个道德正义，才是这一切的基础，才是社会秩序的核心。至于这个正义的道德或规则，其来源不是利他主义，也不是利己主义，而是合宜性的道德情感，合宜性使得人为的正义之源不会失之偏差，不为利己主义的私心私利所污染，不为利他主义的高调美德所忽悠。

正是在这个观点之下，斯密反对奢侈之风，反对过分投合个人情感的奢靡和享乐，反对社会生活的浮华造作，主张劳动、勤勉、简朴和努力等对于正义德性的辅助意义。他认为这些品质对于持有财富的正义是非常必要的，个人的财富持有以及社会财富的繁荣发展，只有在艰辛劳作、勤勉操持和俭朴奋斗中，才能获得和持续，社会财富的充沛和富裕，也只有在每个国民的辛苦努力、兢兢业业、勤勉俭朴的工作之下，才能实现，所以，奢靡、浮夸的风气是有害的，不利于现代工商业的发展，也不利于市场经济的运行，是与正义的德性相违背的。究竟如何看待奢侈与工商业的关系，奢侈与文明社会的关系，斯密的观点指出了一个层面的问题，但前面我们也探讨了休谟与此不同的观点，他的观点也有他的道理。应该说，现代工商业资本主义并不是一个完美的社会，两个方面的情况都有表现，尤其是在早期的上升时期，这些相互对立的情况都是存在的，两位思想家站在不同的视角，给出的分析与结论都令后人受益，引发后人进一步的思考。

关于交换正义问题，斯密也给予深入的关注和分析，他的论述从两个层面展开。一个层面是从市场经济的运行来看的，这构成了斯密《国民财富论》的主要内容。在此，斯密分析了劳动分工与市场经济的关系，揭示了现代工商社会商品交换的规则，以及劳动分工和自由经济对于国民财富扩展的意义，指出推动它们正常运行的是一个交换正义的法则，没有交换正义，就不会有市场经济的劳动分工，不会有商品交换，不会有自由贸易，不会有商品市场，不会有财富积累，等等。可以说，现代经济社会的一切要素，都是在交换正义的支撑下才有可能。对此，我在下面一讲再讨论。此外，第二个层面，便是与交换正义相关的社会情感机制，即这个正义促成了有关信用、信誉和预期等与现代经济密切相关的心理和精神状况。这些又都与一个健康和良善的经济社会的性质有关，与这些情感预期的合宜性有关，更需要一种旁观者的视角予以调适，因为它们涉及货币、银行、债券等经济发展的新型工具，没有恰当的交换正义作为底线的标准，这些必要的市场经济手段也是难以存续和发展的。

总的来说，正义的德性，在斯密那里，主要的体现为持有正义和交换正义，它们对一个社会的基本秩序有着根本的作用，虽然不是高级的美德，但确实是一阶的基础性的美德，没有它们，个人的自主、独立和自由就不可能存在，一个社会的财富增长也就失去了动力，其他的德性和美好社会也就成为空中楼阁。至于这种正义的产生，与人的道德情感有关，并不是外部注入的，而是从内部的正义感滋生出来的。这里的滋生和演进，乃是来自旁观者的合宜性，合宜性的情感协调，使得个人乃至群体的情感被客观化了，成为一种摆脱了偏私的中立性的情感，这种合宜性情感才是正义和正义感的依据所在。

3. 现代社会的诸美德

在梳理了正义情感的发生学和正义规则的基础性地位之后，斯密有关国民财富的经济学问题才有了依托，在《道德情感论》一书中，他主要还是讨论道德学问题，并由此建立了他的道德哲学体系。应该指出，斯密提出的旁观者的合宜性，为他找到了一种处理情感的方式，他虽然反对和批评利己主义以及后来的功利主义，但还是要面对利益问题，尤其是个人私利与追求私利的社会效果问题，例如，他的合宜性观点通过手段与目的的关系就使他较好地处理了诸如效用论和习俗论等功利主义道德理论。

虽说效用论与习俗论是两种不同的道德理论，但它们都涉及人的行为及心理情感的手段与目的问题。前者表现为人的直接行为，每个人追求个人的私利却导致了社会利益的发展，这是曼德维尔的论调，后者则表现在历史过程中，个人追求私利的行为在历史中形成了传统习俗，对社会是有助益的，由此，它们成为功利主义的两个理论依据。对此，斯密并不是简单予以否定，而是通过对于人的行为的动机和结果、手段与目的等要素的辨析，揭示它们其中隐含的一些错误的认知和习以为常的谬误，从一种旁观者的视角给出解决相关问题的合宜性。

斯密认为，从合宜性的评价标准来看，个人的动机固然是要考虑的，并非无足轻重，个人的私利在每个人的行为中也是需要认真汲取的，但是，这些个人的动机、个人的私利等，它们并不是行为的主要依据，也不是导致行为成败的主要原因，从过程、结果和目的来看，很多事情的成败取决于其他因素，他人、社会以及偶然因素等所起到的作用可能更为关键。合宜性就是平衡了这些不同的要素之后所达成的一种兼顾动机与结果、手段与目的、私利与公益的中立性的价值判断，由它产生的情感与规则，就更为客观，更接近正义和共同的正义感。所以，对一件事情的善恶、正当、好坏，合宜地给出答案，远比某些极端化的观点，诸如动机主义、利己主义、利他主义等，要公正和恰当得多。斯密这里的合宜性，不是理性的推论，而是情感的判断，来自情感的想象力和同情心所达成的同情共感。

不过，也要指出，由于斯密晚年对于《道德情感论》的多次反反复复的修订，增加了很多新的思考，尤其是他不满足于过去关于功用、效果、利益和社会化道德的观点，添加了一些义务论和良知论的新内容，就使得他的道德哲学趋于复杂，有了很大的内在张力。这些与他对于工商业社会的评价和文明进步论的怀疑密切相关，由此，他一贯坚持的旁观者的合宜性就多少受到一些影响，甚至有了某种变化，这是我们研究斯密的道德哲学要注意的问题，早年的斯密与晚年的斯密，在思想气质和观点上是有所不同的。所以，我们探讨斯密的道德哲学，除了他的道德情感、合宜性，还要有道德良心的内容，它们合在一起，才是多少有些复杂的斯密的道德哲学。

尽管如此，斯密的道德思想也并非混乱不一，总的来说，还是保持着一种为现代工商社会提供正当性道德辩护的基本性质，但显然不像休谟那样一贯地保持乐观，而是隐含着某种悲观的蕴含。所以，他在维系正义德性的基本根基之时，对于现代社会的诸种道德德性或美德种类，还兼顾了一些传统的要素，使得他的现代社会的德性谱系和层级就有些保守和古典主义色彩。

首先，正义德性的基础性，这是他与休谟等苏格兰启蒙思想所确立的现代工商业社会之道德辩护的基石，这一根本点，斯密没有改变。他同样坚持正义德性、正义规则以及正义感与现代财产、财富、市场经济、自由贸易、等价交换、信用信誉等密切关系，并且提出了一个消极性的正义性质，即它们是基础性的否定性的制度价值，由此支撑着现代社会尤其是现代经济社会、市场秩序的构建与运行。斯密是通过旁观者的合宜性来协调人的情感因素的，他认为不可侵害的消极原则是正义的基本原则。所谓不可侵害，就是意味着正义的底线原则，正义的消极性原则。

应该指出，斯密正义理论的不可侵害原则，对于英美古典自由主义的影响是巨大的，它表明现代社会中的每个人的自主、自立与自由，每个人的生命、财产和交往，等等，都不是建立在远大的理想上面，而是建立在个人的基本权利和尊严不被侵犯上面。这种消极正义，不是由理性的推理计算或政权的意志命令给予的，而是来自合宜性的情感，合宜性不是自然的情感，它是一种道德情感，在此实现了一种转换，即通过旁观者的视角，使不可侵害原则成为社会秩序的一个基本的正义原则。从合宜性来看，不可侵害的正义原则是一种无功利的合功利性、无目的的合目的性。这是斯密的思想中独创的部分，他反对从理性推演社会秩序，主张从道德情感演化出社会秩序，但这个演化不是积极性的逻辑推论，而是消极性的逻辑防守，最后归结到不可侵害这个最基本的原则上面。现代社会的秩序，不是依据理性的理想规划、一套宏伟蓝图设计出来的，而是依靠固守最基本的东西不被侵害、不被剥夺的正义逐渐演化出来的，这种不被侵害原则的正义感来自合宜性，是每个人在社会交往过程中形成的共识，并由旁观者为之背书。

当然，斯密提出的消极正义的美德，只是第一位阶的底线美德，并不等于一个道德社会仅有这些就足够了，可以说，他的道德哲学还是提供了一个从低级到高级的诸种德性的体系，他分别给予了一定的描述和分析。在此也显示出斯密与休谟的不同，他不认为仅有一个低阶的消极正义德性就足以支撑一个工商业社会运行的正当性了，而是认为在正义的底座之上，还是需要一套现代社会的美德论，尤其是晚年，他不满足于工商社会的功利至上，提出了一些义务论和良心论的思想，所以，斯密的德性谱系具有把现代社会的情感论、权利论、功利论、效用论与传统社会的动机论、义务论和良心论等多种思想观点融汇一炉的特征，但也因此具有某种内在的理论张力。

例如，斯密强调企业家的勤勉努力，现代工商社会需要一种企业家的美德，诸如诚实守信、勤勉向上、兢兢业业、俭朴奋斗、守法知礼，这些都成为现代社会的美德，一个工商社会应该予以倡导。英国近现代以来的现代绅士企业家的道德风范就是一种典范，它们当然构成了道德谱系中的值得推崇的诸德性，对社会发展、财富创造、工商经济、自由贸易、文明进化等起到了重要的推进作用。这些美德是斯密予以褒扬的美德，毕竟，他作为苏格兰启蒙思想家，对于现代社会主体的工商业新兴阶级，即资产阶级或市民阶级，他们道德生活的主流品质，还是认同、赞赏、提倡和支持的，这一点与休谟大同小异，他们自身也属于这个阶级，对于这个阶级的身份认同及其社会的主体意识是明确的。

斯密对于政治活动的德性以及政治家们的作用，也颇为看重，他认为政治与经济和文化的联系很多，所以，那些握有政治权柄的人，他们的审慎、智慧和宽容，具有重要的导向作用，因此，在政治领域，需要提倡和培养上述政治美德，这样有益于政府体制的良善。相反的，那种傲慢无礼、自以为是、无视法律的行为，会使得政治活动远离社会大众，滋生傲慢和偏见，最后导致专断和强横，致使政治败坏，人民遭受贫困和苦难。因此，他对于历史上的政治品德也有论述，强调一种君主和大臣审慎克己、尊崇法治的德性。在《国民财富论》一书中，他用大量的篇幅讨论责任政府，其目的也是为了在政治领域能够施行符合正义德性的公共政策，为国民财富的增长和国家赋税的得当汲取，提供一种正义的原则，他有时将其称为自然的正义体系，这是国家正义的目标所在。

还有，由于斯密晚年受到斯多亚主义的影响，不满于工商社会对于追逐财富的喧嚣，他对于沉思、静心和克己等哲人德性多有褒扬，提倡一种沉思性的人生，强调节制、审慎、沉静、玄思等德性，以对抗那些企业家、商人、资本家们在利益的激情下滋生出来的逐名逐利、利益熏心、享乐奢华等败德生活。斯密提出的这些具有传统特性的道德德性在一个资本主义物欲横流的时代，也是一种警醒，具有某种纠偏的作用，也是值得重视的。

上述种种德性，在斯密合宜性情感标准的参照下，大致呈现出一个二阶性的德性谱系，不同的社会群体，不同的状况下，可以有不同的道德类型，仔细研究，从斯密的一系列道德著述中可以勾勒出一个谱系层级的德性条目。当然，这不是本讲座的重点内容，我们只是需要知道，在斯密看来，在正义的美德之基础上，可以生长出众多的道德德性，它们高低不同，参差有别，但只要不伤及基本的正义，就都有自己的发展空间和影响范围，萝卜白菜，各有所爱，没有什么不好。但要注意的是，它们不能主动伤害底线的正义，不然就是败德之恶行了。实际上，正义之德并不高调，不强迫他人遵奉，而仅仅要求不要去有意伤害即可。所以，现代社会是一个极其宽容、包容的社会，法律是维护正义的最后一道门槛。

总的来说，斯密的道德哲学虽然有一定的张力，但其基本路径还是明确的，他的道德观是一种现代社会的基于工商业市民阶级的道德观，强调制度的正义性质，主张消极的正义美德，鼓励和倡导企业家和商人群体勤勉奋斗、克己事功、兢兢业业、俭朴工作、遵纪守法、诚实信用，而不是奢侈浮华、满足私欲、好大喜功、虚张声势，很有点韦伯所说的新教伦理的味道，这一点与休谟有所不同，但却反映了现代工商社会的另外一面。支撑斯密主张的，既有基督新教的道德观，但更主要的还是古典的斯多亚主义。斯密很是希望现代的工商业阶级，尤其是当时的新贵族和奋斗出来的工商新阶级，他们不是痴迷财富和享受，而是能够修身养性，培养沉思和良知，有一个斯多亚主义的精神境界，这样一来，把古典美德与现代美德结合在一起，把古典的高贵精神与现代的世俗精神结合在一起，把哲人风范与企业家商人的财富创造结合在一起，这种中庸之道的高级融汇，才是斯密心目中的德性谱系的理想版本。

当然，斯密也知道，这是做不到的，他的道德哲学最终有一些悲观主义的味道，也就可以理解了。一方面斯密要为现代工商业社会道德辩护；另一方面，他也知道现代工商社会的短板，知其不可而为之，这就是斯密道德哲学的复杂性与深刻性，也是最有启发的地方。从情感—秩序—美德，从正义美德—工商业美德—哲思美德，斯密为我们展示了 18 世纪苏格兰乃至英国社会的一种精神风貌，值得即便是生活于 21 世纪的现代—后现代的人们深入品鉴。

第七讲

斯密的《国民财富论》

苏格兰的道德哲学有狭义和广义之分，斯密与休谟都是如此，他们最有代表性。前一讲我讨论了斯密的道德哲学，集中于他的《道德情感论》，但他不是狭隘的道德哲学家，而是现代社会的思想家，因此，现代的工商资本主义以及相关的财富问题，也是其思考的一个中心内容，如何面对市场经济以及现代财富问题，也是他的道德哲学要解决的问题。斯密自己就有这样的自觉，现代经济秩序和法律秩序，是其道德哲学的一个内在组成部分，从道德哲学的视角看待那些被后来的经济学、法学和政治学等学科所圈定的内容，把它们视为现代道德哲学的必要内容，这本来就是斯密的原初想法，也是他作为格拉斯哥大学道德与伦理讲座教授的本职工作。下面，我们就按照斯密的思路，从苏格兰道德哲学的视角来考察这些领域的问题。

一、斯密的政治经济学

斯密是作为一位伟大的经济学家而著称于世的。即便在他生前，他是爱丁堡大学和格拉斯哥大学的道德学与法学教授，讲授过法学和政治学乃至英国文学等课程，写过天文学、修辞学、文艺学和涉及经济政策等方面的大量文章以及小册子，出版了《道德情感论》一书，但最著名的、为他赢得国内和国际性声誉的还是《国民财富论》。在斯密去世之后，斯密作为经济学家的影响日益显著，被主流经济学家和经济思想史学者推崇为现代经济学的开创者，他的名声、论著和观点俨然成为一种符号和一面旗帜，两百多年来被反复引用、研究和高举，只是到了晚近三四十年，人们才开始重视斯密的道德哲学，再版他的《道德情感论》，研究他的经济思想与道德思想的关系，有了一种斯密思想的重新复兴。为什么会如此？原因当然是复杂的，但斯密思想的重新发掘，斯密经济学需要寻找新的理论阐释，与晚近资本主义社会面临的道德危机有着某种内在的关系。在此，我们不去过多地关注斯密经济学的专业经济问题，而是从道德哲学的视角考察分析斯密经济学所蕴含的道德正当性问题，其实这个问题也是斯密最为看重的问题，只是作为经济学上的斯密继承者目光短浅，现在才回到斯密自己念兹在兹的问题。

1. 经济学史中的独特地位

斯密创立的现代经济学被经济思想史称为政治经济学，这是为什么呢？这个问题追溯起来比较复杂。简单地说，现代早期思想家们讨论的经济问题，诸如重商主义、重农主义以及其他各种观点，英国的威廉·配第、洛克，法国的大臣科贝尔、国王御医魁奈，还有百科全书派的诸多作家，以及荷兰、西班牙、意大利等国的理论家们，他们的经济思想理论，都被笼统地称为古典的政治经济学。据悉，政治经济学一词最初出现于 1615 年法国重商主义者蒙克莱田发表的《献给国王和王后的政治经济学》一书中，自此，经济学超出了家庭经济的狭小范畴（家政学），开始论述国家参与管理经济的作用，这为政治经济学的确立提供了方向。不过，直到 1767 年詹姆斯·斯图亚特出版《政治经济学原理探究》，"政治经济学"一词才第一次被引入英文文献，并有了较为完整的体系性著作。在此前后，像配第的《赋税论》《政治算术》、魁奈的《经济表》、杜尔格的《关于财富的形成和分配的考察》、卢梭的《政治经济学》等，也都属于古典政治经济学的经典著述。

斯密之所以被视为第一人或开创者，主要是斯密的《国民财富论》最为系统和深入地论述了现代市场经济的性质与原因，从劳动分工到市场经济，从商品生产、交换、流通与分配，到国民财富、政府管理乃至法治和殖民地事务等，几乎现代社会的所有方面，都给予了一种基于自由市场经济秩序的考察、分析和研究，使得现代经济学成为一种独立于政治和政策的科学，而不再是诸如税收、赋税、财政等围绕着政府或国家的政治和管理而提出的一系列经济政策的策论，即便这类策论是系统化的诸如重商主义、重农主义的国家经济理论。从这个意义上，斯密开创了一门独立自主的现代经济学体系，把他视为这个现代经济学的开创者并不为过，其他思想家们虽然在很多方面也有理论贡献，但相比之下，斯密不是国家或国王的御用理论家，提出的也不是为国家（统治者）所御用的国策之术，而是一套客观的有关现代工商社会商品生产的经济科学，具有独立的学术属性。

为什么要把斯密开创的经济学称为政治经济学呢？主要的原因是那个时代，经济学问题摆脱不了与政治和政府的密切关系，甚至政治制度从某种意义上主导着经济制度和经济秩序的性质与运行，所以，处于转型时期的现代社会，其经济理论又被称为政治经济学也有其道理。好在当时的英国已经完成了政治社会的革命，建立了一个稳定的君主立宪体制和法治政府，所以，在英国产生了斯密、休谟以及后来的李嘉图等人的政治经济学，也是必然的，他们有其自由市场经济的社会基础，而法国、意大利、德国等欧陆国家，虽然也有政治经济学之说，但成熟的政治经济学一直没有确立。到了19世纪下半叶，随着经济学成为主流的专业经济学，例如以马歇尔为代表的新古典主义经济学，他们只关注与经济运行自身相关的经济问题，诸如经济周期、资源配置、效益分析、均衡价格，等等，对于这些纯粹经济问题的研究构成了专门的经济学，新古典主义经济学就是其中最具代表性最有影响力的经济学理论，占据现代经济学的主流地位。显然，斯密并不属于这种只研究商品供需平衡关系的专业经济学，虽然斯密为它们奠定了思想理论的基础，但斯密所关心的政治经济问题，专业经济学并不关心，而是作为现代经济学的理论前提加以接受，并在斯密、李嘉图政治经济学的基础上构建起一整套宏大的现代经济学体系，马歇尔的《经济学原理》便是其典范著作，20世纪的凯恩斯就受其影响极深。

斯密经济学的理论意义在于，他开创了现代经济学，但他的理论不属于现代经济学，尤其不属于仅关注商品供求均衡关系的专业经济学，而是属于政治经济学，他关注的乃是现代国家与社会的经济秩序和国民财富的性质以及原因等问题，以及相关的道德正当性问题，而这些问题的解决，又必然导致政治经济学的终结。这样一来，斯密的经济学就既是开创者又是终结者，这也是斯密思想的历史处境。下面探讨斯密的《国民财富论》，主要是从这个视角来看的，尤其关注的是国民财富的经济秩序与情感道德的关系问题，看它们是如何被斯密纳入现代工商业社会的经济繁荣和个人福祉之中，并进一步予以道德正当性辩护的。

2. 国民财富与道德情感

处于社会转型之际的斯密经济学，显然要解决的问题就不是现代学科化的经济学所要解决的市场经济的产品效益、市场资源、商品供需、价格均衡等问题，而是要解决政府与市场的关系、国民财富的性质与原因、劳动分工、商品交换、价格形成、规则制定等一系列现代经济学的基础性问题，这就必然与情感论、道德论和价值论等非专业经济学的问题联系在一起。这些问题在那个时代，均被称为政治经济学的议题，斯密在其中承前启后，打破国家策论性质的御用经济学套路，创建了一门独立的经济学体系。他的经济学之核心问题是国民财富问题，探讨国民财富的性质和原因，是他的经济学之主要内容。

关于国民财富而不是国家财富的英文翻译问题，我在前文已经讨论了，斯密眼里的国民财富显然不是中文话语中的国家财富，恰相反，应该是扣除国家税赋之后的余额，即民间社会的财富之总和。问题在于，这个国民财富或民间社会的财富，它们是如何产生的，其产生的机制究竟是什么呢？这才是斯密首要关心的问题，也是已经从传统农耕社会走出来的英国工商业社会的问题。围绕着上述问题，斯密在《国民财富论》一书中，大致从三个部分论述这个问题。第一个部分，他要研究财富的自然分配秩序，分析讨论现代社会的产品之生产、交换、流通与分配的结构以及各自的作用与功能；第二部分，他要研究财富在市场经济中的增长和扩展，以及与此相关的货币、资本和利润等问题；第三部分，他要研究政府与财富的关系，确立两者的权责与界限。从经济学的角度来看，这三方面的问题都是现代工商社会的基本问题，也是现代经济学所要解决的首要问题。

在第一部分中，斯密提出了著名的劳动分工理论，为现代商品社会的商品生产之制度化找到了基础。一个日益分工细密的产品生产，是工商社会的前提，没有如此专业细密的分工体系，就不可能产生产品的商业化，那还只是自给自足的农业社会；有了劳动分工，就需要一个产品交换与流通的体系，否则分工也不可能持续，所以，产品作为商品的市场经济就是必不可少的。这样一来，商品生产和市场经济就取代了传统的自给自足的农耕社会的生产与生活方式，成为现代工商业的生产与生活形态，此后的商品流通、产品分配，尤其是市场经济的利润获取，以及产品消费，乃至国家税赋等事务就自然而然地沿着劳动分工、商品市场和市场经济的轨道演进形成。

第二部分的内容主要是探讨这个过程中的财富生成和扩展机制。也就是说，工商社会不再像传统农业经济那样以满足个人和社会，包括国家的消费为目标，而是以经济利益和市场利润的最大化为目标，这样的一种经济秩序才具有强大的动力，促进了每个人的财富激情和国民财富的飞速发展，同时达到富国裕民的效果。当然，这种经济秩序并非个人或社会的某种计划和政策所能安排和设计的，其中有一只看不见的手在调节这个市场经济秩序的升降起伏和个人的利弊得失。所以，市场经济既不是国家以及个人可以管控的，也不是毫无章法、任意胡来的，而是具有自生自发的演变机制，这个看不见的手犹如上帝之手，是不可知晓的，但它一直在幕后发挥着作用。

第三部分涉及的内容，实际上是传统政治经济学的主要问题，即国家与经济的关系问题，斯密提出了一个有限政府的理论，为后来的英美自由主义经济学和政治学奠定了基础，成为现代经济学的一个基本预设。所谓有限政府，就是政府不干预市场经济秩序，其职责在于为经济社会提供安全保障和公共服务，政府或国家的财政支出来自赋税，除此之外，政府没有其他的职能和权力，对于政府权力的过度使用要予以约束和制约，因此需要法治政府、责任政府。这样，也就解释了为什么国民财富是在扣除了政府税赋之后的社会财富，而不是国家财富。还有，斯密该书第四篇绪论中所说的富国裕民的含义也要准确理解，它们不是汉语语境里的国富民强甚至国强民弱，而是国家或政府的赋税充沛和藏富于民。《国民财富论》的真正主体乃是国民个人，个人的财富增强、富庶，乃至民间社会的财富繁荣、经贸发达、文明礼让、道德高尚，才是现代工商社会的理想之实现。

这些就是《国民财富论》中的中心议题和主要内容，斯密在其中的很多观点和理论都具有创新性的意义，与此前的那些政治经济学家，所谓重农主义和重商主义以及各种服务于国王君主的财政策论，迥然相异。因此，把斯密视为现代经济学的开创者，无可争议，斯密经济学的基本观点与基本原理被主流经济学视为经济学的基本常识和基本预设，即便是后来的各家各派对此有所发展和争辩，各呈其姿，也都是在斯密经济学的基础上开展出来的，都是斯密经济学这棵大树上的花果。

本课程的主旨不是斯密的经济学，而是道德哲学，因此，我们关注的乃是斯密经济学与他的道德哲学究竟是一种什么关系。前面我已经讲过了，道德哲学在斯密心目中其实更加根本，他的写作最重要的并非在于揭示和解释现代工商业社会的市场经济秩序以及国民财富的性质与原因（这些在该书中都做到了并形成了系统化的理论体系），而是要为这个市场经济秩序和国民财富的性质给予道德性的正当辩护，提出一个与之相互匹配的道德哲学，这个诉求是苏格兰道德哲学的基本特征，休谟等人也是如此。要实现这个任务，斯密的政治经济学就要回到他的《道德情感论》，或者说，要有一个道德哲学的视角来阅读和理解斯密的《国民财富论》。我认为，斯密的《国民财富论》是一个复调理论，看上去主调是市场经济与国民财富的政治经济学，但背后还有一个副调，那就是"道德情感论"与"道德正义论"。这里的道德不再是狭义的道德，还包括法律与政治乃至警察与治安等内容，也就是说，市场经济的运行与国民财富的创造，以及政府的税赋汲取与安全保障和公共服务，等等，都需要道德正当性的支撑。所以，《国民财富论》必须与《道德情感论》或"道德正义论"相互匹配，这也是这两部书一直纠缠着斯密但到去世时仍没有修订得令他满意的主要原因。此外，还有他早就计划撰写的法律论直到他去世也没有能够动笔撰写，仅留下一个法学课程讲座的学生笔记，这也不能不说是斯密的一个遗憾。

那么，具体到斯密的《国民财富论》，其道德哲学的要点是什么呢？由于斯密在《道德情感论》中集中处理了自然情感、旁观者的视角、合宜性以及基本的正义和诸种德性类别，关注的中心是情感主义的道德问题，那在《国民财富论》中，他关注的就是财富问题中的道德问题，是《道德情感论》在《国民财富论》中的运用。斯密试图在三个部分中建立起一套有关劳动分工、市场经济、财富增长、商品交换、自由贸易、产品分配，乃至政府职权、政治社会与经济社会二分的道德与法治理论，从而进一步夯实他的工商业社会的道德哲学。依据他的消极正义的二阶道德划分标准，斯密在《国民财富论》中首先还是为工商业社会提供一个有关财富的道德正义和法律正义的底线基础，这一点与《道德情感论》是一致的，与休谟的道德哲学也是一致的。下面我简单讨论一下。

第一，德性正义问题。斯密的经济学从劳动分工开始，其实这个开始就涉及道德问题，斯密与休谟的关注点有所不同，他不是从财富的激情出发讨论德性正义问题，而是从劳动尤其是劳动分工开始探讨这个问题，休谟关注的是稳定性的占有，斯密则是强调劳动对于财富的重要性。在斯密看来，为什么财产的占有具有道德的正当性，乃是在于人的劳动，劳动以及先占使得劳动产品成为我的所有具有了道德性或合法性。在此，斯密接受了洛克的劳动理论，认为通过劳动才能赋予劳动产品以我的所有的权利，这是一种道德权利。斯密认为这是市场经济和工商社会的出发点，但与洛克不同，斯密又认为仅仅劳动还不足以形成现代社会，他更关注劳动的分工体系与产品的自由交换，所以，劳动的正义还需要匹配有交换正义，交换正义的德性在于自由等价的交换，产品交换才是市场经济的根本，在此劳动力本身也是一种产品，所以，劳动、劳动分工、自由交换，乃是斯密《国民财富论》的基本德性，或称为德性正义。这个正义的建立，斯密认为既不是来自个人私利也不是来自利他主义，而是合宜性的结果，通过一种不偏不倚的旁观者的视角所产生的合宜性，就促成了这个基本的关于市场经济秩序之发端的德性正义。

第二，法律正义问题。既然工商社会的社会秩序存在着一种基本的德性，或道德正当性，那在斯密看来，仅有道德是不够的，道德正当性需要转化为法律正当性，即德性正义也是法律正义，他的《国民财富论》和《法学讲义》，重点讨论的一个问题便是现代财富的法律正义问题。在斯密看来，法律正义与德性正义一样，也是一种消极正义，它遵循的乃是以不伤害原则为基点的消极原则或底线原则，从不伤害原则出发建立现代工商社会的法律秩序。为此斯密具体提出了对物权和对人权等七种权利的观点，他认为法律要保障个人拥有财产权等一系列权利，这是不伤害原则的具体体现，正义的体系就是由社会秩序的道德情感—法律制度所构成的，它们既是德性正义，也是法律正义，如果没有财产权的法律保障，道德情感落不到实处，工商社会也难以发展繁荣，社会秩序也就瓦解失序。

在《国民财富论》中，斯密重点讨论的是与财富增长、市场经济密切相关的劳动分工、商品交换等机制问题，而在《法学讲义》中，他重点讨论的是财产权的具体权利类型，认为财产权作为获得性权利，又分为对物权和对人权。对物权是可以抗拒任何第三人的权利，如一切所有的财产、房屋和家具等；对人权是可以对抗特定第三人的权利，如契约、合同、协议等。对物权主要包括所有权以及由此衍生的地役权、抵押权和独占权。对人权主要包括以契约、准契约和过失而产生的权利。斯密认为上述七种权利构成了一个人的全部财富，它们依据的是法律上的不伤害原则，即不得被社会或其他任何人伤害的原则，由此形成了个人财产的正当权利。此外，斯密还讨论了占有的方式，包括实效、继承、主动让与等。由此，斯密在《法学讲义》中提出了一个关于财产权的权利体系，法律正义就是从上述法律制度中演化出来的正当性依据。

由于苏格兰的特殊性，斯密与休谟一样，并不是完全遵循英格兰普通法的传统，而是把普通法、大陆法以及早期现代的自然法思想等结合在一起，形成了他的权利体系以及消极性法律正义的理论。可以这样来理解，斯密的《国民财富论》所建立的现代工商社会以及市场经济秩序，如果没有财产权的法律权利体系的支持和保障，仅仅靠道德德性是不行的，社会财富的原理需要有法治的原理加以辅助，道德正义与法律正义，如车之两轮、鸟之双翼，缺一不可。

二、国民财富与市场经济秩序

1. 劳动分工与交换禀赋

斯密的《国民财富论》是从劳动分工开始的，此前，他大致接受了苏格兰情感主义的一般观点，追求个人的财产和财富是人的初始本性，属于自然情感，为了满足人的直接的苦乐情感。不同的是，这种情感追求与道德无关。正当地追求财富以及满足苦乐情感，需要一种旁观者视角下的合宜性的整合，从而成为道德情感。这样一来，财产和财富才是具有正当性的和法律性的，即具有道德正义和法律正义的属性，属于人为的制度性德性价值，现代的经济秩序和工商业就是建立在这个消极的正义制度之上的现代社会。

斯密认为，合宜性的正义制度（德性与法律两方面）导致了一个深入的变化，即促使个人追求财富的方式发生了重大的变化，这个变化的契机在于，合宜性情感内涵的三个要素：动机、手段和结果，它们发挥的作用有了重大的变化。传统的道德与法律理论，不是强调动机就是强调结果，由此产生的利他主义和利己主义的对立观点主要是系于行为动机的不同，但一致之处是它们都强调动机的重要作用，而慈善主义的社会公益论或功利主义的效果论，也是对立的观点，但它们也有一致之处，那就是都强调行为的结果。斯密与上述各派观点的最大不同，在于他强调手段，强调工具和过程高于动机和效果的重要性，这样就使他对劳动分工和交换禀赋这类工具性的东西，给予了高度的重视和强调。由此他的经济学具有了崭新的开创性意义。过去的经济理论没有人如此看重与深入分析劳动分工以及劳动分工与商品交换的关系，没有人认为市场经济和工商社会就是建立在劳动分工和交换禀赋的机制和原理之上的，仅仅是把劳动分工和商品交换看作一般性的经济工具，但斯密却在那里发现了现代经济秩序的密码，赋予其重大的作用。这些与他提出的旁观者的合宜性情感理论是密切相关的。

斯密发现在现代工商社会中，个人追求利益的工具或手段发生了重大的变化，从而导致财富生产和市场经济有了飞速的发展，这个工具手段就是劳动分工的日益细密和精致，与此相关的是商品交换的制度化凸显。本来，劳动分工是人类生活的一种基本能力，交换也是人类群体交往中的天然禀赋，在传统的渔猎社会和农耕社会也都存在，但是，工商社会的劳动分工和交换禀赋却发生了一场革命性的变革，分工和交换从手段工具变成了目的，它们不是为了满足简单的生活需要，而是为了分工而分工，为了交换而交换，这样就促使劳动分工更加细密、精确和精致。当然，这个过程要伴随着现代第一轮工业革命的技术发展才能达成。不过，这还不够，还需要持续的制度配套，那就是商品化的市场经济，商品经济不再以满足个人的生存需要为目的，而是以财富的增长为目的，劳动分工和市场经济都是为了财富的无限扩展。财富追求与劳动分工和市场经济密切相关，变成它们得以存续和进步的动力，反过来，它们也促进了财富的飞速发展和增长，以至于现代工商业几十年间造就的财富，比传统社会数百年财富的总量都要多得多。

在《国民财富论》一书中，斯密具体和深入细致地分析了劳动分工的各个环节以及商品交换的各个要素，这些构成了斯密经济学的最具原创的内容，成为现代经济学的基础，为各派主流经济学所接受和继承。总的来说，通过这种新的视角转换，斯密揭示了现代工商业和资本主义的市场经济的基本原理，它们给社会乃至个人，包括国家提供了一个新的财富生成的来源和制度，从而出现了人类前所未有的财富大发展，人类进入一个财富繁荣和经济发展的新时代，这就是后来大家熟知的现代资本主义。从今天的视角看，这些有关劳动分工和市场经济的认知是大学本科的基本知识，说的是现代社会经济运行的常识，但在当时却是石破天惊的新东西。斯密第一次系统、深入地解剖了劳动分工和市场经济的基本环节和要素，从生产、交换、流通、分配到成本、效率、资源、均衡、贸易、市场等方方面面，全面分析了资本主义市场经济的过程和性质，创建了一个现代经济学的理论体系。

除了商品经济的内容之外，其实斯密的《国民财富论》还隐含着另外一个主题，这个主题他在书中并没有直接写出来，但自始至终都贯穿在斯密经济学的思想之中，那就是现代财富的道德问题，即现代财富生成的正当性基础问题。无论是国民个人的财富、社会的财富，还是政府的财富，其道德正当性是否存在，如果存在，是如何展现出来的，标志是什么，它们与传统农业生活及古典社会的财富正当性的差别是什么，这些问题可以说是缠绕着斯密一生的问题。

2. 国民财富的性质与原因

国民财富的性质是什么呢？要回答这个问题，斯密认为还是要回到旁观者的合宜性的视角，从这里出发，不但能够发现现代财富的从手段（工具）到目的（效果）的重大变化，而且还能彻底改变传统道德思想的动机论（无论是满足个人私欲还是满足公义），从而建立一种规则论的正义德性观，以此论证现代财富的正当性。

斯密的这个理论路径如下：为什么会有劳动分工？为什么会有产品交换？为什么会有市场经济？它们不是单纯地取决于财富本身，而是取决于一个社会的形成过程，或者说，在现代财富的生成过程中，形成了一个社会，或形成了一个社会秩序。在这个社会中，产生了一种社会关系和与此相关的社会情感，这些就是《道德情感论》中所讨论的社会共通的情感，它们依赖于人的想象力、同情心等心理机制。苏格兰思想家们所谓的这个同情共感开始还是自然的、前道德的，但作为一种人们彼此之间的联系方式，势必就会产生出一个社会，由于出现了社会性或社会群体，人们之间天然的同情共感就发生了变化，尤其是随着财富的私人占有，原初的情况就发生了重大的变化。直接满足生理需要不再是劳动和生产的目的，为了更多更大的利益就成为目的，这样一来就促使劳动分工越来越细致与精密化，效率越来越高，产品越来越多，由此产品不再是直接的消费品，而成为商品，这样就形成越来越广泛的商品市场，商品交换越来越频繁，由此就导致了一个财富无限扩大的工商业经济体系。

随着市场经济的发展，原先的同情共感的联系方式也随之发生了深刻的变化，其目标不再是满足直接的情感需要，由于手段和工具的变化，目标也随之变化。劳动分工和交换市场促使同情共感越来越社会化和文明化，产品的精雕细琢和美轮美奂，制造工艺的科技化提高，以及文化品位的风雅时尚，这些都成为财富的象征或者财富本身。也就是说，财富不再是简单的物质性产品，而是越来越体现为文化和精神性产品，财富与社会地位、生活方式、礼仪时尚、文明程度、尊严、威望、骄傲、艳羡等联系在一起。那么，有一个问题就出现了，如何评价和裁定财富的性质呢？换言之，财富的正当性与道德性，以及财富之富足大小程度的标准是什么呢？由于传统的固化等级制度已经被打破，贵族阶级逐渐解体，国民—公民成为一个日渐平等的共同体，于是，就需要一个能够为大家普遍接受的标准，休谟提出了共通的利益感，但还是比较模糊，斯密进而提出了一个建立在旁观者视野下的合宜性，这个合宜性的情感能够形成一个公正的不偏不倚的正义标准，那就是消极的德性正义，它既是一个道德正义，也是一个规则正义或法律正义。

在上述正义规则的基础之上，现代社会关于财富的性质才得以解决，即国民财富是一种符合正义的财富创造与财富追求，与此相关的劳动分工、市场经济、商品交换、贸易流通、资源分配、无限追求财富的劳作，致使市场经济运行的规则，贸易流通的自由，个人情感享乐的自主，个人支配财富的自由，等等，这一切也都具有了正当性和道德性，不但不是恶的，还是良善的。一个基于国民财富生长的现代工商业社会，才是一个有德性的社会，才是一个可以生活有道的社会秩序。财富的生长、扩展和享用是与道德不矛盾的，相互之间不但不排斥，而且相得益彰。如此视角得出的观点，既不是当事人个人的观点，甚至也不是国家的观点，而是一个假设的旁观者的合宜性的观点，由此具有不偏不倚的中立性质，只有通过这个合宜性的视角，现代国民财富的性质才能获得恰当的解释。

对比一下《国民财富论》与《道德情感论》，斯密关于合宜性的运用各有偏重，在《国民财富论》中，他强调的是这个合宜性视角下的财富增长的原因和具体制度内容，而在《道德情感论》中，他强调的是合宜性的道德情感的底线正义及其德性类型。如果结合这两部书来看，关于国民财富的道德论，其合宜性在底线正义的德性规则之基础上，还是可以划分出与财富相关的现代社会德性谱系，这个谱系在斯密的理论中也不是等量齐观的，而是有高低不同的分类层级。例如，乐善好施、慈爱助人、勤勉俭朴、敬业持家的美德，光荣与尊崇的名誉感、奉献与牺牲的公共精神，等等，在斯密列举的道德谱系中，就占有较高的地位，属于优良的德性。还有诸如意志坚强、英雄气概、奋发有为、刚毅果敢等也是现代社会的优良美德，还有沉思宁静、审慎谦卑等，也是优良的美德。至于自利自私、自我中心、坚定勇敢、争强好胜、进取心和荣誉感、精打细算、小心谨慎、冒险精神和追求卓越，等等，只要它们符合市场经济社会的规范，也是值得肯定和认同的，也不失为一些美德。至于奢侈奢靡、好大喜功、铺张浪费、豪华夸张、享乐主义，不择手段牟利自私，等等，斯密则持批评态度，不认为它们属于社会的美德，在此，显示出他与休谟的差别和分野，他们对于财富性质的认识有所不同。

正是由于有了社会，尤其是有了与社会密切相关的诸种德性，财富的性质也就有了变化，财富的价值不再体现为满足直接的个人情感（诸如苦乐感等），也不再是财富本身的物质性（诸如土地、房舍、金钱、财宝等），而是附着其上的社会内容或社会情感，及其与此密切相关的社会地位、名誉尊严、仪表风范等社会性价值与象征。这些属性显然具有了道德性与正当性的内涵，是它们决定了财富的正当与否以及德性程度的高低，至于为什么会形成这样的评价标准，则来自旁观者的合宜性。所以，财富的道德性、社会性与合宜性三者就在财富创造与积累的市场经济秩序中，结合在一起。这就是现代社会财富的性质与原因的另外一个维度的审视，它为《国民财富论》的经济学研究提供了道德学的背书，现代的工商经济社会可以是一个有道德的社会，每个国民追求自己的财富，不是可耻的，而是正当的，一个国民财富蓬勃发展的社会，必定会成就属于自己的道德哲学。当然，现代财富的大发展，有一个基本前提，那就是它们必须奠基于一个不伤害原则之下的消极正义这个基点之上，缺乏这个消极的道德与法律正义，现代财富的正当性与道德性也就荡然无存。

3. 货币、资本与信用

在《国民财富论》中，斯密还进一步研究了现代财富生长的其他手段和工具，诸如经济运行过程中的工资、成本、利润，尤其是货币、资本和信用等新的经济形态。实际上，一旦有了劳动分工，一旦有了商品交换，一旦形成了一个商业社会，就必然会有货币、资本、信用等这些更加抽象化的在传统经济形态从来没有出现过的新型创造财富的工具，这种新的工具，显然就使得国民财富的飞速增长有了新的变量。

这种新事物对于现代财富的正当性产生了什么影响呢？要回答这些问题，首先要搞清楚什么是货币，什么是资本，什么是信用。对于它们，虽然今天的经济学教科书就能回答，但在 18 世纪的西方经济思想界，却并不是很清晰的，关于它们的属性及来龙去脉曾经引发了一系列理论上的争议和论战，重商主义与重农主义就是两种对立的理论观点。在苏格兰启蒙思想家那里，诸如休谟、斯密等人，也都投入了很大的精力，讨论与研究这个问题，写下了大量的文章和笔记。因为这些问题并不仅是抽象的理论问题，也与当时正在出现的银行货币、期货股份、金融债券、贵重金属以及政府的货币政策、关税政策、国际贸易、商业周期、商品流通等现实的经济问题密切相关。斯密关于货币、资本、信用等相关问题的具体经济学观点，在此我们不予以讨论，下面仅讨论如下几点。

第一，斯密对于货币的贵重金属性质（金银）比较认可，对于那种主张放任银行发行纸币的做法，还是持有较为审慎的保守观点，这表现了他对于现代市场经济的看法是渐进主义的，不属于激进主义，在此与休谟的思想观点大体一致。为什么呢？因为市场经济总是需要一定的基础条件，其中社会秩序的健全与稳定非常重要，虽然纸币取代金银是一种商业工具的进步，但纸币与银行的信用也会受到人们盲目冲动的影响，而失去交换尺度的工具功能，荷兰郁金香事件、南海金融泡沫和苏格兰埃尔银行倒闭风波，等等，这些事件都引起斯密和休谟相当的警觉。总的来说，在市场经济的初期，在当时的苏格兰，在有关资本、货币，还有信用、信托、债券等问题上，斯密表现出保守性的一面。

第二，斯密又不是一个保守主义者，他认为在市场经济的运行过程中，资本的积累和货币的流量最终会受到合宜性原则的支配，这个原则会调整人的不恰当情感的诱惑，矫正其出现的偏离自然秩序的倾向，使市场经济步入正轨。因此，在自由贸易、开放市场、放开管制、打破关税壁垒，促进企业家和商人积极生产、交换、贸易，充分利用货币以及资本的方式投入产生等方面，斯密又是非常开放的，表现出他作为一位现代资本主义经济代言者的开放特性。

第三，斯密上述两方面理论特征看上去有些对立矛盾，但其指向的问题却是同一个，那就是如何定位国家或政府的职能。为什么他对银行货币、证券债券以及国家信用及其财政政策、关税政策、贸易政策等，采取非常谨慎的存疑态度，并没有大力倡导，为什么他要鼓吹市场经济的独立性、工商企业家商人的自主性，强调经济运行的自然周期和资源效率的平衡，等等，都是因为在现代早期资本主义经济状态下，一直有一个政府的权力笼罩问题。固然不排除各种金融证券方面的个人投机家大量存在，但最大的投机者乃是政府，掌握权柄的政府及其衍生机构，它们才最有可能成为货币、金融、债券、证券等领域的投机者，给正在发育成长的市场经济秩序带来巨大的破坏，导致国民财富的大量贬损，阻碍工商业的正常运行，破坏人们的市场信心。所以，在规范和限定政府的职权之前，对各种以国家和政府名义实施的财经举措，都要抱有审慎防范的警觉，以免它们破坏现代市场经济的有效运转。

所以，《国民财富论》用相当大的篇幅讨论了政府的经济行为，提出了著名的有限政府理论。在他看来，有限政府不仅是政治学的核心问题，也是经济学的核心问题，是现代经济秩序的核心问题。如果一个政府的职权没有受到严格的约束和限制，现代的市场经济和自由贸易，以及现代财富的高速发展，人民的福祉和国家的富强，都是不可能的。《国民财富论》关于现代财富的性质与原因需要一个政治的前提，斯密用上卷探讨了财富的性质与原因，而下卷则重点探讨有限政府问题。所以，一个看上去是政治学意义上的政府理论，在斯密那里也就成为经济学的理论，而且是一个前提性的理论。

4. 看不见的手的机制

在讨论斯密的有限政府论之前，有必要先谈一下斯密的一个原创性思想，即看不见的手的假设。其实，早在应对曼德维尔的问题时，斯密就感到他的市场经济理论面临着一个难点，那就是每个人的行为所导致的社会群体效用并不与个人的意图相一致，具体到现代工商业社会，每个人或每个企业的市场经济行为所产生的效果或结果，也并不总是与原初的意图相一致，甚至出现相反的情况，这里的原因是什么，又是什么机制导致这种情况的呢？

对此，曼德维尔指出，每个人都在追求个人的私利，结果却形成了社会的公益，因此认为个人的追名逐利、满足私欲是无可厚非的。斯密不能接受这个结论，但这种情况却是不可否认的事实，尤其是在市场经济中，个人或企业在商品生产、交换和贸易流通中尽可能获取自己的利益，结果却并非总能达成自己的意图，甚至在无形中形成了一种公共利益。也就是说，在一个劳动分工和市场交换的汪洋大海之中，人们的行为往往会产生一些非意图的后果，似乎有一只看不见的手在背后操纵着。如何解释这个情况在当时确实是一个理论难题。

应该指出，斯密提出的这个隐喻式的说法，细致说来，大致包含三个层次的含义。第一个层次，主要指的是人的行为的偶然性，这种情况在经济生活中则体现为市场经济的偶然机遇。虽然在传统社会中人们的生活也有偶然性，但在经济活动中却是不多见的，自己的一亩三分地，收多少粮食，交多少赋税，日出而作，日落而息，农耕生活方式，一辈子大概如此。现代的工商社会就不同了，社会分工越来越精细，瞬息万变的市场行情，各种各样的新产品、新观念，这些都是陷入狭隘分工体系中的每个个体无法把握的，它们超出了每个人的能力和眼界，非意图的后果之类的事情层出不穷。那些被归于偶然性的事情总有某种机缘，所以，假设存在着一只看不见的手在起作用，也不失为一种解释。这是一般通行的说法，也是斯密这个概念的最低层次的表述。这种解释有一定的道理，但不深刻。如果从工商社会的道德性来看，这个层次的解释也从一个侧面佐证了旁观者的合宜性理论，即个人利己主义的道德观并没有获得社会经济后果的证实，合宜性并不与个人私利直接相关，而是非个人意图的公共性结果，非意图后果恰恰证明了曼德维尔为自私牟利辩护的不正确。

第二个层次，斯密感到，对于市场经济中的这双看不见的手，还不能过于强调其重要性，而要有所节制，它们只是经济运行背后的某种机制，并不是工商业社会的主导机制，所以，在《国民财富论》和其他著作中，斯密并没有经常使用这个词汇，只是偶尔使用了几次。为什么呢？斯密认为在现代工商业社会，企业家和商人以及他们从事的市场经济活动才是主体，是动力机制，是推动国民财富飞速增长和社会进步的力量，虽然不时会出现非意图的后果，但意图的实现还是主要的，保障他们从事财富创造和商品生产、交换与流通的自由法治秩序和开放贸易的市场机制，还是稳固和牢靠的，并且具有着正当性的制度支撑。所以，以市场经济为主导的，企业家行为为发动机的，国民财富的增长为目标的现代社会，是主流的社会制度形态并具有自己的道德依据。

至于看不见的手的问题，只是具有某种辅助性的矫正功能。从经济上看，这种矫正表现为不能把市场经济视为理性计算的系统，企业家们不可以凭借计算和推理就可以实现自己的意图，尤其是私人牟利之最大化的意图，而是一种市场的博弈，每个人的意图和行为所构成的社会化市场秩序，会形成新的结构和结果，非理性计算所能把握，最终只能是非意图的后果，以补充和矫正原先的个人意图。从道德性上看，看不见的手恰恰佐证了旁观者的视角的可能性以及合宜性标准的情感恰当性，从而也矫正了基于利己主义和利他主义的各种道德偏见，提供了一个不偏不倚的道德情感的消极正义的德性标准。从上述两个方面来看，关于看不见的手，就不能简单视为一种个人行为的偶然性，而是一种在市场经济活动中起着重要补充作用的背后机制，从而保证市场经济健康且富有活力地进行。

第三个层次，是斯密思想中的比较隐晦的东西，这在对斯密的晚近重新研究中被挖掘出来，有学者认为在斯密的晚年思想中出现了某种与早年经济和道德思想不甚一致的神学思想或古典自然法思想，涉及看不见的手的问题，对此大致出现了三种解释途径。第一种，主要是主流经济学的，大致认同前述的两层说法，尤其体现为经济过程中的博弈论方面的深度挖掘，寻找与斯密看不见的手的思想关系。第二种，主要是后来的德国经济学，把看不见的手与黑格尔哲学中的"理性的机巧"联系在一起，认为斯密的思想隐含着某种理性的机巧，看不见的手实际上是指全能的理性在人的市场行为中施展的一种机巧，实现的是理性至上的意图。第三种，主要是加尔文神学方面的，认为斯密还是受到加尔文神学的影响，看不见的手实际上不过是体现着一种神意，神在人的市场经济和财富追求中，施展自己的意图，最终要证明的是，市场经济秩序也是神的一种安排，也是神的意图的实现，人的行为不过是一种木偶式的表现。

总之，上述三种解释，尤其是后两种解释，超出了经验主义的范围，把人的行为，尤其是人的工商活动、市场经济和追求财富的行为，置于某种超验的东西之下，无论是全能的理性，还是神的旨意，他们通过看不见的手的功能，通过常识理解不了的机巧，在左右人的行为，决定人的行为的结果。人、人的行为、人的财富，等等，不过是工具和表象，在人的背后有更大的意图和目的。

我们如何看待斯密的看不见的手的思想呢？说起来，上述三种解释路径虽然与斯密的思想不无关系，但还是发挥的成分多了一些。现代市场经济中的博弈论以及制度经济学，比较接近斯密思想中的经济学原理，如果把哈耶克等人强调的制度演化经济学的内容放进去，看不见的手的思想就蕴含了更多的理论想象空间，所以，现代主流的经济学非常看重这个层面的含义，斯密的思想确实具有某种理论的前瞻性。至于另外两种超验性的解释，相比之下，离斯密的原意较远，发挥演绎的色彩较大。斯密属于经验主义，看不见的手与黑格尔的理性的机巧，没有什么关系，虽然理性的机巧有非意图后果的效应，但大写的绝对理性，斯密从来就不会接受。还有加尔文神学的视角，强调哈奇森的影响等，也不对，斯密思想的神学色彩并不强，相比之下，倒是在晚年斯密主要接受了斯多亚学派的自然法思想，所以，看不见的手也可能更多地蕴含着天道自然、自然法则的含义。果真如此，《国民财富论》的另外一个问题就凸显出来，表现出斯密经济学的另外一种内在的张力。

这个问题就是，在斯密的经济学和道德哲学中，一方面他提出了人为的正义等德性制度，以及市场经济秩序，它们都不是自然本身的，而是从自然情感、自然行为中演化出来的，是人为的，或人造就出来的。这些观点与休谟是大体一致的，至于如何达成人为的机制，两人有所不同，一个强调共通的利益感，一个强调旁观者的合宜性，但工商社会的德性与规则正义以及诸种德性形态，都是来自人的社会化行为和社会化心理（群体的同情共感和合宜性），都是与社会，尤其是与经济社会密切相关的。正义和德性是人为的，是在从情感到秩序再到美德的演进中得以展开的。但是问题在于，斯密又不时地另外提出了一个自然的自由正义秩序，这个秩序又不是人为的、非社会演进的，尤其是与财富利益、分工劳动、贸易交换、商品流通关系不大，是自然的一种道德秩序。

这样一来，斯密就面临着一个问题，即两种正义即人为正义与自然正义之间，以及两种秩序即自然自由秩序与人为市场秩序之间，究竟是何种关系呢？这个问题他一直没有明确地予以解答，一直是作为一个深层的张力问题存在着。到了晚年，他之所以持久地修订《道德情感论》，接受斯多亚思想的影响，看上去像是试图在古典自然法的秩序中来解决这个问题。当然，今天看来，这个问题并没有彻底解决，因为古典社会可以用自然法的超验秩序来统辖世俗社会秩序，但现代工商社会，自然法已经演变为自然权利，工商业的财富追求以及人为正义所建立的市场秩序，已经不可能用古典自然法来统辖。所以，如何看待他提出的自然正义和自然的自由秩序，它们对现代的人为秩序如何发生影响，就显得既重要又无足轻重，恰好，看不见的手的提出，就显示出这种双重特征。

换言之，看不见的手，与其说是市场博弈的均衡、理性的机巧、神意的显现，不如说是自然法则（天道）的现实体现。说它重要，因为它能够最终决定市场经济秩序的过程与结果，裁决国民财富的性质与得失；说它不重要，因为它毕竟不是现实秩序，不是财富创造的动力机制，也不是市场经济的主体，甚至也不能主导人为德性与正义的标准取舍。这些东西都在工商业社会自身，在于企业家、商人们的创造性行为，在于自生自发的社会演进，看不见的手只能调整与辅助修补，不能完全取代。这样，两种秩序、两种正义就通过看不见的手的机制联系起来，它们既不是相互对立、相互排斥，也不是相互促进、相互加持，而是说不清的制约关系，有距离但又不隔膜，有联系但又不亲密，很类似旁观者的那种不偏不倚所产生的合宜性对于人的情感的作用，看不见的手就像是在社会经济秩序中所承担的旁观者的合宜性功能。

三、有限政府论

现代的市场经济秩序有一个前提，就是社会独立，或者用现代的话来说，就是政治与社会的两分，政治的归政治，社会的归社会，社会从政治国家或政府那里独立出来，才有所谓的市场经济。在传统社会（城邦国家与封建体制），政治与社会是不分的，社会被政治权力所管制，所以也就不可能出现市场经济，因为人是不自由的，有限的市场是从属于政府指令的。斯密所处的时代是一个转折的时代，资产阶级已经建立了君主立宪制度，经济领域也出现了蓬勃发展的工商业，市场经济的雏形大致形成，所以，需要在理论上摆脱旧的政治经济学（国策论）的束缚，经济秩序不再从属于政治国家或政府权力的指令，要实现自己的独立自主性。为此，一个基础的工作就是确定政府权力或职权的边界，从而达到政治与经济的分离，政府职权的归政府，市场经济的归市场经济。斯密的《国民财富论》所完成的主要工作，就是这两项内容，一项是上卷讨论的国民财富生长的性质以及市场经济的自生自发的原理，另一项是下卷讨论的政府职权边界问题，尤其是英国政府的税赋和殖民地政策，在此他提出了著名的有限政府的理论，为现代经济学奠定了经济与政府关系问题的基础理论。

1. 自由市场经济

《国民财富论》的主旨是如何达成富国裕民，斯密在论述中一再指出，国民财富的有效增长和市场经济的形成发展，奠基于一个自由的市场经济秩序，没有自由，也就没有市场经济制度，也就没有现代的财富生长。什么是自由呢？虽然它包含很多内容，但就经济秩序来说，主要是市场经济与政府权力的关系。具体一点说，包含如下两个方面，一个是自由开放、独立自足的市场经济，另外一个就是职权明确的有限政府。或者概括起来说，自由的市场经济就是从无限权力的政府掌控中摆脱出来，实现经济的独立自主，或者说，建立一个有限的责任政府，也就有了自由的市场经济。总的来说，自由与否与政府权力具有密切的关系。

在苏格兰启蒙思想家们看来，现代工商社会的财富，尽管起源于个人的追求、创造与享受财富的激情，但其背后的精神并不是孤立的个人主义，这就决定了现代市场经济势必是一个社会化的产物。有公共社会，就会有政府，有维系公共秩序的组织机制。所以，财富生成与政府权力、市场经济与政府管理，就必然会发生难解难分的关系，如何厘清两者的关系，划分两者的界限，区分各自的权责，就成为现代工商社会的一项主要内容。

需要指出的是，18 世纪的苏格兰思想家们，他们对于政府或政治的主要看法有别于英格兰革命时期的思想家。在光荣革命前后，英国的政治思想家们，诸如霍布斯、哈林顿、洛克，以及辉格党与托利党人，还有法国启蒙思想和大革命时期的理论家们，他们对于政府和政治的看法大多是激进主义的。他们思考的中心议题是政治与国家问题，君主制、共和制、民主制，革命、反革命、暴政、复辟、解放、自由、平等、博爱，等等，还有专制体制、自由体制、立宪体制，等等，政治化的倾向比较浓厚。苏格兰思想与它们不同，由于政治革命已经完成，君主立宪制已经实现，所以，他们思考的中心议题不是构建政治体制、革命与反革命等问题，而是在一个稳定的政体制度下，如何实现现代资本主义的经济发展，如何促进一个国民财富的普遍增长，如何实现一个经济社会的繁荣发展。这样一来，政治就转化为经济发展、市场经济与政府指令、政府职权的关系问题，就成为他们思想视野下的社会秩序的主要问题。

斯密也是如此，他的国民财富论或现代经济学，一个中心议题就是规范政府职权，确立有限政府，从而奠定自由市场经济秩序，促进国民财富的增长壮大。这些才是苏格兰政治经济学的主题，而不是诸如洛克他们那样的倡导自然权利、创建立宪君主制、反抗暴政的政治哲学问题。因为，洛克的时代已经过去了，新的时代需要新的主题，它们就是自由市场经济与有限政府，斯密深入而准确地抓住了这个主题。斯密认为，自由的市场经济，并不是意味着不要政府，不是无政府的丛林状态，在丛林状态下是生长不出自由的市场经济的。自由市场经济的政府，不是一个权力无远弗届的政府，而是一个职权清晰、权力有限的政府，这个政府理应为市场经济的自由运行提供基本的保障，保护每个国民的基本权利不受侵犯。所以，自由的市场经济秩序意味着自由政府体制，这里的自由意味着政府的职权受到法律约束，每个人都可以在市场经济的汪洋大海中合法地从事财富的追求与创造，自由是法治下的自由，遵循的是消极正义的不伤害原则。

在斯密那个时代，关于政府与经济问题的讨论，盛行于世的主要是两个主流理论，一个是重商主义，一个是重农主义，斯密正是在对这两种理论的批判中，逐渐建立起他的自由市场经济和有限政府理论的。在《国民财富论》下卷，斯密专门列出章节，分别对重商主义和重农主义予以理论批判。

下面先说重商主义。重商主义是西欧封建主义解体之后的一种经济理论，盛行于 16—18 世纪。伴随着初期资本主义生产方式的逐步建立，地理大发现扩大了所谓的世界市场，给工商业和航海业以极大的刺激，进而促进了各国工商业和对外贸易的大力发展。与此同时，西欧一些国家也建立起开明专制的中央集权体制，法国的路易十四就是典型代表，这些君主国家实施国家支持工商业资本的政策，这就形成了对于阐述这些经济政策的理论需求。再加上社会经济方面呈现出来的商业贸易的繁荣兴旺，促使旧贵族纷纷转变为新式商人，工厂业主、商人、经贸业主和金融投机者成为社会主体，各国的社会结构发生了很大变化，于是重商主义逐渐兴起，其早期代表人物是约翰·海尔斯、威廉·斯塔福德和孟克列钦，晚期代表人物是托马斯·孟和科尔贝尔。

在经济贸易领域，重商主义强调贵重金属（黄金白银）的重要意义，认为商品的本质属性在于货币，尤其是在贵重金属上面。他们认为一个国家的财富主要体现在货币尤其在贵重金属上，衡量一个国家的财富之程度，主要是看它在对外贸易中的顺差，即尽可能多地积累和储备金银这些贵重金属。他们主张一国之贸易、财政和税收政策，主要是以货币和贵重金属为标准，认为一国积累的金银越多就越富强，为此国家要干预经济生活，禁止金银输出，鼓励金银输入，最有效的办法是由政府管制农业、商业和制造业，实施国家对外贸易的垄断，通过高关税及其他贸易限制来保护国内市场，并利用殖民地为母国的制造业提供原料和市场。

由此可见，重商主义仍然是一种国家经济学或政府经济学，它关注的主题不是工商社会的经济与财富问题，而是政府如何管控经贸以获取最大金银财富，其主旨是为政府或王室的经济政策服务。所以，他们的策论才是"国富论"，国家或政府的富与强，是他们的目的，至于臣民的福祉、个人的财富增长，不在他们的理论关注之中。显然，重商主义的理论立足点与斯密经济学根本不同，斯密是要建立"国民财富论"，关注的是国民个人与社会财富，不是国家和政府财富，是自由独立的市场经济秩序，不是国家管控的官厅经济秩序。

为了确立市场经济和国民主体的地位，斯密在《国民财富论》中对重商主义给予了猛烈的批判，驳斥了他们对于商业秩序的错误观点。斯密认为重商主义严重误解了自由、市场经济和货币之间的关系，其关于贵重金属的认识，以贸易顺差为导向的经济政策，抬高和强化关税、限制自由贸易的做法，都是错误的，非常有害于人们对于正常的市场经济和自由贸易的理解，也不利于国民财富的增长，它们是政治家的短视和各国间的贸易猜忌所导致的，也是商人基于过分的自利激情所产生的垄断精神的恶果。总之，重商主义不是现代工商社会为主体的经济学，不考虑国民财富的增长，只关心政府或国家对财富的占有，对经济的垄断，对国民的支配，这对于自由的市场经济和国民财富的发展，乃至对于富国裕民而言，都是有害的。

下面我们再看斯密对于重农主义的批判。大致 17 世纪末至 18 世纪中叶，法国处于封建主义过渡到资本主义的转变时期，农业在经济上占有很大优势。但是，法王路易十四和路易十五先后实行牺牲农业发展工商业的重商主义政策，使农业遭到破坏而陷入困境，于是出现了反对重商主义政策，主张重视农业的重农主义经济学说，重农学说的理论基础是自然秩序论。重农主义认为自然界和人类社会存在的客观规律是上帝制定的自然秩序，而政策、法令等是人为秩序，在他们看来，只有适应自然秩序，社会才能健康地发展。重农主义的代表人物主要有魁奈、杜尔哥等。

相比之下，斯密对于重农主义还是抱有相当的同情心，认为重农主义在与重商主义的论战中更有道理，例如，重农主义强调生产在国家经济活动中的重要性，而不像重商主义那样过分强调贸易和贸易顺差。以魁奈为代表的重农主义强调土地、农业经济在国家经济秩序中的主导地位，认为农业劳动在国民经济中的基础性地位，尤其是在《经济表》中他对于农业、人口、土地、需求、消费、价格、产品、贸易、地租等都做了深入具体的分析，他关心法国农民的社会状况，区分了不同的社会阶层及其在国民财富生产中的作用与地位，认为农业生产才是国家财富的真正源泉。

显然，重农主义矫正了重商主义过于看重贸易以及强化国家管控经济的片面性，他们关注农业生产，倡导恢复自然经济秩序，这些都值得肯定。但是，斯密并不是完全赞同重农主义，对此他也有所批判，主要体现在如下两点。其一，重农主义仍然也是以政府或国家为中心的策论，政府的经济政策以及农业经济的实施，都是为了满足国家的财政需要，是为国家利益服务的，虽然在这个过程中会有利于农民、农业和自然经济的恢复，但重农主义的目的并不在此，换言之，重农主义并没有完全以现代的工商业、以市民资产阶级的商业活动和财富活动为中心，所以，仍然不属于现代的国民经济学，还是政府经济学或国家经济学。其二，重农主义在批判重商主义的同时，过于强调土地农业的重要性，忽视了商业和经贸以及自由市场经济对于现代经济秩序以及国民财富增长的重要意义。他们只是强调生产，且重在农业生产，把土地耕种者阶级视为生产财富的阶级，把土地所有者和工商业者视为不产生财富的非生产阶级，这样就没有看到工商业的发展前景以及现代资本主义的主体力量，试图把法国重新拉回到小农经济、旧生产方式和封建制相混合的状态。由此可见，重农主义缺乏商业贸易的眼界，忽视商品交换机制以及自由的市场经济，因此也就不能全面理解现代工商业社会的经济活动，也不理解现代国民财富的创造与发生演进的性质与原因，其结果会导致社会的退步，回到传统社会的经济形态，不利于现代社会的发展。

总之，斯密通过对主流的重商主义和重农主义的分析批判，分别指出了它们在理论上的重大缺陷，进而论述了自己的自由市场经济为主体的有限政府理论。在斯密看来，虽然重商主义与重农主义是对立的两个学派，但在服务于政府，以政府管制为中心而治理一国之经济活动方面，却是一致的，都是政府中心主义，经济从属于政治，只是在具体的经济政策方面，他们有所不同，甚至彼此对立，一个强调商业贸易的国家管控，以贵重金属为国富的标准，主张限制市场经济和贸易自由，另外一个主张农业经济以及农业劳动的重要性，认为要闭关锁国，强调发展农业，限制商业贸易。斯密认为他们在根本问题上都是错误的，完全不了解现代经济社会的性质与诉求，在斯密看来，现代的经济秩序只能是一种工商业为主体的自由市场经济，不能是国家垄断的经济，要给工商业阶级以独立自主的财富创造的自由空间。这样催生出来的才是一个现代经济秩序，在其中，劳动分工、商品交换、自由贸易、资源分配，乃至国家税赋和个人财富等等，要达到有效平衡，尤其要鼓励生产创新、自由市场和贸易开放，这样的自由市场经济才是现代社会的经济秩序。这就既不是重商主义所讲的片面的商业贸易，也不是重农主义所讲的片面的农业生产，而是一种系统化的自由市场经济。要达到这种状态，就必须限制政府的权力，确定个人尤其是企业家商人的主体地位，不能搞政府或国家中心主义，国家和政府不能管控经济，不能管控生产、流通、商贸和资源，要规范和约束政府权力，确定政府职权，建立责任政府，等等。

在批判了重商主义和重农主义之后，斯密集中讨论了政府的职权问题，提出了有限政府理论，在他看来，这是他的现代经济学之必不可少的组成部分，而且是非常重要的部分。

2. 有限政府的三个职权及其他

斯密在《国民财富论》第三卷一开篇就提出了政府具有的三种职权，从而对政府的职权与范围等做了明确规定。

先看第一项职权，斯密认为政府的首要职权是维护社会安全，这个安全包括两方面，对内防止国内动乱，对外抵御外敌侵犯。维护和保障一个国家的基本秩序和基本安全，这是政府的第一个职能。值得注意的是，斯密与休谟那个时代，大多不使用国家（state），而是使用政府（government），为什么如此，与我前述的英国社会已经完成光荣革命有关。此时的思想理论家们对于政治问题的关注，已不再是国家构建了，而是转为政府治理，对于国家体制即英国的君主立宪制，当时的社会已经普遍接受了，而政府如何治理社会，具体来说就是政府的职权定位等则成为他们关注的主要问题。

政府的第二个职权，是为社会提供一套治理体系，尤其是法院的司法保障系统，尽可能保证每个社会成员不受其他社会成员的侵犯和压迫。同样需要说明的是，在西方社会，尤其是英国社会，法院的司法包含很多功能，主要是解决诉讼。除外，社会治安、社区管理以及城镇治理等行政上的事情，也都由法院体制来处理，很多学者认为，英国社会并不是一个孟德斯鸠所谓的三权分立的体制，只有后来的美利坚合众国才是典型的三权分权制衡的国家体制，英国体制实际上是两权体制，即立法与司法，立法属于议会，司法包含行政与法院裁判等。所以，从这个意义上说，斯密所说的第二个政府职权，除了司法，还包括行政，总之，是为社会提供一套治理的体系，当然是以法律为中心的，是法治政府，在其中法院占据主要地位。

政府的第三个职权是建设和提供公共事业和公共设施，包括道路交通、邮政系统，还有教育，大、中、小学各级学校以及职业技术培训，也都属于斯密所说的公共事业范围。在当时，这些公共设施的建设与服务，大多是不盈利的，难以让民间的私营企业来承担，它们只能由政府承担。这些公共服务也是施惠于所有人，不仅仅是相关人，由政府承担公共设施的建设与服务也是必要的。从今天的角度来看，公共设施的内容已经发生了很大的变化，随着社会的发展演进，很多新的服务被纳入公共服务的范围，而且有些公共服务也并非不能盈利，由私营公司来经营公共设施也是常见的，但斯密当时提出的划分标准以及政府公共服务的原则，在今天的社会中依然有效，并没有产生根本性的变化，这也是斯密思想的生命力所在。

总之，斯密划定了政府的三项职能，即第一个是国家的安全保障，第二个是为个人提供一个司法的制度保障，第三个是为社会提供一系列必要的公共设施服务。斯密思想理论的重要性不仅在于他陈列了上述三项政府职能，而且在于他认为政府的职权只是上述三项职能范围内的权力行使，此外就不属于政府的职权范围，而是属于社会自身，尤其是属于社会的市场经济范围，是一种独立自主的非政府管控的领域。这样一来，政府的职权就得到了明确的界定，由此划分了政府与社会的边界，政府的权力不是无远弗届、尽其所能的，而是有限度的，受到限制与约束。这样的政府，就是一种职权有限的政府，又被称之为小政府或守夜人国家。

关于有限政府的概念，应该说是斯密在《国民财富论》中第一个明确提出的，与当时的重商主义和重农主义理论相比，斯密政府论的突出贡献是它确定了政府的权力边界，这就为现代的市场经济和资本主义工商业提供了无限发展的可能空间。其他两种理论却不但没有提出有限政府的观念，反而主张强化政府的权力，通过政府职能全方位管控社会、支配经济和商贸，这样的结果只能是严重阻碍自由市场经济的发展和繁荣。所以，斯密开辟的现代经济学与重商主义和重农主义相较，是截然不同的新理论，是为自由市场经济辩护的理论。

既然政府的职权是明确的，权力是有限度的，那与此相关的，斯密就进一步讨论了政府的财政与税赋问题。在他看来，政府的财政计划和财政岁入与支出，就不能超越自己的职权范围，应该有一个有限政府性质的财政学与税赋原理，不能恣意扩大政府的税收与支出。一个专制的社会其主要特征就是政府恣意开征新税，由此引发的战争与社会动荡比比皆是。政府把社会掌控在自己的手上，以为一国之财富就是政府或国家之财富，斯密认为这种财富观是错误的，重商主义和重农主义它们对于财富的认识是错误的，真正的一国之财富，不是国家或政府汲取的财富，恰恰相反，是国民个人的财富以及社会的财富集合，是把国家税收作为负数扣除之后的总和。国家或政府的财富说到底只是税赋的集合，它们专用于政府三项职能的财政支出，因此，税收总数不代表国民财富，仅仅代表政府或国家拥有的实施职权的财政收入或财政能力。这样一来，政府或国家的财富或税收总数，并不是越多越好，更不是要无限增长，而是恰当为宜，既不多也不少，仅保证政府三项职权的实施以及由此聘任的政府官员和办事人员的薪酬支出。此外，政府或国家没有必要聚集大量财富。真正的财富应该藏于社会和民众，国民财富充沛了，那就是一个国家真正意义上的富裕与强大，富国裕民的根本在于此。

由此可见，斯密的现代经济学是一种立足于现代自由经济社会的经济学，由此可以推衍出现代的财政学、税赋学，等等，它们与当时那些以国家或政府为中心的经济理论和财政策论有着极大的区别。斯密在《国民财富论》一书中，依据其有限政府论的视角，就当时英国朝野关注的殖民地问题，主要是与北美殖民地的经贸往来、财政税赋关系等，提出了自己的主张。斯密反对英国对北美以及本国商业和制造业方面的诸多束缚，例如，航海管制法案要求殖民地和大英帝国之间的贸易必须在英国船只上展开，规定某些日用品最初只能在母国市场上销售，可是这些政策会破坏英国产业部门之间的均衡。斯密认为，贸易管制下的殖民地关系，从短期来看或许对双方都有利，它有助于创造一个自我供应的经济联合体，并有助于减少黄金外流。但从长远来看，在殖民地逐渐进入较为发达的经济状况之后，以重商主义名义而限制国际贸易，这对经济具有灾难性的影响，这种禁令很可能成为殖民地不堪忍受的压迫。所以，斯密主张母国和殖民地国家进行自由贸易，为此，他在《国民财富论》

中为英国经济设想了多种改革措施，例如，劳动力的自由移动、职业的自由选择、改革学徒制、土地自由贸易和转换、废除合股公司的特权、终结对国内和国际贸易的限制。

总的来说，斯密的现代经济学主张的是一种国民的财富论，政府或国家的财富是从国民财富中征收的税赋，并且还富于民才是现代自由经济秩序的宗旨，才是市场经济的要务。这种新的《国民财富论》其正义和道德的基础在于斯密提出的旁观者的合宜性，关于合宜性前面已经论述，它们是一种消极性的规则正义，不是积极性的无限统治，这就为政府的职权范围、政府与社会的边界，以及社会的自由市场经济提供了依据。有限政府又是法治政府，自由市场经济也是法治经济，没有法治，政府的权界就难以厘清，个人的财富也难以保障，市场经济就不可能有效运行。所以，对于斯密的现代经济学来说，法律制度也是必不可少的内容，下文讨论一下斯密的法律观。

3.《法学讲义》中的历史演进

法律一直是斯密思想的一个内在组成部分，而且就其教学生涯和写作计划来说，法学也是他的一个重心。早在爱丁堡大学读书期间，斯密就受过系统的法学教育，他从牛津大学归来后，在爱丁堡大学谋到的第一个教职，就是讲授道德与法律课程，据记载，他曾经讲授过罗马法等多门法学课程。此后，在格拉斯哥大学担任教授职位，他也需要教授法学课程，现今留下来的法学讲义稿，就是斯密学生记录下来的斯密授课笔记。就斯密自己的研究和写作来看，他多次说过准备撰写一部法律著作，法律在他的思想中占据相当重要的位置，甚至经济学都是其法律理论的一部分，《国民财富论》就是他为了撰写法律著作的准备作品，没想到竟然成为一部专门经济学著作，并且成为现代经济学的奠基之作。至于他一直准备撰写的法律著作，直到去世也没有撰写。不过，尽管如此，我们从他的两部专著《国民财富论》和《道德情感论》的有关内容中，从留下来的《法学讲义》，以及坎南编辑的小册子《亚当·斯密关于法律、警察、岁入及军备的演讲》，仍然可以窥测到斯密的法律思想理论，尤其是法律与经济和道德的关系。下面我集中谈两个方面的内容。

第一，法律及其与经济和道德的关系。

大致说来，苏格兰启蒙思想家们与16、17世纪的欧陆和英格兰思想家们不同，他们都不是职业法学家，也都没有专门的法学论著，相比之下，意大利人文主义时代、欧陆宗教改革和启蒙运动时代，那些关注政治主权、民族国家问题的思想家们，诸如马基雅维利、霍布斯、格劳秀斯、博丹、孟德斯鸠等，都属于专门的法学或公法学大家，对于公法、私法、国际法等都有专门的著作，那么，这是否就意味着苏格兰思想家们不关注法律问题呢？回答是否定的，其实他们对法学还是有深入研究的，像哈奇森、休谟、斯密、弗格森等都有法学教育的背景，他们的道德哲学、经济学、历史学和文明史论等，也都包含着丰富的法律内容，所以，考察他们的思想不能剥离法学的视野，考察斯密尤其如此。

在《法学讲义》中，关于法律是什么，斯密有过明确的定义。他认为法律是一个社会的行为规则，这个规则由政府或国家颁布，具有强制的约束力，不同于道德礼俗，后者是没有国家强制力的。关于为什么会有法律，斯密主要是从历史来看待的。他认为随着社会的发展，人类从野蛮状态走出来，就需要一定的秩序，于是法律作为一种强制性的指令就出现了，法律的性质就是规范人的行为，使得社会有秩序，在此，斯密认为政府或君主等政治组织体制是必要的，他们制定或颁布的法律才具有约束力。

到此为止，斯密的观点与传统理论没有太多区别，也不是英国普通法的法律观，休谟的法律观也与此大同小异，深受苏格兰乃至法国法律思想的影响。但是进一步的涉及现代社会的部分，斯密的法律观就与传统看法出现了差异。斯密认为，现代法律虽然是政府制定与颁布的，但法律的性质已经不再属于政府或国家专门掌控，而是属于社会，法律必须获得社会的认同，必须保障人的自由，必须有助于市场经济秩序的发展，必须为现代工商业社会所接受。所以，法律就具有了人民同意的性质，由此一来，斯密所主张的法律就不再是基于政府或国家权力乃至专制权力的产物，而是社会合意的产物。传统的国家主导的法律观就随着现代社会的变迁与发展而转变为社会主导的法律观，虽然从形式上采取的是政府或国家立法的形式，但法律的目的在于防止伤害，并且保障每个人的自由与权利，法律和政府的设立是人类远见与智慧的最高体现。斯密的这个观点与苏格兰时代的社会状况，与他的自由经济秩序的经济学是一致的。因为，政府的职权要受到法律的约束，政府的法律只有与国家安全、司法保障和公共服务相关时才是有效的，否则就是无效的，也是超出权界的。

进而，斯密从旁观者的合宜性视角，进一步论述了现代法律的正义性问题。关于这些法律的正当性与道德性，及其与财产权、国民财富、经济秩序和自由贸易、政府职权的关系，前面已经有所讨论。总的来说，在斯密的理论中，法律不是用于管制社会和个人的，而是用于促进社会财富的增长和自由市场经济的发展，保障个人的财产权利等，为此提供社会秩序，规范个人、政府和企业等的行为。在这个意义上，以旁观者的合宜性的视角来看，法律不仅具有正当性，而且具有道德性，一个法治的社会一定是一个有道德的社会，或一个良善社会，也是一个国民财富充沛的社会，最后，还是一个文明发达的社会。

第二，斯密在《法学讲义》中明确提出了社会发展的四阶段论。

前面我已经讲过，历史主义是苏格兰思想的一个基本特征，斯密就是一个突出的代表，他在《法学讲义》中提出了一个著名的历史四阶段论，在思想上具有开创性的意义。虽然休谟有煌煌巨著《英国史》，但他并没有提出一个系统的人类历史的演变形态理论，其他早期的苏格兰启蒙学者也有关注历史的著述，例如写作苏格兰历史、苏格兰法律史的卡姆斯勋爵、威廉·罗伯逊，也都没有对人类历史有过系统论述。相比之下，意大利人文主义者和法国启蒙思想家，都有对人类历史的较为系统的论述，如但丁、维科，以及格劳秀斯、孟德斯鸠、伏尔泰等，斯密的思想显然受到上述欧洲大陆思想家们的影响，他在《法学讲义》中，系统地提出了一个四阶段的历史观。

斯密认为，人类历史大致经历了一个发展演进的过程，从形态上看主要是经历了狩猎社会、游牧社会、农耕社会和商业社会四个递进演进的社会阶段，他认为当时的英国社会，包括苏格兰，正处于第四个工商社会的阶段，对此，他从文明演进的视角，给予了肯定的讨论。在斯密看来，18世纪的英国正在经历着一个社会的转型，以商业社会为基础的市场经济取代了封建时期的农耕经济，人类由此摆脱了身份属性而进入契约社会，商业社会正是在破除农业社会的人的依附性、以独立自由人格为基础而建立起来的，没有个人的独立自由，就没有商业社会的劳动分工、自由交换和市场经济。商业社会相比于农耕社会，是一种巨大的历史进步，它使得人类走向一个自由、法治和富庶的新文明社会。斯密的进步主义的历史观和四阶段论的思想，对于弗格森等苏格兰思想家影响很大，并由此传入法国和德国，某种意义上说，19 世纪以降的文明历史理论都或多或少地受到斯密的影响，其理论起源可以追溯到斯密的《法学讲义》。

那么，斯密的历史论具有什么特征呢？我认为主要体现在如下几个方面。其一，斯密的历史阶段论与之前欧洲思想家们的历史论述相比，主要是基于一种现代经济秩序的视角，它们不是神学或人类学意义上的，而是经济制度学意义上的，斯密强调的是四种社会经济形态的不同，它们决定了历史的不同阶段。所谓经济形态，即狩猎、游牧、农耕、商业四种经济的生产方式，它们是区分社会形态的主要标志，显然，在此之前的思想家们，没有这样的认识，也不十分重视这一点，斯密把经济方式放到首位，无疑在历史理论方面具有突破性，这与斯密作为现代经济学的开创者密切相关。

其二，同样是基于经济制度形态的理论，斯密提出了一个进步主义的历史四阶段论，这种系统化的理论构建也是具有创新性的，也与其他的思想家们大为不同。当时的思想家们，有的主张历史进步论，如维科、孟德斯鸠、伏尔泰等，有的主张历史倒退论，如卢梭，但究竟历史进步与否的标志是什么，还是各执一词的。斯密透过物质和文化的表面，提出了以生产方式以及相关的生活方式，还有法律道德等规则为标准，从而把历史四个阶段的进步予以实证化了，这就比文化学和人类学的考察与论证要强有力得多。

其三，斯密的四阶段论又不是预定论的和终结论的，而是一种文明的演进论，具有经验主义的性质，所以，所谓的进步主义是相对的，不是绝对的，这就与各种极端主义的思想，尤其是神学思想有所不同。斯密第四阶段的商业社会是非常开放的，需要逐渐地充实和发展，某种意义上说，也是一个自生自发的演进过程，这与斯密的现代经济学和道德哲学有着密切的关系。斯密不是神学家，他的历史阶段论和社会形态论，主要是服务于他的现代经济学和道德哲学，服务于他对于现代工商文明社会的倡导和辩护。

总之，斯密的历史理论有别于他之前乃至其后的历史理论家，在此他与休谟的倾向是大体一致的。至于斯密的历史演进论与法律的关系，斯密并没有特别讨论，为什么放到《法学讲义》中展开历史阶段论的论述，这主要是因为斯密认为法律制度也是社会经济制度的一个必要方面，尤其是工商社会的建立，法律是不可缺少的，没有法律或法治，现代工商社会乃至自由市场经济和工商文明，都是不可能实现的。在《法学讲义》中斯密提出，随着社会形态的不同，法律的性质也是不同的，传统社会的法律主要是基于专制政府和王权，现代的法律则来自社会，保障国民财富的法律以及限制政府职权的法律，势必成为现代法治的中心。国家和政府不过是形式上的立法和执法机构，法治的正当性来自旁观者的正义，这就与斯密的道德哲学联系起来了，与合宜性密切相关，它们共同融汇于工商社会的历史演进之中。

4. 现代经济学视野中的亚当·斯密

在专业的经济学界内，斯密一直是一位伟大的经济学家，被视为现代经济学的开创者和鼻祖。斯密的这个历史地位，二百年来并没有被动摇过，虽然现代的经济学已经分化成为不同的学派和流派，他们之间也有理论与方法上的巨大争论，但斯密作为他们共同认可的理论前辈，开创了现代经济学的基本理论和方法，并没有受到他们的质疑。

不过，随着晚近四十年来的斯密思想研究，尤其是《道德情感论》被各派思想理论家所挖掘和分析，斯密在经济学界原先的那种崇高的地位开始受到挑战。这不是说斯密的现代经济学开创者地位不复存在了，这个地位依然稳固，而是说人们对于斯密的认识深入更复杂了。作为开创者的斯密，其现代经济学的思想理论不再仅仅表现为《国民财富论》一书中的自由放任的经济秩序理论，他还有更为重要的《道德情感论》，他还试图从一个道德哲学的视野考察和分析国民财富的性质与原因，从而为现代经济学提供一种正当化的道德论证，为自由市场经济和工商社会的经济秩序，为国民财富的增长，为富国裕民的目的，为个人追求财富的激情及其合宜性，提供一种道德哲学的辩护。上述这些内容显然超出了专业经济学的理论范围，也不属于此前对于斯密思想理论的定位，这就导致现代的经济学界对于斯密的认识有了新的进展，虽然这种新认识并没有达成共识，但却揭示出斯密经济学在当今经济学界的一些新的理论增长点。

大致说来，伴随着《道德情感论》被重新研究以及所谓"亚当·斯密的复兴"，我认为，斯密经济学所激发的新思路在经济思想界有如下三个层面的展开。

第一，斯密的经济学不再只是一种主流专业经济学意义上的经济学，它还提供了一个文明社会演进意义上的制度经济学，这里的制度不仅只是经济制度，还包含有限政府、法治政府以及道德正当性意义上的正义制度。所以，国民财富的增长、政府职权的确定与民主政治、个人自由、社会公共利益等诸多内容，都可以进入斯密经济学的视野之内，斯密经济学是开放的、自由的，与现代社会的演进密切相关。

第二，斯密的经济学也不再只是关注国民财富、劳动分工、市场经济、商品交换和自由贸易，同时它也包含着一种道德学的内涵，考虑国民财富与道德情感的关系问题。这样一来，斯密经济学与他的道德哲学就不是相互隔离、漠不相关的，而是有着密切关系，同情共感的心理机制以及公正的旁观者的合宜性，不仅是斯密道德哲学的正义性基础，也是斯密经济学财富创造与自由秩序的基础。所以，斯密的两部著作——《国民财富论》与《道德情感论》不但不是对立互斥的，而且还是相互关联并一以贯之的，它们都既不是个人主义的个体一元论，也不是集体主义的国家一元论，而是在个人与国家之间、在利己主义和利他主义之间，诉求一种不偏不倚的旁观者的合宜性标准，以求得社会进步的平衡，合宜性是它们共同的情感主义的取舍标准。

第三，斯密晚期思想有一个对于斯多亚主义的回归倾向，这一点来自他对于现代工商业资本主义进步论的疑惑，促使斯密的思想有某种保守主义的色彩。我认为这主要是由于他前期思想理论中对于工商业资本主义的盲目乐观有些减弱，看到了现代商业资本主义的一些阴暗面，导致某种失望甚至悲观。应该指出，斯密晚年的这种转变有其内在的缘由，现代资本主义并非理想国，确实存在着这样那样的弊端，社会不平等问题加剧，斯密对进步主义的乐观论产生怀疑。斯密的这种疑惑对当今的经济学也有很大的影响，发展经济学和分配经济学等经济学科的兴起与斯密晚年的经济学思想不无关系。

总的来说，斯密经济学在当今的经济学界不再单一化为自由市场经济的开创者和倡导者，而是多个面向的，甚至是复杂有张力的。不过，这种情况也不能过分夸大，从斯密思想理论的基本精神来说，他还是属于苏格兰启蒙思想的大谱系，还是在为一个处在上升时期的现代工商资本主义社会，提供一种正当性的道德辩护。在此问题上，斯密与休谟是基本一致的，他们作为苏格兰道德哲学与现代经济学的开创者，其主导思想还是在为现代的市场经济秩序和道德秩序，为现代的国民财富增长和道德情感的生成以及自由的文明扩展秩序，提供一套系统性的理论申说和价值申辩。

第八讲

弗格森的文明演进论

今天这一讲是弗格森的文明演进论。弗格森作为与休谟、斯密同时期的苏格兰启蒙思想家，他的思想观点也是影响巨大的，不过，与休谟、斯密相比，弗格森的思想理论在苏格兰启蒙思想中构成了另外一种声音，某种意义上说，弗格森所代表的苏格兰思想中的文明演进史观，既与休谟、斯密等人共同分享着苏格兰历史主义的共同渊源，但也具有自己独特的文明论特征，我们由此可见苏格兰思想的多样性及其张力性关系。弗格森的思想在英美主流思想中，开始并不占据重要的地位，只是对德国历史主义各派有着重要的影响，但20世纪以来，随着西方多元文化和文化认同理论的兴起，弗格森的文明演进论开始受到英美思想界的广泛重视，他提出的文明与历史、民族与文化、演进与衰落等问题得到了深入的讨论。关于弗格森思想的讲述大致分为三部分内容：第一，弗格森的问题意识；第二，弗格森的文明社会观；第三，文明与历史演进。

一、弗格森的问题意识

前面我们讨论休谟、斯密的思想理论时，除了他们各自的道德哲学之外，还集中论述了他们的现代经济观与政治观，虽然其中也都涉及了他们的历史与文明或文化理论，但并非重点，因为他们思想理论的主题旨在为一个现代的自由经济秩序和政府治理秩序，提供一种正当性的道德证成或辩护。但弗格森思想理论的出发点或重点并非在此，他虽然并不反对苏格兰现有的政治与经济秩序，但其问题意识与休谟他们有所不同，甚至相互有所对立。

1. 苏格兰的历史文化情怀

从现实社会背景来看，1707 年苏格兰并入英格兰，共同组成大不列颠联合王国，这是一件重大的历史事件，对于苏格兰政治与思想精英们的冲击是巨大而深远的。总的来说，苏格兰各界精英对加入不列颠之英国是赞同和欢迎的，休谟在《英国史》中关注的问题基本上是以英格兰为中心，或者说再放大一点，就是人类史的英美中心主义。至于斯密，隐晦地也是以英国为中心的，他的《国民财富论》基本上也是以英国为研究对象的，劳动分工、市场经济、自由贸易、法治政府，等等，大体也是以英国社会的发展状况为模本的。当然，休谟和斯密等人，与伦敦文化包括语言等多有不和，最终他们都回到苏格兰本土教书育人、著书立说，这也从一个侧面反映了他们文化上的复杂性，但他们的思想理论却是英国中心主义，道德哲学也是现代工商业市民社会的道德正义观，他们呼吁苏格兰加入这个大潮流，这也是苏格兰启蒙思想的宗旨。换言之，他们的苏格兰本土意识并没有上升到一种理论的层次，而是隐含在他们的心曲之中。

但在苏格兰思想中，并非只有这种主流的精英思想，对苏格兰并入英国，从一开始就有一批关注历史文化的思想理论家，还有一些诗人、作家等，他们就不接受，持有强烈反对的立场，并形成了一种文化与艺术上的思想理论，与苏格兰启蒙思想具有了某种张力性的关系。在这些思想家的心目中，苏格兰的历史文化，苏格兰的本土意识，苏格兰的悠久传统，是不能为现代的苏格兰所遗忘的，因此，对于远古苏格兰历史的追溯、向往和怀念，就成为一种新的思想动力，它们构成了苏格兰的文化历史情怀。弗格森从某种意义上，属于这类文化思想家的谱系，从文明历史的演变中，重新创造出苏格兰的现代文明精神，这就成为弗格森的问题意识。不过，弗格森虽然崇尚苏格兰的历史文化传统，但他毕竟与那些文人艺术家们有所不同，作为一位卓越的思想理论家，他的问题意识在如下两个层面呈现出理论的独特性，而并不仅仅是一种历史怀旧情怀。

第一，弗格森将苏格兰历史溯回至古希腊罗马。从现在的历史学来看，古苏格兰历史源自北方岛屿，与古典时代的希腊罗马传统并没有什么关系，但在当时的文人艺术家眼里却不是这样，恰恰相反，由于处在朦胧的思想意识状态，想象力发挥了很大的作用。弗格森的问题意识，使他在此有了很大的思想理论的发挥，他一方面追溯苏格兰的历史，那些远古诗歌、神话和传说中的英雄主义和豪迈气质以及其中蕴含的高贵的风俗与美德，都受到他的推崇。应该说，这些苏格兰部落社会的传统精神，除了尚武主义之外，也还有很多野蛮的性质，弗格森也并不讳言这些内容。但是，弗格森的高明之处在于，他巧妙地把这些部落社会生活与古希腊和罗马的城邦社会联系起来，做了很好的包装转换，另外，他把苏格兰的历史传统与古希腊罗马的历史传统结合在一起，并找到了一些共同点，这样就把苏格兰传统的文明内涵提高到一个新的层次，使得苏格兰的文化自立与文明重建具备了西方历史的正宗特性，而这恰好呼应着欧洲人文主义和文艺复兴的诉求，这就构成了拒绝并入英国的历史文明史的理由。弗格森的这种思路无疑增强了苏格兰历史文化追溯的自主性力量。

第二，更重要的还在于，弗格森并不是苏格兰传统的守旧派或泥古主义，而是一位文明演进论者。他很清楚，即便是把古苏格兰与古罗马接续起来，也不可能回到那个古典社会中去了，他与休谟、斯密一样都意识到也接受了苏格兰的古今之变。换言之，苏格兰要像英格兰一样加入一个工商业主导的市民社会，要从传统社会中走出来，进入或演变为一个现代的文明社会。所以，从这个意义上说，弗格森与休谟、斯密都属于苏格兰启蒙思想的大谱系，都不是反现代的古典主义，而是文明演进论的现代主义。相较而言，弗格森比休谟等人有着更深入的思考，或者说，他与晚年斯密的问题意识相一致，并不十分认同现代不列颠的现代工商业社会，对于资本主义自由市场经济的发展并不是那么乐观，而是深感忧虑，其中的一个要点就是传统的文化遗产，尤其是传统的道德礼仪和美好故事，那些史诗歌咏中的英雄人物、古朴气质、荣誉、神勇、爱情和忠贞，等等，它们在现代社会中难道就不值一提，都被资本和利益的商业财富诉求所抛弃和否定了吗？如果把文化传统连同苏格兰历史一起舍弃，轻装加入现代不列颠工商业社会的潮流，这种古今之变对于苏格兰究竟还有多少意义呢？所以，如何在古今之变的现代大潮中保持和维系苏格兰传统文化和历史情怀，就成为以弗格森为代表的那一些文人思想家们的理论要点。如何回应上述问题，我们看到，苏格兰启蒙思想的一个重要特征就是历史主义，休谟与斯密如此，弗格森更是如此，他的问题意识主要就体现在他对于人类文明史的价值反省和理论重建之中。

18、19 世纪的西方思想界是一个历史学大家辈出、理论繁荣的时期，仅就英国来说，除了休谟的《英国史》之外，还有爱德华·吉本的《罗马帝国衰亡史》，此外，还有苏格兰人罗伯逊撰写的《苏格兰史》，这些历史著作，都涉及英国和苏格兰的古今之变。这些历史理论家也都参与了苏格兰的启蒙运动，他们撰写历史著作，有着基于现实问题的忧虑，他们都有变革现实又寄托苏格兰历史的焦虑和悲伤。在寄情于苏格兰历史传统方面，弗格森与这批人物是相同的。除了历史学家罗伯逊，还有思想家卡姆斯勋爵，最早倡导启蒙的苏格兰思想家，他是苏格兰思想界或者政治精英界的代表人物，还有一些思想家，像布莱克、米勒等人，他们都有一种对业已衰落的苏格兰传统文明的伤惋和怀念。

不能说斯密和休谟就没有这种怀旧情感，他们也有，但相形之下还是比较弱化的，他们更为关注的是如何为现代工商业社会辩护，而不是如何发扬传统文化的特殊性。至于像卡姆斯，他撰写苏格兰的法律制度史，并不专注于英国的法律，而是从大陆法、法国法，乃至教会法的视角来解读苏格兰的法律制度，既想走向现代化又不完全认同英国的倾向是明显的。还有苏格兰的大诗人司各特，还有彭斯，作为苏格兰的诗人，他们创作的诗歌具有鲜明的民族风范，例如司各特的著名诗篇《苏格兰边区歌谣集》《湖上夫人》等，均是关于苏格兰民族风情的美好记录，他们的作品具有深厚的想象力，理想化和浪漫化，把苏格兰的传统生活展示得淋漓尽致，感人至深。

在弗格森的思想理论中，他深刻地受到了这种浪漫主义的怀旧情感的影响，他的文明论的内涵也包含着上述的一些要素，诸如共同体意识、尚武和淳朴等美好德性，但是，弗格森并不像民族诗人和古老贵族那样沉湎于传统，而是更加深入地意识到现代潮流不可抗拒，古苏格兰已经合并到英国的现代工商业社会的大潮之中，进入了一个新的世界。这个新世界如休谟和斯密所言，也具有现代的文明道德及其正当性，那么，如何在从传统苏格兰并入英国或不列颠的文明演进中，既参与到这个现代文明的塑造中，又保持古典文明的优美品质，这是他的思想理论所要解决的问题。

2. 古典政治的视角

弗格森的问题意识需要一种新的解决方式，经过探索，他有了独创性的解决之道，那就是通过深入吸取和回应孟德斯鸠的观点，即他对于古希腊和罗马政体制度的比较研究，从而找到了解决自己问题的理论资源。在《论法的精神》一书中，孟德斯鸠不满于法国的君主专制主义，提出了一个著名的观点，即古希腊的斯巴达才是古典时代的一种具有生命力的政体形式，这种尚武精神、公民参与、共同体意识的高贵品质，在今天依然具有积极性的意义，如果加以效法，可以造就一种新的现代意识和现代政治。孟德斯鸠的这个思想观点，对于弗格森具有重大的启发意义，他试图借鉴孟德斯鸠的这个思路，不仅把古苏格兰与古斯巴达联系起来，而且还试图由此找到一条苏格兰现代化的文明道路，完成苏格兰的古今之变。

如果单纯就苏格兰历史来看，其实相当乏善可陈，这一点弗格森也是心知肚明。古代的苏格兰非常落后，起步很晚，不过区区数万人口，散布在苏格兰边区各地以及大小不等的数百个岛屿之中，大致还处于蒙昧未开化的部落生活形态，虽然这里有淳朴的风俗民情，但生活方式非常原始，也很野蛮愚昧，很难说是一种成熟的文明形态。弗格森不甘心如此，他赋予自己的怀旧情感以一种理想性的提升，试图把苏格兰与古希腊联系起来，认为苏格兰接续着古希腊的传统，分享着古希腊文明的精神遗产，古苏格兰人由此就不再是野蛮人，而是像雅典和斯巴达那样的文明人，尤其与斯巴达人具有着很大的相似性。弗格森的上述理论编制，受到法国思想的很大启发，而法国思想是苏格兰启蒙思想家们的一个共同的理论资源。

　　追溯起来，确实如此，苏格兰文化固然深受英格兰的多方面影响，但当时富裕的苏格兰家庭对于欧洲大陆，尤其是法国，也是非常心仪和向往的，法国在路易十四和路易十六时代是世界和欧洲文明的中心，苏格兰的青年学子们，很多都接受了法国的教育，稍微富裕的苏格兰家庭都把子弟送往欧洲和法国去游学，荷兰、瑞士和巴黎是首选之地。苏格兰启蒙思想家们几乎都曾经以各种方式留学、游学和游历过欧洲和法国，与法国思想家们多有交流，所以，苏格兰思想深受法国思想的影响，并非单一的英国风格，这一点与英格兰的思想家们是很不同的。在法国思想家中，孟德斯鸠尤其受到苏格兰人的喜爱与推崇，孟德斯鸠提出的环境决定论很投合苏格兰思想家们的心意。当时地处北方的苏格兰，在与英格兰的合并后，其政治与文化中心也南移，虽然这有益于苏格兰的政治与经济发展，但从思想情感上来说，苏格兰思想精英难免有失落的情绪，而孟德斯鸠提出的环境与气候决定论，为苏格兰人在民族思想的独立性找到了理论的依据，促使他们在并入英国的过程中力图打造出一个北方的不列颠，自视为北方的雅典，以此确立苏格兰本土思想的独立地位。

　　孟德斯鸠除了气候、地理和环境决定论之外，还有一个重要的政体论思想，那就是关于政治制度的三权分立的学说。行政、立法与司法的分权理论，以及君主制、民主制与共和制等政体类型的理论，还有古典政治与现代政治的比较，这些都属于孟德斯鸠政体论的研究范围。不过，说起来有点遗憾，孟德斯鸠的这个政体论当时在欧洲诸国并没有多大的影响力，英国人认为孟德斯鸠对于英国政体制度的概括总结是偏颇的，虽然孟德斯鸠推崇英国的法治、自由和商贸，但英国思想家们并不认同他的思想，而在大陆国家，尤其是孟德斯鸠的祖国法国，孟德斯鸠也不受抬爱，因为法国思想家们热衷于开明专制君主论和国家主权论，孟德斯鸠的共和国难以成为主流。相比之下，恰恰是在苏格兰，孟德斯鸠的政体论思想却产生了重大的影响力，苏格兰启蒙思想家们大多认同和支持孟德斯鸠的理论，尤其是休谟和弗格森最具代表性。关于休谟的政体论，我在前面一讲曾经指出，他提出的文明与野蛮的二元政体论就深受孟德斯鸠的影响，至于弗格森的政体论，则在古典政体尤其是斯巴达政体与苏格兰古今制度的转型中，受到孟德斯鸠的很大影响。

孟德斯鸠的政体论主要来自亚里士多德。在古典城邦时代，亚氏以及他的老师柏拉图大体上都不赞赏雅典城邦的民主制，反而推崇斯巴达的贵族共和体制。在早期现代的政治思想中，这个倾向依然保持着，孟德斯鸠也非常推崇斯巴达，认为斯巴达的长治久安与其政体性质密切相关。弗格森在这种主流的政体思想史中，挖掘出一个特别的通道，那就是把古苏格兰部落政治与斯巴达的贵族共和体制联系起来，以此达成他心目中的古今之变。换言之，苏格兰其实可以通过斯巴达式的转型而成为现代的政治共同体。这就不同于英国的道路，走出了一条苏格兰自己的文明演进论的道路，从而不仅维系了苏格兰的文化特征，而且还构建了其苏格兰的政治主体性。看上去苏格兰确实与斯巴达有很多契合之处，例如，它们都崇尚勇武精神，都从属于专制性的贵族权力，虽然苏格兰在政治上尚有点野蛮性质，但斯巴达却能够提供一种政治文明，来提升苏格兰的落后和野蛮，从而促使其走向现代体制，同时又能克服英国工商资本主义对于传统道德的侵染，这确实是一条美好的道路，解决了弗格森的问题，以及很多苏格兰道德理想主义的忧虑和迷思。

应该说弗格森的设想是一种政治上的理想国，这种理想国柏拉图就大力倡导过，同时代的卢梭也幻想过。相比之下，这样的理想国——寄托于斯巴达或其他小共和国如瑞士的想法，孟德斯鸠就没有，休谟和斯密也没有，他们最终都寄望于英国体制，认为英国的君主制甚至英国的共和制，才是现代社会的现实可行的自由体制。古斯巴达和现代的瑞士等小邦国，只能存在于特殊的条件下，这个条件在现代社会早已不复存在，而且即便存在，其专制强横的特性也不能接受，自由才是现代社会与现代国家的立基之本，没有自由，何以立国，何以富国裕民。另外，与自由相关的主要是法治，而不是德治，但斯巴达实施的主要是德性的统治，德治国家必然导致专制集权，公民个人的权利难以保障，一切都以集体为标准和法则，采取强制性的权力控制，扼杀每个人的私人空间，尤其是剥夺私人的财产权和创造财富的激情，这样的国家并非一个优良的文明政体。

斯巴达在古典时代曾经存在了七百余年，从这个角度来看，自有其优良的制度要素，但斯巴达人为此也付出了沉重的代价，而且这个时代已经不复存在，若要将苏格兰比附于斯巴达，除了不惮于与现代的工商大潮流相抵触之外，还需要有两个内部的条件，那就是政治上的专制集权和国家层面的以德治国。显然，这两个条件都与当时苏格兰面对的时代潮流相对立，专制主义随着英国的君主立宪制的实施以及苏格兰与英格兰的合并，在苏格兰亦不可能存续。另外，蓬勃发展的现代工商业需要法治政府，道德只是为现代不列颠提供正当性的依据，尤其是国民财富的依据。所以，弗格森、罗伯逊、卡姆斯他们所崇尚的苏格兰之部落文化，不过是现代版的德治共同体与尚武精神的美妙结合，一种想象中的野蛮的高贵情结。

3. 对工商资本主义的批判

弗格森如此崇尚斯巴达精神，并且认为斯巴达的政治有助于苏格兰走向现代文明，在他那里，有关现代的工商业社会，以及个人权利和财富追求，自由市场经济，还有贸易交换、银行信用，等等，包括城市生活和市民社会，就都受到质疑，甚至受到他的批判。这一点显然与法国的卢梭类似，与晚年的斯密还是差别很大的，因为斯密虽然对资本主义的未来以及财富分化的加剧有些悲观，但上述现代经济社会的自由秩序及其道德正当性，他还是坚守着，只是有点斯多亚学派的审慎而已。弗格森与此不同，他对于现代社会的经贸内容以及人性基础，主要还是采取批判的立场，集中攻击私人所有权以及个人追求财富的激情。

在弗格森看来，现代的苏格兰社会由于受到英国商业社会的影响，已经失去了过去的淳朴和美好，变得越来越世俗，充满了一切向钱看的铜臭气，人们不再把同仁友情、互助互爱、群体同怀等传统社会的美德视为生活的标准，而是堕落为自私自利的利己主义。这无疑是人性的一种败坏，是对苏格兰传统道德的一种颠覆，它们摧毁了昔日社会的高贵品质和互助友爱的情感，这一切都来自腐化堕落的英格兰，来自商人的蝇营狗苟，苏格兰的传统美德遭到英格兰的颠覆。弗格森的这个思想观点后来被社群主义思想家们所重视，例如麦金泰尔在评价休谟等苏格兰启蒙思想家时，就接受并且发挥了弗格森的这种观点，认为休谟、斯密所开启的现代工商社会的道德哲学是一种来自英格兰的对于苏格兰传统道德的颠覆和背叛。

在如何看待现代社会的道德这个问题上，弗格森所代表的这一派思想理论显然与休谟、斯密（晚年斯密有所变化）所代表的另外一派思想有着明显的冲突。如果说休谟等人是在积极鼓吹和倡导现代工商业社会的新道德，并赋予追求利益和财富的激情以正当性的辩护，并导向法治和有限政府，维护个人的财产权，并由此培育出道德情感以及由此演化出的现代性的道德德性，那么，弗格森他们则对财富和利益的激情充满批判性的斥责，认为追求个人利益不具有道德上的正当性，也不可能演进出一套商业社会的新情感和新道德。苏格兰要走向现代社会，应该选择一条斯巴达的道路，实施一种与传统道德完全一致的群体道德，提倡集体主义和无私的仁爱友善，淳朴和勇敢以及英雄主义，忠于名誉和社会等级秩序，为国家或共同体的利益奉献和牺牲，这些才是高贵的道德。发达的资本主义商业社会是没有道德的，只会导致道德沦丧、人格扭曲，甚至政治奴役。

应该指出，在英语世界，弗格森是最早对资本主义商业社会采取批判立场的思想理论家，他的批判意识不在哲学层面，也不在文艺学层面，而是一种社会学批判，这种社会批判在 18 世纪甚至 19 世纪的英美思想中是比较少见的，即便晚年的斯密，对于现代工商业社会也只是有所怀疑，只是回到斯多亚主义的审慎和反省之中。弗格森对现代资本主义和工商业社会的批判却充满了锋芒，并且付诸于历史的分析和社会的考察，他在具体的社会政策方面，像苏格兰并入英国这样的重大历史事件方面，提出了不同的观点，认为这种合并有害于苏格兰的文明主体性，他反对英国和苏格兰的资产阶级生活方式以及他们的道德偏见，鄙视金钱至上，推崇传统的群体主义美德，崇尚古代的尚武精神和英雄主义美德。就像卢梭的思想在英国影响不大一样，弗格森的思想在英国乃至在整个大不列颠影响也不大，反而是在法国和德国，尤其是在德国受到了推崇，产生了很大的影响，他的那本《文明社会史论》最早便是以德语在德国出版的。弗格森之所以在德国受到吹捧，主要是因为他的思想与德国思想界有着甚多暗合，德国当时的资产阶级思想家大多是思想的巨人、行动的侏儒，对于现代工商业资本主义并不赞同，他们沉湎于想象中的德国崛起，力图在遥远的古日耳曼历史中寻找民族精神的渊源，德国浪漫主义、历史主义等都是如此，弗格森的思想显然给予了他们很大的启发。

由此可见，苏格兰启蒙思想并不是单一色彩的，而是富有多元的张力性。休谟、斯密等人的理论是为现代工商社会的自由经济秩序以及财富的激情提供正当性的道德辩护，并构建与倡导一种现代资本主义的新道德学说；弗格森等人的理论却与之相反，他们反对英格兰的思想入侵，试图通过恢复苏格兰的传统美德并结合斯巴达式的现代演进，为苏格兰提供一条文明自主的道德选项，拒斥资本主义的苏格兰沦陷。两种思想理论的张力与对立是相当明显的，但是，他们又都没有走向各自的极端主义，没有变得你死我活，而是在文明演进的历史进步论方面，在有关共同的道德情感方面，在现代文明下的自由经济社会等方面，达成了某种共识。因此，从一个大的思想谱系来说，他们又都属于苏格兰启蒙思想的范围，都对苏格兰文明的未来演变抱有某种主体性的自觉。

二、弗格森的文明社会观

前面重点讨论了弗格森的问题意识，就弗格森的理论著作来看，他的思想主要还是体现在《文明社会史论》一书中，他提出了一个文明演进论的历史社会观，对于后来的历史学和政治社会学影响巨大，而且还产生了一些溢出的效果。换言之，从文明演进论还开辟出一些不同于弗格森观点的其他思想论说，也都被归纳在这个文明演进论的路径之下，例如，哈耶克的自生自发的社会演进论，主要是来自休谟和英格兰法律传统，但也被视为属于文明演进论。因此，苏格兰思想总的来说都属于文明演进论一脉，弗格森不过是最早予以理论界定并且提出了自己的独特论述的，其他人的思想理论其实也是主张文明演进论的，但其主旨未必赞同弗格森的主张。

1. 弗格森的《文明社会史论》

前面我曾指出，苏格兰启蒙思想，尤其广义的苏格兰道德哲学，有两个显著的理论特征，那就是历史主义和情感主义，分别对勘自然权利论和大陆唯理论，其实，在这两个特征之外，还有一个与它们密切相关的特征，那就是文明史论或者历史文明演进论的特征。这种文明史的视野，在卡姆斯、休谟、斯密、布莱克、罗伯逊等人的一系列著作中，都有非常明确而丰富的讨论，他们的道德情感论、国民财富论、政府起源论、法治国家论等，都渗透着文明历史的考察与关怀，都属于历史文明的演进论。不过，相对来说，只有弗格森对此有过专门的系统化的论述，并且以文明社会史为主题集中地考察与分析了苏格兰思想界关注的文明社会及其历史阶段论的问题，所以，他就成为这种理论的代表性人物，在法国和德国，以及此后得到反馈的英美思想界，产生了重大的影响，并且在文化多元主义甚嚣尘上的当今思想语境下，又被广泛关注，被视为文明社会史学的开创者，他的《文明社会史论》也因此成为一部经典。

应该指出，弗格森文明社会史论的提出在苏格兰思想中还是具有独创性的，此前的思想家们虽然也重视文明的重要性，但是关于如何理解文明，以及文明与文化、文明与社会、文明与经济和政治，尤其是文明与道德等之间的关系，并没有给予细致的分析与研究，很多思想观念是纠缠在一起的。相比此前的英格兰政治思想家们的观点，苏格兰思想家们强调了文明的视角，而不是像霍布斯、哈林顿、洛克等人只是重视政治层面以及道德层面，苏格兰思想家把启蒙与文明联系起来，赋予自由的经济秩序和国民财富的激情以文明论的意义，从文明的角度考察政府与法律的起源，认为现代工商业社会是一种远比传统农业社会更高级的文明社会，但究竟文明是什么，文明的性质如何，并没有人深究。也就是说，没有人像斯密论述国民财富的性质与原因那样，像休谟写出《人性论》那样探索文明社会的构成，去探索文明社会的性质与原因，所以，弗格森的《文明社会史论》不啻具有斯密国民财富论的特性，他还对于文明社会，尤其是从传统社会到现代社会的文明演进，给予了一种系统性的论述。当然，弗格森的文明史观不同于休谟和斯密的社会史观，休谟的《英国史》重点是英国的政治史，斯密的《法学讲义》提出的是社会形态的四阶段论，偏重于经济史论，虽然他们的论述具有文明史的内涵，但毕竟不是文明史观。弗格森与他们不同，他的文明社会史论既没有考察政治史，也没有关注经济史，而是集中于文明史，凸显文明社会的历史演变。

为此，他的首要问题便是给"文明是什么"一个定位。弗格森认为，文明不同于文化，文化一般是指衣食住行、琴棋书画、行为操守等，文明多与社会制度有关。《文明社会史论》所讨论的"文明"，其英文是 civil，这个词来自拉丁文公民 civis，如果再往希腊古典政治思想追溯的话，这个词便与 polis 和 ethos 有关，从 civis 到 civilization 就是一个文明化的过程，即一个由公民构成的有法律并依照法律实行自治的城邦国家或政治共同体，这个共同体具有自己的制度以及公民精神，所谓文明的古典含义就是由公民主体、法律制度和公民精神三者的结合构成的。从这个古典文明的视角来理解弗格森的《文明社会史论》，他所谓的文明社会，显然不是文化或文学意义上的文明社会，而是偏重于制度意义上的文明社会。在弗格森看来，诸如对于诗歌、音乐、戏剧、舞蹈的历史考察均属于文化史，甚至包括宗教信仰、生活习俗的历史考察，也都属于文化领域，他的《文明社会史论》不属于这类文化史的考察，而主要是关注于公民生活与政治制度层面的历史演变的考察分析。

弗格森有关文化与文明的分辨，即便在今天依然具有非常深刻的含义，而在当时的 18 世纪，无疑是前所未有的，具有非常创新的理论价值，澄清了很多易于混淆的问题。所以，可以把弗格森视为现代文明论的创立者，最早提出了当今依然令人关注的理论焦点问题，无疑具有思想的穿透力，在文明社会的认识上，弗格森要比同时代的休谟和斯密深刻。但是，总的来说，弗格森相比于后两人，在思想史的地位为什么略为逊色呢？这就涉及一个重大的问题，弗格森所谓的文明社会之制度，究竟是指何种制度呢？因为制度具体又分为政治制度、经济制度和法律制度，但弗格森对于其中的任何一种制度都没有深入的研究，对这些制度的历史演变也没有深入的分析讨论，而他对现代工商业社会之制度基础又加以拒斥，就使得他的《文明社会史论》尽管提出了深刻而重大的文明论的问题，但并没有给予建设性的解决路径。

当然，作为 18 世纪的苏格兰思想家，我们不能要求弗格森像 19
世纪之后的理论家们那样对于政治制度、经济制度和法律制度给予
专业化的分析和研究，但是，现代文明制度的一些基本结构和原则，
以及相关的历史演变的综合分析还是必要的，在这些方面，休谟和
斯密的著作就显得非常卓越和精湛，弗格森则表现得比较肤浅和零
碎。更关键的还是他的基本立场是反对现代工商社会的，他对于苏
格兰并入英国所导致的整个大不列颠社会的政治改良、市场经济、
自由贸易、法律制度以及国民财富的追求和商人阶层的兴起等新生
事物，表现出拒斥和反对的态度，而又对斯巴达的集体主义和传统
尚武精神表现出由衷的喜好，这就非常有碍于弗格森对现代文明社
会之制度根基的理解与接受，致使他所谓的文明制度主要还是古典
城邦社会的制度，加上一些苏格兰远古历史的想象性的共同体意识
和氏族部落的体制。我们看到，他的《文明社会史论》的主要内容
就是对这些古典城邦（古希腊和罗马）的政治内容摘取以及对中世
纪苏格兰部落社会的想象，此外再加上对那个时代的欧洲各国面临
古今之变的政治、经济、军事和文化诸多方面的变迁的要点对勘。

　　尽管如此，弗格森的这部《文明社会史论》仍然是具有开创性
意义的文明社会史的经典著作。因为他不是从民风习俗、诗文歌赋
的层面来讨论社会文化的变迁，而是力图从制度文明的角度来考察
人类社会的变迁，尤其从政治制度的演变来考察西方社会的变迁，
揭示其文明史的意义。在此，我们看一下此书的章节结构就可以理
解他的理论用心。弗格森并非讨论古典政治史，既不是古希腊罗马
政治史，也不是苏格兰政治史，像罗伯逊写过多卷《苏格兰史》，但
并不具有文明史的意义，伏尔泰写过《风俗论》却也不具有文明论
的意义，弗格森的《文明社会史论》与这些著作不同，他试图提供

一种人类文明史的通论。全书共分为六章，分别是：第一章《论人性的普遍特征》，第二章《论野蛮民族的历史》，第三章《论政策和艺术的历史》，第四章《论民用艺术和商业艺术的进步所产生的后果》，第五章《论国家的没落》，第六章《论腐化堕落和政治奴役》。

从章节标题和论述内容来看，弗格森探讨研究的基本上是古希腊罗马和苏格兰的历史，主要关注欧洲古代史及其向现代的转变，这是当时历史考察的一个学术风尚，至于其他的诸如东方阿拉伯世界的历史、远东的历史等，都不入他们正史的眼帘，所以属于欧洲中心主义的人类史观。所不同的是，弗格森并没有像其他的历史学家那样，以法国或英国为中心，以当时莫衷一是的君主制、共和制、君主立宪制、议会民主制等为主要内容，而是把文明社会的内容向古典社会延伸，重点考察分析古代城邦国家的制度形态，特别是斯巴达、罗马军事体制以及古苏格兰的历史演变，从中汲取文明社会的内涵。特别值得一提的是，弗格森另辟蹊径，把苏格兰的社会现状和未来展望与古斯巴达和早期罗马体制联系在一起，隐含地提出了一个不同于并入英国之不列颠、融入英法现代国家的另类道路，为此，弗格森贯穿于其中的正是关于苏格兰民族自觉性的思想意识。从某种意义上说，弗格森的苏格兰意识，是把苏格兰启蒙思想家深埋在心底的一种潜意识激发出来，像休谟和斯密他们这些赞同和主张苏格兰并入英国的思想家们，其实心底仍然也有一种苏格兰的民族性情结，其内在的思想张力在于，如何从传统苏格兰独自走向现代苏格兰，是否一定要借助英格兰的拐杖，通过并入英国之不列颠，苏格兰才能完成这种转型，这是一个重大的挑战。弗格森与其他启蒙思想家们大不相同的是，他认为借鉴古典城邦尤其是斯巴达之兴衰得失的经验教训，苏格兰可以独自走向一个现代的文明社会。

2. 苏格兰民族主义问题的提出

弗格森的文明史观实际上关心的是一种优良的古典文明如何向现代文明演进，而他眼中的文明又集中于政治文明，这种认识来自文明社会即政治社会的古典含义。在弗格森看来，苏格兰之所以没有能够凭借自己的固有资源而走向现代文明社会，主要是由于此前的苏格兰还不是政治社会，还缺乏一种政治社会的公民意识和公民美德，还是氏族部落社会的草莽意识，因此，他鉴于当时的情势，提出一个苏格兰民族意识的觉醒问题，用今天的话来说，就是提出了一个苏格兰民族主义的问题。应该指出，弗格森的这个民族意识一词，具有非常超前的意义，因为民族主义以及民族主义的问题意识是19世纪中晚期发端并在20世纪广为流传并产生了深刻的社会政治、经济与文化影响的思想潮流，弗格森竟然早在18世纪就明确地提出了这个问题，并作为其著作的一个中心议题。虽然他没有使用民族主义这个词汇，这个词汇的发明权大概属于德国思想家，但弗格森的问题意识却是民族主义的，而且弗格森对于德国思想的影响也主要在于此，所以，说弗格森是现代民族主义思想理论的发端并不为过。德国的民族主义以德意志为中心，弗格森的民族主义则是以苏格兰为中心，都是各自为自己的国家寻找走向现代社会的路径，相比之下，苏格兰要比德意志更早地遭遇了这个问题。

不过，弗格森对于政治社会的理解是有很大问题的，他所说的斯巴达城邦国家的公民和公民国家，属于前现代，那时的公民与国家是捆绑在一起的，或者说，那时的公民是没有私人空间的，诚如比他稍晚半个世纪的法国思想家贡斯当所言，私人的财产权利、个人自由等在古典城邦是不存在的，那里有的只是公民集体的权利和自由，是积极性的国家自由，而不是消极性的个人自由，城邦公民为国家服务、奉献和牺牲被视为最高的政治美德。弗格森所处的时代早就不再是古典时代，而是早期现代，现代社会的核心在于确立私人财产权以及个人自由，以及休谟和斯密所揭示的那些工商社会的基本原则和基本制度。苏格兰面临的古今之变问题不在于退回到一个氏族部落社会，也不在于返回弗格森想象的希腊城邦社会，诸如斯巴达共和体制，而是要走向现代社会，即以英国为代表的现代工商社会，构建一个现代的自由市场经济秩序和君主立宪制的政治秩序，因此，苏格兰与英格兰的合并及其组建一个大不列颠联合王国，是苏格兰解决古今之变的不二法门。弗格森与此不同，试图通过一种想象中的斯巴达古典政治的复兴，赋予苏格兰人一种前现代的政治共同体和公民美德，克服古苏格兰人的政治松懈、野蛮和氏族专制的缺陷，进而由此塑造现代苏格兰的政治自主性，显然愿望是好的，结果是错谬的。因为，弗格森从本质上不理解现代社会与现代政治为何物，不晓得私人财产和个人自由，以及由此演化出来的市场经济秩序和法治秩序的根基性意义。

因此，在上述的误读之下，弗格森的苏格兰民族主义之提出就显得迷雾重重。究竟他心目中的苏格兰民族之主体性，是何种主体性？是他想象中的苏格兰民族国家，还是苏格兰的现代公民？这个苏格兰国家的政治共同体，是靠他倡导的集体忠诚的政治美德，还是靠有限政府的责任与法治？公民美德的核心是奉献牺牲的尚武精神，还是国民财富追求与创造的共通情感或旁观者的合宜性？显然，弗格森只是看到了现代工商资本主义的弊端——自私牟利的伤风败俗，而没有看到支撑现代工商资本主义的法政制度和自由开放的经济秩序，以及国民财富增长的裕民富国的道德正当性。他从古斯巴达转借过来的政治社会以及公民美德，就仅有集体主义的政治奉献和尚武精神，而以苏格兰传统的尚武精神和氏族共同体的政治改造为寄托的民族主义，虽然是弗格森《文明社会史论》的诉求，但带来的只能是古典时代的政治文明，而不是现代的政治文明。弗格森试图把现代的苏格兰与古代的斯巴达结合起来，用斯巴达式的政治社会来为现代的苏格兰注入民族主义的血液和精神，通过公民奉献和尚武精神，建造一个不同于英国的现代苏格兰民族共同体，其结果只能是理论的幻想，并不具有现实的可行性。

18 世纪的苏格兰已经处于现代社会的开端时代。伴随着与英国和欧洲大陆的经贸联系，现代工商业在苏格兰也开始蓬勃发展，传统的社会结构正发生着深刻的变化。旧的农民阶层以及农业生产方式逐渐消化和解体，新兴的工商业阶层逐渐强大起来，成为苏格兰社会的主体力量，它们从事各种手工业、制造业、商业和贸易，尤其是对外贸易。此外，新贵族和发达的商人还参与银行、债券和信托等新兴的资本行业，再加上律师行业、学校教育、科技发明的发展，一批知识人积极参与工商业，成为推动社会进步和财富增长的重要力量。总的来说，通过合并到英国，打开了与英格兰和欧洲大陆自由贸易的通道，苏格兰社会的主体已经是工商业阶层，追求财富和创造财富，合法谋取个人的利益，限制政府权力扩张，维护公民（臣民）个人的各项权利，等等，这才是现实中的苏格兰古今之变的主要内容。经济秩序和政治秩序的建立，依据的是法治与消极自由，以及正义美德，而不是斯巴达式的国家专制，由此可见，一个国家与社会二分，个人权利和利益主导的现代苏格兰社会正在形成。相比之下，传统苏格兰的农民阶层正处于转型的痛苦挣扎之中，旧贵族或者没落或者转变为新贵族，尤其难堪的是传统的武士阶层，这个苏格兰引以自豪的阶层，也面临着被淘汰的命运，他们或者成为雇佣军参与当时的各种战争，或者转型成为城市工匠、工人或商贸阶层，这是苏格兰转型时代的大趋势。

弗格森寄以厚望的重振苏格兰现代政治的主体，是一个正在没落的武士阶层。依靠他们的奉献、牺牲、英雄气概和尚武美德，就把苏格兰带入现代社会，这显然是行不通的。他所打造的只能是一种想象的共同体，他的苏格兰民族主义恰是建立在这个想象的共同体之上的。作为一种理论设想，弗格森的思想理论无疑具有卓越的创造性，我们知道，民族主义作为一种激烈而强劲的思想潮流是在 19 世纪晚期，尤其是在 20 世纪上半叶，在世界流行起来的，其主要的一个理论就是想象的共同体理论。这个理论其实早就被弗格森在 18 世纪提了出来，苏格兰的民族主义，便是弗格森的想象的共同体，只不过弗格森并没有特别强调民族主义这个词汇，其思想其实是现代民族主义的，所以，他才在德国和其他后发国家的现代化发展中产生深远的影响。苏格兰相比当时的英格兰，也是一个后发的国家或社会，弗格森的想象的共同体确实与欧洲乃至第三世界其他的后发国家之新兴发展和独立建国有非常契合之处。弗格森强调现代政治的制度上的意义，但他的苏格兰民族主义最终还是落实不到实处，而是落到想象的共同体之上，苏格兰民族主义之自觉变成一种政治幻想。

弗格森的苏格兰道路走不通，但他的问题意识却是深刻的，在当时的思想理论界，各派人物确实都陷入这样一种思想的纠缠之中。一方面，欢迎苏格兰加入英国的现代大转型，致力于借助外部的制度力量使苏格兰摆脱传统体制的羁绊，快速进入一个工商业社会，实现国民财富的大力增长和法治秩序的构建；另一方面，他们也担忧苏格兰主体意识的丧失，传统文化乃至传统文明的优良品质在加入英国社会的大合唱中被彻底遗弃，苏格兰变成英国的一部分而失去自己的民族特性。如何在经济发展、政治稳定、法治昌明的情况下，保持苏格兰民族的文化特性、道德习俗和文明社会，这成为一个两难的问题。苏格兰启蒙思想的内在分野和张力，主要也是系于此。举例来说，休谟是偏向英国的乐观主义，弗格森是偏向苏格兰的悲观主义，斯密则是一个折衷主义，中年斯密和晚年斯密的思想分歧也是根源于此。不过，即便是休谟，也并没有完全主张苏格兰彻底从属于英国，在传统文化方面也对苏格兰抱有高度的尊重。至于弗格森，也不是极端的苏格兰民族主义者，他也讲文明的演进，讲苏格兰要吸取政治文明和公民美德的优异成果，不仅是古典的斯巴达——这是他重点推崇的典范，英国的法治与自由、君主立宪体制，他也是赞同的，苏格兰如何从传统氏族社会走向现代文明社会，英国的成功也是一个可资借鉴的资源。

问题在于，休谟与斯密真实地认识到现代英国的经济、政治制度与法律秩序的本质根基，尤其是揭示出英国现代工商业社会的性质与原因，他们提出的苏格兰现代化的道路是切实可行的，而弗格森等人对于现代英国乃至现代工商业社会的认识则是肤浅的和文艺化的，虽然弗格森辨析了文化与文明的不同，强调制度的决定性作用，但是，他对制度的理解确实是非常片面的，只关注前现代斯巴达式的政治制度，而对现代的政治制度与经济制度，尤其是对自由市场经济和资本主义富国裕民之道，缺乏深入的研究与理解。他所谓的文明社会如果缺乏了私人财产权和财富的激情，缺乏个人自由和法治政府，那这样的文明社会只能是一种想象的共同体，他的苏格兰民族主义建立在这个想象的共同体之上，也就成为无源之水，空有一番美好而虚幻的寄托。

对于苏格兰来说，走向现代文明社会的核心政治问题已经解决了，经过英格兰光荣革命所建立的君主立宪制，以及苏格兰与英格兰的合并构成的大不列颠联合王国，无论主观上接受与否，这个政治现实依然存在，与此相关的政治社会不再是苏格兰启蒙思想家的中心议题。它们是 17 世纪英格兰思想家们的核心议题，18 世纪苏格兰面临的中心问题则是经济社会的创建及其道德哲学的正当性辩护，简单一点说，就是商业与道德、经济社会与文明演进的问题。从这个视角来看，弗格森政治问题的古典主义重提，用斯巴达的国家专制主义来打造苏格兰的现代文明意识，以及诉诸于民族主义话语，就显得不合时宜，不符合苏格兰转型之际的社会诉求，也难以获得富有成就的制度化落实。因为，苏格兰现代化的核心是经济制度，尤其是工商业的自由市场经济制度，对于这个商业问题的认识，弗格森的态度是否定的，或者至少是暧昧的，他并不赞同工商资本主义，对休谟、斯密所推崇的现代商业社会的道德哲学也不认同，那么，弗格森就只能把现代文明社会的基准放在想象的政治共同体之上，放到苏格兰民族主义的民族自主性之上。但一个拒斥现代工商业的现代文明社会，又如何有实现的可能呢？这是弗格森一脉的思想家们的共同难题，而这个问题对于休谟和斯密一脉的思想家们来说则是不存在的，他们的问题是如何为这个工商业资本主义予以道德哲学的正当性辩护，并将其提高到一个文明社会史的高度。

3. 政治文明与商业社会

苏格兰启蒙思想家们的论述都涉及文明与历史的问题，心中都有一个文明史的观照，但是，只有弗格森最明确地通过一套文明社会论和历史演进论的理论，并在著作中系统而集中地阐发出来，从而构成了苏格兰启蒙思想的一个重要理论，为世人所瞩目，并且产生了深远的影响。但是，弗格森的文明社会论由于对苏格兰最迫切的经济问题缺乏深入而真切的把握，导致他的思想在文明与商业的关键问题上，陷入一种两难的理论困境。关于文明与商业的关系问题，弗格森的思想主要体现为如下几点：

第一，苏格兰正在接受的英国为主导的工商业资本主义是否能够缔造出一种不同于古代的新文明？对此，弗格森虽然不是直接否定的，但也是大大存疑的。因为他对于文明的理解不同于休谟、斯密等人，他认为文明的核心在于公民政治，或者进一步说，在于公民对于政治共同体的高度认同，像古代的斯巴达就是典范，这种公民从属于城邦国家的政治自觉才是文明社会的标志。公民不以自己的私利为行为的依据，而是以国家或共同体的利益为依据，每个人都像士兵一样，一切为了国家，而国家也不以统治者的个人私利为目的，而是全心全意为人民，这样一个没有任何私利的共同体，才是文明社会的典范。这种理想主义的古典国家是弗格森所推崇的，以此来衡量现代的工商社会，显然就难以从中产生出他以为的真正的文明社会，因此，在苏格兰推行英国式的现代商业体制，与他的文明论思想是不接榫的。

第二，弗格森对于商业社会的理解不同于休谟、斯密等人，他不认为商业体制本身能够产生出一个共通的正义美德，他对商业的理解还是传统的那一套，即认为商业就是商人的自私自利的市场牟利行为，个人利己主义和满足私欲是商业的经营法则，追求商业利益、满足私人偏好，获取个人幸福，这些才是商业的目的。因此，从商业和商人那里不可能产生出一个文明的社会。文明社会是建立在公民美德之上的，是建立在公民服务于国家和集体的奉献精神以及大公无私的英雄主义之上的。现代工商业社会不存在这样的无私奉献的公民美德，所以也就产生不了现代的文明社会，只有像斯巴达公民那样的古典美德，才能有古代的文明社会。现代苏格兰要成为现代文明社会，必须效法斯巴达的公民美德，从政治上忠诚于苏格兰国家，并为之奉献和牺牲，现代的苏格兰工商业阶层难以承担这样的公民责任。

既然如此否定商人阶层和商业社会，那么问题就出来了，弗格森的文明社会论如何与他的文明演进论接轨呢？也就是说，弗格森面临着一个困境，如何看待正在兴起的工商业的社会浪潮呢？作为一个经验主义思想家，弗格森并非极端的泥古主义，而是接受与承认现实的经验事实的。退一步站在苏格兰的现实经验上，弗格森对于商业社会以及商人群体，就有了另外一种看法，那就是有限度的工商业发展以及国民财富，也是一个现代文明社会所需要的物质基础，苏格兰不可能照搬古代斯巴达的政治经验，在一个周围世界各国都在推行工商业市场经济或资本主义的环境下，独自搞一个拒斥商业贸易的纯粹政治国家或政治社会。因此，关于文明与商业他还有经验主义的看法。

第三，商业社会是文明社会的必要物质基础，因此，对于在苏格兰推行工商业，促进科技创新和贸易发展，他也不是绝对反对的，例如，他也看到了财富使人的生活质量得到改进，衣食住行乃至文化水准、教育程度、风俗时尚，甚至人口繁衍、社会结构，都极大地改变了，对比过去苏格兰社会的落后与贫困，以及与之相关的文明低劣和知识贫乏，现代工商业的贡献是非常巨大的。对此，他也赞同休谟对于工商业有助于改善民情、敦化礼俗等方面的观点。所以，要使得苏格兰成为一个现代的文明社会，工商业的改良作用是非常必要的，在这个问题上，弗格森有着苏格兰启蒙思想的共同点，他们对工商业社会都不排斥。

不过，同为商业，此商业不同于彼商业，弗格森眼里的商业不同于休谟眼里的商业，它们只是辅助性的、工具性的、手段性的，并不具有目的性的意义。也就是说，虽然弗格森并不反对苏格兰大力发展工商业，但工商业本身并不具有文明的属性，只有有助于文明社会的工具性意义。在这里，弗格森与休谟、斯密等人对待工商业社会的观点是大不相同的，在后者看来，商业不是辅助性的，工商业、自由市场经济和贸易交流本身就是现代社会乃至现代文明的主体，自身就具有制度演进与价值正义的道德意义。弗格森的观点则不同，他对于商业贸易还是传统的认识，商人只是追求私利，商业只是商人牟利的工具，他没有看到商业社会的制度演进功能，更没有看到从个人的利益激情中可以开发出一个同情共感的公共利益和商业共同体的道德价值，而这些恰恰是休谟和斯密的道德哲学所揭示出来的市民社会的新道德、新伦理，现代文明的属性也正是由此培育出来的。

第四，弗格森不认为商业社会可以成就现代文明，商业的牟利功能只会导致个人的自私自利、唯利是图会污染社会风气、败坏公民美德，所以，他在接受商业的功利性作用时，又不时地提醒人们注意商业对于文明社会的腐化作用。弗格森在他的著作中，多次谈到腐化堕落问题，尤其是在第四章和第五章中，他提出了一个著名的两种奴役的问题。这个思想观点具有一定的原创性，并且对于德国思想产生了重大的影响，就像他的民族主义对后世具有重大影响一样。

在苏格兰思想家们看来，商业是必要的，有益于苏格兰社会进步，对此，弗格森并不完全反对，他也接受和承认商业对于社会进步的辅助作用，对于物质财富的促进功能。但他指出我们不能只看到了商业以及财富利益的积极方面，而忘记了它们还有很大的负面作用，那就是容易使人腐化堕落，商业利益、穷奢极欲很容易导致一个人的心智扭曲和私欲膨胀，从而败坏社会风气。比如罗马之所以衰落，主要是因为罗马人耽于私欲享受，丧失了公民德性，一个战斗的民族因为沉湎物欲享受而腐化堕落，这在人类历史上比比皆是。弗格森这种商业利益和私欲膨胀导致人性异化的思想，对后来德国思想界的异化理论产生了很大的影响。

与上述思想相关联，弗格森提出了颇有新意的两种奴役的观点。在他看来，沉迷于商业利欲、感官享受，人被财富、金钱和利益等所奴役，可谓是一种物质奴役，这种状况与商业有着密切的关系，古典时代的一些伟大城邦国家，都是毁灭于这种物质奴役之下的，沉湎于此的古典人已经不再是公民，他们丧失了公民美德，尤其是奉献国家的精神。弗格森揭示的这种物质奴役状况，为很多历史学家所认同，历史上这样的事例很多。弗格森的思想贡献还不在此，而在于他提出了另外一种政治奴役的观点。关于政治奴役，一般人多把这种状况理解为古代的奴隶制，奴隶们无疑处于政治奴役之下，弗格森思想中的政治奴役却不是指古代的奴隶制，而是重在揭示现代社会的一种状况，即一国之公民如果沉湎于物质享受、商业利益和个人私欲，就会从物质奴役走向政治奴役，现代人丧失了自由人的本质属性，成为政治上的奴役，这样也就彻底失去了文明社会的性质。

从物质性的奴役转化为政治上的奴役，这是弗格森对于现代商业社会提出的警示，尤其是对当时苏格兰社会提出的警示，很多人只是看到了工商业带来的财富增长和普遍福利，没有看到它们还很可能带来政治奴役。现代社会的政治奴役不再是古典的奴隶制，现代人不再是身份上的奴隶，而是自由人，但现代的自由人如果一味耽于个人的财富追求和物欲享受，沉迷商业和赚钱，就难免陷于被物质奴役的状态，为物质利益和物欲私情所累。成为唯利是图之人和蝇营狗苟之辈还并不可怕，更可怕的是现代人沦为政治上的奴役状态，此为政治奴役。为什么会产生政治奴役呢？弗格森认为，由于人追求商业利益，就丧生了政治关怀，不再以公民身份参与政治事务，不再奉献于国家政治事业，这样一来，政治权力就失去公民参与的制约和公民美德的约束，势必成为不受限制的专制权力，成为不受人民监督的权力，成为掌权者专横独断的权力，这种权力反过来就会施展于人民身上，奴役人民，使人沦为现代政治的奴役。弗格森多次严厉地指出了这种可怕的政治奴役状态，尤其是对当时投身于工商业财富生活的苏格兰人来说，商业固然是必要的，但政治更是不可或缺的，苏格兰人如果丧失了投入政治参与的激情和奉献精神，放弃了公民美德和尚武传统，不再关心乃至塑造苏格兰民族政治的邦国共同体，那么，现代的苏格兰就还是一种处于物质奴役尤其是政治奴役的散兵游勇、孤魂野鬼，也就永远不可能构建一个现代的文明社会。

与休谟、斯密等人大力倡导的商业社会、市场经济、法治政府和道德情感大不相同，弗格森在他的著作中主要关注的是工商进步和腐化堕落、物质奴役和政治奴役等问题。他没有避而不谈公民政治，而是重新激发苏格兰人对于政治文明的想象力，以此提醒现代人不能沉迷于财富利益的泥潭，要恢复和重建政治的公民自觉，唤起公民德性，从而打造一个立足于政治的文明社会。尤其是对于苏格兰人来说，本来传统的氏族社会就缺乏公民意识和国家精神，而在英国政治体制的侵扰之下，如果不想丧失自己的民族特性，就不能仅仅从事于商业财富的创造和商品贸易的流通，更根本的还是要在政治上有作为，树立公民意识，打造苏格兰民族政治共同体，或维系苏格兰国家不被英国所吞并。这样的现代苏格兰才是一个文明社会，文明社会的根基不在商业，而在政治，尤其在公民政治。

　　应该指出，弗格森两种奴役的思想对于商业社会和财富激情的警醒是必要的，对于政治文明之于苏格兰人的强调也是适时的，但其中也有很大的历史想象和理论的欺骗性。为什么这样说呢？因为他只看到了政治的积极正面的功能，而没有看到政治可能导致的专制极权的负面功能。按照他的观点，现代工商业带来的物质奴役或异化会导致政治奴役，似乎像是在指商业财富的腐化堕落导致政治奴役，其实，政治奴役并非来自商业及其异化，而是来自政治权力本身，甚至是来自集体主义或国家主义的政治美德。因为一个没有商业社会、没有个人权利和个人财富的政治社会或国家本身，必然会把人变成一种政治动物，一种只是服务、奉献和牺牲的古典公民，这样的公民国家需要的是单一的声音、单一的思想、单一的意识，没有任何个人的自由和权利，一切都必须以国家的意志为意志，以国家的责任为责任，这样的政治之路其实必然是奴役之路，现代的政治乌托邦像法国大革命和俄国革命，所带来的就是这样一种现代的奴役状态。对此，现代的思想家们多有深入的论述，更有血淋淋的历史教训。弗格森所说的现代文明社会如果是这样的政治权力高度集权统一的社会，那必然是一种新的野蛮社会，而不是文明社会。

当然，我们不能用现代的政治经验来衡量 18 世纪的弗格森的思想，但他过于迷信古典的城邦国家，迷信斯巴达的政治体制，这无疑又防碍了他对政治文明的理解，其实斯巴达就是一个古典的国家专制主义体制，个人的自由和权利在斯巴达是没有的，至于在他之后的法国大革命体制则是现代的专制极权体制，它们都打着人民共和国的旗号，不过，这些专制极权体制的统治者多数就其个人来说还是廉洁奉公的，具有公民美德的。但是，诚如阿克顿所言，权力导致腐败，无限的权力导致无限的腐败，这种政治专制极权必然演变为苏联体制下的统治者的腐化堕落，这些无须多言。就弗格森的两种奴役的思想来说，他所揭示的政治奴役状态，物质奴役或商业腐败可能会导致这种结果，但商业社会或财富利益，尤其是法治经济和有限政府，很可能会成为防止政治奴役的一个有力杠杆，一个防范政治奴役的有效工具。相反，在现代社会如果祛除了商业财富和物质利益，很可能会直接导致政治奴役，个人沦为国家祭坛的祭品，成为政治权力的牺牲品。对这种来自国家权力的政治奴役，弗格森却缺乏深刻的洞察，而且美化了古典政治的文明特性。与弗格森大赞古典政治不同，休谟等一些苏格兰思想家却并不认同古典共和国，不认为古代的社会是可欲的社会，相反，他们认为现代商业和市场经济秩序，可以制约政治上的大权独揽，可以开辟出一个新的自由空间，每个人都可以在此实现自己的各种想法和观念以及利益和想象，只要不触犯法律，什么事情都可以作为，这就是法治下的消极自由，这样的商业和法治社会，才是现代的文明社会。

我们看到，从上述有关政治文明与商业社会以及两种奴役的不同观点上，可以发展出思想史上的不同理论路径，弗格森的思想显然影响了现代的社群主义、共和主义和民族主义，甚至社会主义，而休谟、斯密的思想则影响了现代的自由主义、个人主义和法治主义，但同时他们又都具有历史主义和保守主义的色彩。当然，弗格森对这些不同的思想路径和流派在思想史上从 19 世纪到 21 世纪这二百年来的此消彼长有着深远的影响，但在当时的苏格兰思想界，却并非如此观念清晰、理路明确、价值凸显，而是各种思想观点混淆在一起的，它们之间既有内在的张力冲突，又有共识默会。此外，他们相互之间多有交往，既是同事，也是朋友，休谟与斯密的友情关系就不用说了，像弗格森，也是斯密的朋友同事，斯密辞去教授席位后推荐的继任教授就是弗格森，休谟虽然不信基督教，但在他去世时，身兼长老教会牧师的弗格森在休谟墓前守护多天，以防止激进的教徒前来毁坏休谟之墓。这种思想史上的高山流水、哲人情怀，值得后人敬仰。

三、文明与历史演进

弗格森的文明社会论有一个重要的特征就是强调历史，细究起来，历史在他那里具有两层含义。一层是历史中的古典政治社会，另外一层是从古代向现代政治文明的演进，两层含义又存在着某种矛盾或吊诡。为什么会出现这种情况？这与弗格森的问题意识有关，即他处于变革中的苏格兰所面临的两难困境。这个两难在于，苏格兰要进行现代意义的变革，如何在变革中不丢失苏格兰特性，弗格森试图在古代政治社会中寻找可资借鉴的目标和路径，这样一来，他就既要论述古代政治社会的要义，又要指出从古代步入现代的途径，所以就构成了弗格森文明社会论的古代与现代的张力性关系。

为什么在弗格森那里这种张力关系如此突出呢？这与他应对苏格兰古今之变问题的趋向有着密切的关系。针对当时苏格兰启蒙思想的共同问题，大多数思想家们选择的是加入英国现代化大潮的主流道路，接受英国君主立宪制和与英格兰合并共同组成不列颠联合王国，在政治、经济和文化（文明）层面进一步拓展法治政府治理职能，尤其是深化自由市场经济制度，推进国民财富的全面增长，并从情感主义的角度构建一种现代工商社会的道德哲学及其正当性证成，在文化或文明领域倡导渐进改良主义的启蒙运动。这是休谟、斯密等思想理论家们所开辟的道路，虽然也不是一路顺风，但毕竟与现实的苏格兰及英国发展的大趋势密切相关，推进了一条英美主义的国家发展之路。所以，古今之变问题在他们那里的中心议题是明确的，指向是未来可期的，道路是付诸实践的，成果是无比丰厚的，回过头来看也是非常成功的。

相比之下，弗格森等人面对苏格兰的古今之变问题，采取的却是一种效法古典政治的道路，这样他们就面临双重的困难：一方面，他们心目中的古典政治究竟是什么，这需要予以辨析，因为古典政治有多种形态，何种古典是他们要学习借鉴的古典，这里就难免会有某种想象性的附会和夸张，究竟这个古典政治与苏格兰有多少相关性，也是大大存疑的；另外一方面，即便如此，古典政治又是如何走向现代的呢？也就是说，古典政治社会毕竟衰落或消亡了，苏格兰的道路不是回归古代，而且也不可能回去，那如何找到从古代向现代乃至未来的可行的道路呢？这个文明历史的演进故事是需要勾勒清楚的。所以，弗格森的文明演进论要解决的文明与历史的问题，就显得格外纠结、充满疑惑，他的理论在苏格兰启蒙思想中的创新点也正在于此。

1. 有限度的文明进步论

从大的方面来看，弗格森在处理文明社会问题，尤其是处理上述两个层次的文明与历史关系及其吊诡时，所采取的文明历史观，还是一种有限度的文明进步论。换言之，虽然苏格兰启蒙思想中的各家各派对于文明与历史的看法不尽相同，但基于经验主义的历史方法论，他们采取的都是有限度的文明进步论，而不是基督教兴起之后产生的绝对一元论的历史终结论，也不是古希腊主义的历史循环论，苏格兰思想家的历史观可以说是相对的历史进步论或历史演进论，对此，哈耶克提出的自生自发的社会扩展理论是他们的现代版本。

既然是有限度的进步论，所以，就不去回答或难以回答人类历史的几个终极问题，即从哪里来到何处去，又可以称之为历史的不确定论或怀疑论。弗格森分享着这种有限度的进步论，但其具体的观点与休谟和斯密等人的有限度的进步论又有所不同，大致表现在如下几个方面。

第一，弗格森思想中的历史进步其标准是以古典政治为依托，而不是以现代自由市场经济为依托，这是他与休谟、斯密的历史进步论的主要区别或分水岭。在后者看来，所谓有限度的历史进步，是从传统社会走出来，一是从政治上走出来，那就是英国的光荣革命及其君主立宪制，二是开辟出一个传统未有的现代工商业社会，即将英格兰和苏格兰包容在内的不列颠的自由市场经济秩序。还有就是在道德哲学方面为现代市民社会的财富生产提供正当性的辩护，这些才是历史进步论的基本内容，才是苏格兰古今之变的本质。但是，弗格森与此相异，他虽然也讲古今之变，也认同历史的有限进步，但其衡量进步的标准不是上述内容，而是古典的政治文明，是如何在当今的苏格兰重塑古代的公民政治共同体，从已经溃败或缺失的散乱状态，如何打造出一个现代的古典精神新载体，这才是他所谓的历史进步的内涵，所以辨析何为古典政治文明就成为弗格森思想的一个要点。

基于上述目的，弗格森对于古典政治文明的理解与汲取就是广泛的，也不是准客观的，而是掺杂着意图针对性，虽然他非常赞赏孟德斯鸠指陈的斯巴达政治体制及其公民精神，但还是把古罗马尤其是古苏格兰的内容加入其中。从他的论著中，我们可以看到多种古典社会的融合，当然它们不是沙拉拼盘，而是有意图的筛选，优良的与低劣的相互对照，构成了一个古典政治文明沉浮起落的图景。例如，他在《文明社会史论》的若干章节中，就讨论了诸如野蛮和半开化民族的历史状况，揭示为什么斯巴达、罗马能够通过公民精神和政治体制而成就一个稳固的国家，为什么一些看似强大的邦国由于沉湎享受因腐化侵袭而解体消亡，还有古苏格兰社会为什么还是停留在氏族部落阶段而政治文明如此匮乏，等等。这样一来，历史中的古典政治在弗格森那里就活了起来，因为他是有意图的择优编选，为了呈现他以古典政治文明为依托的目的，但也因此，弗格森关于古典政治的论述就具有相当大的片面性，古典社会许多的阴暗面和弊病被他忽略了，他叙述的古典社会包含着很大的想象力，很多是他幻想出来的。

第二，弗格森历史进步论还面临一个更大的问题，那就是，既然古典政治社会在他的心目中如此美好，为什么他还要主张历史进步论，直接回到古代岂不更好？这就涉及如何理解弗格森的有限度的历史进步，作为一个经验主义者，他知道苏格兰要回到古典政治社会是不可能的。其一，这个古典时代并非苏格兰自身秉有，而是转借的，是弗格森转手斯巴达而赋予的；其二，即便如此，苏格兰乃至整个人类社会也是回不到过去的，复古论不过是一种说辞而已。所以，他的进步论才是可行的，也就是说，他主张的乃是有限度的进步，这个进步参考的标准是古典社会的标准，采取的不是直线的进步，而是曲折的进步，或者说是一种倒退的进步、复古的进步。这样一来，弗格森就赋予了进步一种新的含义，即倒退式或复古式的进步，这是一种辩证法的逻辑，这个逻辑在英美语境中难以被接受，但确实也是一种主张，且有一定的道理，所以，弗格森在德国思想界的影响巨大，他的这种倒退式的进步的历史观对于德国思想潮流中的历史辩证法是有促进作用的。

也是基于此，弗格森对于历史演进的得失有了自己视角的理解与论述，他把古典政治文明的失败或衰落归结为公民精神与公民美德的丧失，理解为国家能力的溃败以及腐化堕落。他没有能够考虑到这种公民国家和公民美德本身就是有着重大局限性的事物，就是导致专制与暴政的温床，必然会导致古典政治文明的衰落。他仍然按照这套理想模式来考察中世纪乃至现代欧洲社会的兴起与发展，一方面看到了这是一个历史的实然进程，他不得不接受，并且视之为一种历史的进步，但另外一方面，他又提出了一种倒退式的历史进步论，所谓倒退式的历史进步论，其实质还是一种倒退的复古，进步只是表面上的，是历史时间的流逝，指向的仍然是古典政治文明，在他看来，近现代历史进步中缺乏的还是古典文明的实质内核。

第三，问题在于，这个近现代历史进步的总结，并不符合现代社会，尤其是现代工商社会的文明性质，因为这里出现了一个全新的变量，即工商业资本主义的制度，这个崭新的东西是古典社会没有的。弗格森并没有认识到这个新事物对于现代文明的根本性的作用和意义，对此，休谟和斯密却是深入理解的，相反，弗格森只是看到了它们的副作用，即商业社会导致腐化堕落及其可能会产生两种奴役的弊端，却没有觉察到它们在财富创造、制度形成、政治治理，尤其是自由经济方面带来的全新的历史进程，甚至经由它们而创造出一个更高级的文明社会。但这个新的文明社会不需要复古式的倒退式的表面进步，而是超越古典社会的实质性的历史进步，尤其是在政治、经济、法律和文明上的全面进步，是从古典社会转型而来的进步，是历史演进论的包含又超越古代的进步。对此，弗格森没有或不愿看到，这不能不说是他的苏格兰怀旧情结的短板所致。

在此，我们还是以他最具原创性的政治奴役的观点来举例讨论。弗格森重视古典政治文明，主要是由于这个古典政治存在着政治自由，现代社会的最大危险在于使人陷入政治奴役，即不自由的受宰制状态。弗格森的关于政治自由与政治奴役的思想看起来很深刻，似乎也符合现代自由主义的基本理念，符合现代社会的实践进程，因此广为各派现代人物所喜爱，其中既包括自由主义，也包括保守主义，甚至更深得社群主义、共和主义乃至社会主义的喜爱。但这只是表面的，如果深究起来，弗格森的政治自由观点具有很大的欺骗性和误导性，因为他所谓的政治自由，主要是集体性的政治自由，诸如可以演变为国家主义、社群主义乃至社会主义的集体自由，这种自由的主体不是个人，而是国家、集体、民族、党组织等实体，个人自由在这里是没有主体地位的，只是附属性的、从属性的地位。这种政治自由的理想状态是国家集体与个人分子的天衣无缝的完美结合，那就是乌托邦，但其实际的状况却是个人为国家、集体、民族等奉献和牺牲，个人只是这个国家机器的一颗螺丝钉，而其最低劣的状态是统治者打着为人民服务、为国家集体、民族至上利益服务的幌子，且采取专制极权的手段对付每个个人，肆无忌惮地谋取个人的私利，这才是真正的政治奴役。也就是说，政治奴役不是来自别处，恰恰是来自弗格森所推崇的政治自由，它们是专制主义和极权主义的渊源，是与现代文明截然相反的。

对此，弗格森缺乏深入的认识，反而聚集于工商业社会的副产品——财富和资本的腐化堕落，把一切现代的罪责都归结于它们，这显然是颠倒主次的。固然，财富创造与穷奢极欲是现代社会的弊端，甚至是严重的弊端，是罪恶的一个来源，但它们不是最根本性的，因为它们也有创造性的正面作用，对此休谟和斯密，尤其是休谟，给予了充分的论证。相比之下，如何看待奢侈问题，弗格森显然站在斯密一边，而且比斯密更加谴责奢侈，认为奢侈导致物质性奴役，但与奢侈密切相关的勤勉劳作、技艺创新和文化昌明等对于现代文明社会的促进作用，他却视而不见。在第四章等，弗格森对于与奢侈、贪欲、自私、享乐、糜烂等相关的工商业社会的痼疾，给予了淋漓尽致的批判。问题在于，弗格森在批判了之后，究竟给出了什么解决方案呢？这就还是回到他的前提上来，激活古典政治文明的旧法宝，用古典政治来医治现代资本主义的商业之病。

2. 有限进步论中的悲观主义

弗格森的思想吊诡，加上经验主义，使得他的文明社会论，与休谟的乐观主义的有限度文明进步论有别，呈现出一定的悲观性。这里的悲观色彩又是由两个层面叠加在一起的。

第一，弗格森对于时下工商业社会的前景多少是悲观的，他看到了现代人越来越被一己的物欲贪念所束缚，成为个人利己主义的俘虏，导致公民美德丧失殆尽。另外，他还看到了商业社会的金钱和财富的力量，这些物质性力量越来越左右公共生活，甚至左右国家权力，使得国家为财富和金钱所利用，为了财富的最大化，国家可以无所不为，最终导致政治奴役，国家权力的腐化堕落致使国家自身也随之瓦解，政治自由转化为专制的牢笼。应该指出，弗格森对于现代资本主义的批判是尖锐的，也是深刻的，直接启蒙了一大批现代的平等自由主义和社群主义，甚至马克思主义，20 世纪产生的各种批判理论和权利平等理论，都受惠于弗格森对于资本主义的批判。这些负面的看法，致使弗格森的理论有了某种悲观主义的色彩，他对于经由现代工商资本主义达成一种高级的文明社会，抱有深深的怀疑和否定倾向。

不过，虽然弗格森的这种悲观主义在 19 世纪末和 20 世纪，对西方的悲观主义与欧洲中心主义的没落以及各类资本主义批判等产生了相当大的影响，但在 18 世纪的苏格兰乃至英美世界还是不被重视的，当时的资本主义还处于上升时期，还有着蓬勃发展的广阔空间，乐观主义占据着主导。至于斯密晚年的悲观色彩，与弗格森的悲观色彩其性质是有所不同的，斯密回归的还是斯多亚主义的审慎和沉思，他并不完全否定现代工商业资本主义的历史进步性，而在提醒人们不要过于乐观，要警惕和防范其可能的弊端，由此他提出公正旁观者的合宜性情感，这符合斯密的道德哲学原理。

第二，弗格森的悲观主义还有另外一层，那就是古典政治文明的无法重新复制，这种悲观主义对于弗格森的理论乃是致命的打击。为什么会如此呢？因为弗格森自以为找到了克服现代错误的道路，那就是迂回进步式地回归古典政治，但他又感到这个回归在今天是不可能实现的，只是一厢情愿的幻想性寄托，这样的悲观主义情绪深埋在他的思想理论中，具有着某种绝望的色彩。为什么会如此？因为弗格森既错误地理解了现代社会，又错误地理解了古代社会，现代既不像他所说的那样不堪，古代也不像他所说的那样美好。现代思想中的"错置时代性的谬误"的情况在弗格森那里发生了，他的悲观主义某种意义上是他自己制造出来的。

好在这两种悲观主义的叠合在弗格森那里，被他用有限度的进步主义予以释放，没有成为极端的虚无主义。虚无主义恰恰是 20 世纪悲观主义的必然结果，弗格森的思想理论虽然有悲观主义的色彩，但不属于虚无主义，主要因为他的有限度的经验主义，这要归功于苏格兰思想的基本特征。凡事不走极端，即便是对于历史与文明的关系问题，无论是休谟的乐观主义还是弗格森的悲观主义，都是有限度的，都在人的常识范围之内，都不是形而上主义。

历史中的文明社会犹如一江流水，时而雄浑浩渺、一泻千里，时而曲折回环、迂缓塞堵，但青山遮不住、毕竟东流去。所谓的历史演进论或历史进步论，只能从总的态势来看，至于具体到局部的某个区段，则很难一概而论。弗格森所处的苏格兰，不过是历史进程中的一个阶段，他提出的一种迂回式的文明进步论，只是他考察苏格兰这个变革时期的一种主张。或许可以说，任何一个民族都有自己的"苏格兰时刻"，都有一个在历史中获取自己文明定位的抉择问题。18 世纪的苏格兰思想家们，他们从各自的理论视角创造性地回应了这个问题。相比之下，弗格森的文明社会演进论是最明确地从文明史的高度，对于这个"苏格兰时刻"的理论回应，他通过区分文化与文明之异同，重点把制度文明的属性问题提了出来，创造性地构建了一套旨在回归古典政治文明的有限度的历史进步论，尽管弗格森的理论包含着内在的吊诡，但凸显了文明的地位、作用和意义，无疑补充了哈奇森、休谟、斯密等人的某些理论缺失。

第九讲

激情、利益与正义

本课程的前面八讲，我主要讲授了两部分的内容，第一部分是前两讲，从背景和宏观的视角讲授了英美国家的现代转型以及苏格兰启蒙运动的方方面面；第二部分是本课程的主体部分，我分别讲授了哈奇森、休谟、斯密和弗格森的思想理论，集中讨论了他们的观点，尤其是聚焦于我所谓的广义的苏格兰道德哲学，他们各自的原创理论贡献和相互之间的复杂关系，大致勾勒出一个苏格兰道德哲学的基本理路和思想风貌。下面从第九讲开始，我用两讲的篇幅对上述内容给予一个总结性的提升，在此我不准备做一种归纳式的小结，而是试图从上面的八讲中提炼出一些要点，即核心思想与基本理路，并给予一种新的审视，从中开放出一些令我们深思的与苏格兰思想密切相关的议题，以便有助于我们理解当今的世界情势及其面临的重大问题。第九讲是《激情、利益与正义》，第十讲是《法律、商业与政府》，我认为正如标题所显示的，虽然过去两百多年了，它们依然还是今天这个世界面临的根本问题，尽管表现方式发生了很大变化，诸如从古今之变到全球化进程，从自由经济秩序到多元文明冲突。问题的实质没有改变，18 世纪的苏格兰启蒙运动遭遇了这些问题，21 世纪的世界各国，乃至全球化进程中的世界也正在遭遇这些问题，它们不仅仅是政治、经济、社会与文化的，而且也是道德的与文明的，涉及每个人乃至人类生活的正当性。

下面我先谈激情、利益与正义问题。关于这部分的内容前面各讲我们都讨论过，情感主义是苏格兰思想中的一个基本理论特征，在哈奇森、休谟和斯密的各讲中，对于利益的激情以及德性、正义问题，都有过不同层次和不同视角的分析。在这一讲我再次提出这些问题，并不是要重复这些内容，也不是以某个思想家的观点来整合它们，而是试图站在当今时代的语境下，审视它们对于我们的理论意义。从这个视角来看，我觉得苏格兰道德哲学给我们留下的这两组思想遗产非常重要，而且它们又是相互关联的，第九讲我先讨论第一组，第十讲再讨论另外一组。说它们是一组而不是一个，是因为它们触及的问题不是一个概念所能含括的，而是一个问题阈，苏格兰启蒙思想家们非常卓越地贡献出一套思想理论遗产，从而不仅回应了他们时代的理论问题，而且还为我们今天提供了可供借鉴的观念、方法、理路和启示。苏格兰的情感主义思想就是如此，它们的自由经济秩序思想也是如此，历史文明演进论也是如此。

一、情感主义的道德哲学

从哲学思想史的角度看，英国情感主义是与大陆唯理主义相互对立的一种思想流派，这无须多言，但是，把情感主义运用到道德领域，尤其是通过情感主义的道德哲学为现代早期的资本主义提供一套正当性的证成，这是苏格兰道德哲学的突出贡献，虽然此前英格兰也有诸如沙夫茨伯里那样的情感主义利他主义道德哲学，但真正把情感主义运用到现代工商业社会的道德领域并视为现代制度之正当性根基的还是苏格兰启蒙思想，尤其是休谟和斯密两人。他们深入而系统地把情感主义与苏格兰乃至英美国家的社会变革密切地结合起来，形成了一种极具解释力和辩护性的思想理论，不但回应了苏格兰和英国之不列颠的社会转型问题，而且对西方世界产生了重大的理论影响，对于英美国家的思想塑造和制度实践具有重大的启发意义。这些我在前面的几讲中都分别讨论过，现在本讲的问题是为什么情感主义在休谟和斯密手里（尽管他们有异同）竟然会如此呢？大陆唯理主义为什么在回应他们国家的时代问题时大多是失败的或者是无效的呢？我认为这一组概念在苏格兰情感主义思想中占据重要的位置，这组概念所含括的思想力量为休谟和斯密他们应对变革时期的英国及苏格兰之转型，提供了富有建设性的构建作用，在当今的社会语境下依然具有启发意义。

1. 人是激情的动物

苏格兰启蒙思想家们在他们的论著中，大多都会在恰当的位置，诸如前言导论中，提出他们对于一般人性的看法，像休谟关于人性就有一部专著宏论《人性论》。为什么会如此？这与他们的理论视野有关，他们都非专家，而是百科全书式的人物，都以回应时代问题为使命，因此，关于人是什么之类的大问题，都会有自己的看法与认知。难能可贵的是，这批杰出的思想者竟然在这个问题上给出了一种基调一致的观点，这不能说是巧合，而是具有某种意味深长的历史意义。说他们的观点大体一致，指的是他们都认为人是情感或激情的动物，用休谟最为明确的话来说，不是理性决定情感，而是情感决定理性，人最终不过是一种激情的动物。其他思想家们虽然不像休谟那样言简意赅，但大体上还是接受了休谟的观点，并且运用到自己的思想理论之中，由此也就构成了苏格兰情感主义的基本特征。

人是激情的动物，这句看似简单平常的话语，却足以掀起一场思想风暴，也确实在 18 世纪的苏格兰启蒙思想中，激发起一次思想领域的大变革，导致了一系列具有原创性思想理论的辉煌出场。我们关心的问题是，为什么简单的一句"人是激情的动物"竟会产生如此的效能呢？我认为这是我们理解苏格兰思想的一个要点，也是理解当今世界中的人的境况的一个要点，往事越千年，其实基本的人性并没有发生多少根本性的变化。

说起来早在古希腊，亚里士多德就指出，"人是政治的动物"，后来有思想家提出"人是社会的动物"，现代以来也有人提出"人是经济的动物"，这些观点都有当时的特定语境或社会背景。亚氏提出"人是政治的动物"对于古典社会而言就非常贴切，因为那是一个奴隶制的城邦国家时代，人作为人只能是作为城邦国家的公民，除此之外，奴隶以及外邦人就不具有公民资格，只是工具性的存在，所以，政治也就是城邦政治，对于人来说至关重要，"人是政治的动物"指的便是这个意思。还有"人是社会的动物"，在古典社会以及近现代的理论家们看来也是如此，没有参与到一个社会群体，不作为社会组织中的一员，孤零零的个人是无法存在的，或者是无意义的，社会性是一个人赖以立命的关键。至于人是经济的动物，则是非常晚近的一个观点，指的是经济生活对于人的重要性，离开了经济上的谋生机制，单纯的政治生活也是不可能的，这是从现代角度对于亚氏定义的一种颠覆，当然，这句话具有历史唯物论的味道。总的来说，关于"人是什么"的定义，罗列词典上的说法可以有数十数百个，在今天已经没有什么理论意义。但在古典时代，在早期现代，情况确非如此，因为与此相关的不是简单的一句话或一段定义，而是一种全新的认识，且还有一套思想理论支撑着这个看似简单的定义。

苏格兰思想家所说的"人是激情的动物"，就属于这类性质的定义。在此之前，从来没有谁或哪种理论提出过这样的定义，亚氏、马克思等人关于人的定义依据的是另外一套标准，主要是从人的外部社会属性来划分的，若从人性的内部属性来看，他们都属于理性主义者，认为理性是人之为人的本质。人是理性的动物，对于他们是不言而喻的，虽然感性情感对于人也是必要的，例如，在著名的《尼各马可伦理学》等著作中，亚氏就有过非常周密细致的分析，但人的理性是人独有的高级智能，这是他们的基本观点。理性高于感性情感的认识和定位，主导着人类的思想史，可以说直到苏格兰思想那里，才被彻底颠覆。虽然英格兰和欧洲的人文主义者也有唯名论以及经验论，但在社会领域中，尤其在道德哲学中，人的理性决定人的感性情感，人是理性的动物，这是哲学思想界基本的共识。苏格兰思想颠覆了上述的论断以及由此延伸的各种学科知识，尤其是延伸到政治、经济与法律和文化（文明）领域方面的认知，其意义非同小可。

在此，我不准备专门探讨关于"人是激情的动物以及情感主宰理性而非理性主宰情感"这个命题的相关心理学、方法论和价值论等方面的研究考辨，可以说，涉及理性论和情感论这两个思想渊源的论争以及它们在当代高新科技领域中的进一步深化，在计算机科学、脑神经科学以及智能网络技术等领域所凸显的理性与情感的关系问题，不但并没有解决，而是愈演愈烈，成为目前最前沿的高科技领域的问题。这些不属于本课程所涉及的内容，我在此存而不论。我要讲的问题是其中的一个维度，也是苏格兰思想家们最为关切的理论维度，那就是"激情—利益—正义"的维度，这一组概念又可以聚焦为两个相互关联的概念：利益的激情与情感的正义。它们不仅涉及理论的创新，而且还涉及制度的演进，是一个思想与实践相互递进的自发扩展的秩序，这个秩序与苏格兰的社会转型，与英国乃至现代世界的社会转型休戚相关。

2. 利益的激情

一般说来，关于"人是激情的动物"一语中的"激情"，可以有不同层面、不同角度的解读，比如情欲与性欲的激情，也是可以深入分析的激情。实际上，近现代以来的心理学、文化人类学乃至病理学等就有大量的研究，诸如弗洛伊德的理论、同性恋理论等也是很流行的。但是，它们与苏格兰思想无关，苏格兰启蒙思想家们对此没有任何兴趣，他们关注的是利益的激情，他们的情感主义主要集中于道德哲学，或者说，他们提出人是激情动物的观点，迫切要解决的不是科学性的问题，而是正当性的问题，即为现代的工商业社会或现代资本主义的自由经济秩序乃至社会文明秩序（包括法治与政治秩序等）提供一个正当性的道德辩护，所以，从激情到利益再到正义，是他们唯一关注的思想理论维度。

苏格兰思想家们普遍认为，用理性主义的逻辑对英国以及苏格兰社会的历史变革做出分析论证并给予道德正当性的证成，难以达成让他们接受的效果。其实，一些理论家，主要是当时法国以及欧洲其他国家的理论家们，还有后来大量的专家学者，都采取理性主义的方法给予了分析研究，事后来看也是非常具有说服力的。但是，身处其中的苏格兰思想家们，他们并不这样认为，他们拒绝接受理性主义的主导地位，而是从情感主义的角度来实现他们的思想企图，他们认为利益的激情和情感的正义，才是促使现代商业社会及其制度扩展的内在动力机制，至于理性主义的逻辑不过是外在的分析研究或描绘，与事物本身的进程无关，"激情—利益—正义"的机制演变才是社会变革的真正动力，他们把这个动力机制揭示出来了，这是前无来者的思想发现。

关注利益并没有什么稀奇，人生在世谁能不关涉利益，但是，究竟什么是利益，为什么要追求利益，如何追逐利益，这一系列相关的问题直到 19 世纪随着功利主义的兴起才逐渐被系统地思考和研究，所以一直有一派观点认为苏格兰启蒙思想属于早期的功利主义，或者他们启发和推进了英国 19 世纪以降的功利主义。对于这派观点，我大体上是赞同的，但较起真来我又不赞同这派观点。为什么会是这样矛盾的看法呢？有如下两个主要的原因。

第一，说苏格兰思想尤其休谟的思想启发了功利主义，甚至在某些观点上属于早期的功利主义，这大体可以接受，但要补充的是，就功利主义的主流思想理论来看，例如以边沁、穆勒等人的功利主义为衡量标准，那休谟就不属于功利主义，虽然休谟也讲利益，讲效用，讲利益的激情，但苏格兰启蒙思想家们对于利益的思考，不以利益的内容或大小多寡为标准，而重在利益的规则或正义的规则，尤其是消极性的利益规则（群己权界之边界规则）为中心，所以，他们不但不属于边沁一脉的功利主义，甚至与边沁一脉是相互对立的。鉴于此，后来的研究者又做了某种调整，认为功利主义分为两种，一种是强调功利内容的功利主义，一种是强调利益规则的功利主义，苏格兰之休谟、斯密等思想家属于后者，边沁、穆勒等英国思想家属于前者。我大致赞同这种划分，认为可以把苏格兰思想划归为规则的功利主义。不过，两种功利主义差别甚大，其基本原则、主要标准和演化路径，还有方法与目标等，呈现出重大的甚至本质性的区别，例如，在功利效用、社会目标、政策制定以及价值评判等诸多方面，内容的功利主义多是积极性的，规则的功利主义则是消极性的，前者主张积极正义、积极自由、集体正义、群体自由，后者主张消极主义、消极自由、个体正义、个人自由，等等。

第二，19世纪英国边沁等人的内容功利主义属于典型的理性主义思想理论，18世纪苏格兰休谟等人的规则功利主义则是情感主义的典型思想理路，两者差别甚大、相互对立。边沁的最大多数人的最大幸福，可谓主流功利主义的标志性口号，其实质是建立在理性计算上的，这派功利主义的基本原理和一系列社会激进主义的变革方案，都是基于人的理性设计和理性计算，属于哈耶克所谓的理性的自负。由于他们高度依赖理性，相信乃至崇拜理性的功能效用，所以才提出了功利主义的理论并且积极鼓吹付诸社会实践。在他们眼里，感性经验、习俗惯例和模糊情感都是必须祛除的生活累赘，诸如普通法的判例类推，还有历史主义的遗迹，都要大刀阔斧地予以清理，这样才能干净利索地按照理性设计，打造出一个功利主义的新世界。这种功利主义的理性狂妄自大，恰恰是休谟、斯密等人最为反对和拒斥的。他们之所以提出人是激情的动物，情感决定理性而不是理性决定情感，就是因为他们不赞同理性主义的祛除传统经验和历史习俗，他们强调的是情感的曲折演进、默会的知识积累等在社会变革中的作用，理性功利主义反对的东西恰恰是他们予以寄托厚望的东西。所以，从这个意义上，就很难把苏格兰启蒙思想家如休谟、斯密等人视为功利主义一脉，他们反而是反对后来上场的英国功利主义的。

正是基于上述两点的矛盾特征，我们再回到利益的激情，就不能从后来功利主义的角度来理解和阐发，而应该是就苏格兰思想的自身理路来加以讨论。利益的激情对于苏格兰思想来说究竟意味着什么？在我看来，他们是把社会化的财富生成机制的内在情感动力及其演化的规则正义予以揭示出来，即提供了一个"激情—财富—正义"的情感运行逻辑。换言之，他们认为，每个人在现代社会通过创造与追求个人财富（首先是财产权及其他各种基本权利）的激情而可以获得正当性的承认，这种承认不是基于理性的计算或计算后的契约，而是基于同情共感的利益感或旁观者的合宜性所达成的规则正义，正是这种基本的消极的正义德性为现代工商业的利益追求和自由市场经济奠定了合法性的基础，各种契约或法律规则都来自利益的激情的合宜性或同情共感。苏格兰的这个道德哲学思想具有重要的意义，因为他们第一次为追求利益的情感，尤其是为利益的激情做了正当性的背书。这里的正当具有双重含义，一是道德上的，一是法律上的，其实在原初意义上两者是没有区分的，它们作为人类行为的元规则，既是道德规则也是法律规则。

如何从利益的激情演化出一个共通的正义情感，如何使得这个正义感成为人的行为的元规则，这是非常困难的问题，在苏格兰思想中，比较典型或著名的是休谟的共通利益感论和斯密的旁观者合宜性论，至于这两种观点是否真的符合事实，还需要检验，通过每个人的事实经验来予以检验，也许最终是不可知的。因为这里涉及一个休谟所谓的人类社会的核心难题：从事实到应当或者从是然到应然的转换是如何完成的，这是情感主义演化论的最困难的问题，除非是上帝，谁也没有资格说自己解决了这个问题，人只能猜测自己回答或解决了这个问题。相比之下，理性主义就没有这个问题，或不会直面这个问题，他们根据的是一个推理的理性逻辑，用今天的术语来说，是算法的计算或演绎问题，但情感主义不是算法，从事实到应当是一个情感的想象力问题。尽管如此，苏格兰思想还是以此回应了他们那个时代的问题，赋予了现代经济、政治和法律以及道德秩序以一种正当性，这也是苏格兰思想关于"人是激情的动物"的精义所在。这个情感主义的正义论辩之所以如此重要，至少有如下三个方面的意义：

第一，从情感演进中挖掘出正义的道德与法律的元规则，这在苏格兰之前的西方思想史中，没有人曾经这样论述过，要么是价值虚无主义，认为正义与否从来就不重要，世界就是一个自然而然的世界，要么就认为自然本身就有先验的正义标准，人之内心情感不过是照搬这个先验的道德法或自然法，要么是理性立法，社会中的正义是人的理性后天予以设立的，等等。至于从一个实然的情感到一个应然的情感之演化，这里的机制与动力究竟是如何形成的，思想家们从未讨论过，古典社会没有，现代社会也没有。

第二，这个问题对于苏格兰显得特别重要，因其涉及古今之变，也就是说，在苏格兰回应现代工商社会或资本主义社会中的演进时，他们给予了一种不同于理性主义的情感演进论的解释。激情的利益，或人追求财富、金钱、牟利等，具有道德性与合法性，资本主义具有正当性，甚至具有高级的文明属性，这样就既回答了苏格兰的时代问题，也回答了所有进入这种社会形态的其他现代国家共同必须面对的一个问题。

第三，经过两百余年的历史演变，这个从实然到应然的情感主义动力机制的解释是否还有效呢？在当下的高新科技和市场经济如此高度发展且密切结合在一起的后现代社会，人的行为的基础是否还是仍然遵循着这个利益激情的情感矢量而运行呢？这是当今时代要回答的问题，苏格兰思想的启发或警示意义究竟在哪里？我认为，苏格兰思想在当下还是非常重要的，在当下虽是高新科技时代，但在神经元、智能人、默会学习、虚拟时空等领域，情感主义的动力发生机制依然很值得关注。

3. 同情共感的演化机制

前面几讲我在分析休谟和斯密的道德情感理论中，曾经分别讨论了他们的情感演化观，认为他们两人的观点总体上是一致的，但具体环节有所分歧。

说总体一致是指他们都是在情感高于理性的情况下试图寻找和揭示一种心理情感的内部机制，来解释一种来自感性苦乐的感受何以会演化为一种具有正当性的德性正义，我称之为同情共感的矢量标识，在这个方向他们是大致相同的，他们都以自己的方式给出了创造性的见解。这里所谓的同情共感的情感矢量，我借用了几何学的一个词汇，犹如一种有目标的线条，它不是无意义的线条，不是自然科学意义上的线条，而是群体间的情感交汇之同情共感的线条，其中蕴含着丰富甚至曲折的一种矢量，但这个矢量又不是理性计算的逻辑，而是情感之同情共感的逻辑，犹如无目的的合目的性，由此达成的恰恰是正义感和正义规则，即一种正当性的德性之根基。所谓的从实然到应然的转化，正是在这个情感之矢量中完成的。说具体的分歧，是指他们对于这个同情共感之矢量的认识是有差别的，在如何从实然到应然的转化路径上，给出的线路是不同的，对此，我在前面几讲中都予以讨论了。休谟主要是通过想象力、同情心所形成的共通利益感来解释正义的情感规则及其他基本规则的生成与演化，进而为现代社会的道德生活和经济秩序奠定消极性的基础；

斯密则是通过想象力、同情心和旁观者视角所形成的合宜性标准来为道德正义和自由经济秩序提供消极性的正当性根基。

由此可见，虽然苏格兰思想家们在有关情感主义的具体演进机制方面有所不同，但在总体上又有基本的一致。

第一，他们都把情感视为一种群体化或社会化的情感，而不是孤零零的个人情感，也就是说，情感的感受虽然是个体性的，我的苦乐别人取代不了，但个体的情感一定是要与别人分享的，其内容也是来自群体中他人的反应的，情感必须要有一个社会群体的场域，在这个场域中才能有作为人的情感，所以，"人是情感的动物"换一个说辞就是"人是社会的动物"。政治是古典社会的根本属性，所以在古典时代可以说"人是政治的动物"，意思与"人是社会的动物"一致，但到了现代社会，政治不是唯一的本质了，除了政治之外，人还有经济社会、文化文明等内容，所以，"人是社会的动物"就更为准确和全面，再说"人是政治的动物"就不全面和准确了。

苏格兰思想的创新还不在这里，而在如何理解社会，也就是说他们并不是从理性计算的视角来定义或理解社会。法国的社会契约论，还有重商主义和重农主义，以及后来的社会理论（如社会批判理论），等等，都属于理性主义的社会观，苏格兰思想与他们的最大不同是强调从情感来理解和定义社会，为此他们都把同情共感视为社会化的情感主义的基础，孤零零的个人情感不足以理解现代社会，功利主义的理性计算也不足以理解社会。社会共同体不是从功利主义的最大多数人的最大幸福，或民族、国家、阶级的最大利益，等等，这些群体的利益计算和换算中产生的，也不是从这些群体目标的理性计算、利益换算等推理中发展出来的。不是这样的，如果是这样，就不可能在现代社会，尤其是工商社会或资本主义的市场经济社会，有真正的正义德性与正当性的规则。

第二，那么，问题就凸显出来了，正义德性究竟从哪里来的呢？苏格兰思想认为，来自同情共感，即一种建立在个人想象力与同情心的默契性的感情纽带。这个同情共感，不是理性计算或理性推理，也不是有什么道义或天理加持，而是某种前道德、前道义或天理的共通的情感，但这种情感又不是单独个人独自一人的独处情感，而是群体性的情感，这个群体性可能不是实际上的群体现实生活，而是通过某种心理的想象力、移情投射和同情心的作用而形成的一种情感，这种情感便是同情共感，即每个人都能分享到、感受到和与之默契认同。关于这个同情共感的具体描述，苏格兰思想家们有所不同，例如，哈奇森把它视为一种特殊的第六感官，休谟认为是同情心，斯密则认为是合宜性。

尽管有具体的不同，但基本上还是一致的，那就是，这种情感不是个人的直接情感，像苦乐、疼痛、冷热等，而是某种间接性的情感，此外，这种同情共感主要源自人的心理的想象力，尤其是伴随着想象力的同情心，同情心是非常重要的一种能够与他人休戚与共的心理感受，如果没有同情心，则同情共感是不可能存在的。仅有同情心还不够，要使得同情心能为他人感受到，所以想象力的移情投射，形成某种共通的默契或默会也是非常必要的，这些要素融合在一起才有了同情共感。另外，像休谟和斯密还认为这种同情共感是前道德的，不是后道德的，道德是从同情共感演化出来的，不能用后发的道德标准来看待或评价同情共感，而像哈奇森则认为同情共感来自第六感官，它是纯粹道德的。

第三，对于苏格兰思想来说，困难的是如何从同情共感演化为一种具有道德正义性的情感？也就是说，如何从实然的同情共感转为应然的道德情感乃至道德规则、正义和法律的元规则，这个非理性逻辑的情感演进是如何完成的，这是最困难的问题。它也是人类行为的最大之谜，不能说苏格兰思想（如休谟、斯密）已彻底解决了这个问题，翻开了谜底，但他们确实是在思想史上最为深入和系统性地揭示了这个问题。这也是苏格兰思想的伟大贡献，即他们通过共通的利益感或旁观者的合宜性，分别提供了一条情感主义矢量路线与目标之达成，奠定了人类社会尤其是现代社会的行为规则之正当性和道德性之基础，为现代市场经济秩序和社会演进秩序乃至政治秩序、文明秩序，提供了一种消极性的根基或价值之底座，由此整个现代社会大厦才能建立起来。他们的论述完全不同于理性主义的各种计算和推理，不同于功利主义、社会主义和集体主义的逻辑，而是从情感的内部演化中，从利益的激情中，从直接的苦乐感情中，经由同情共感的社会化过程，再由共通利益感的平衡把握或旁观者的合宜性协调，而达成了基本的正义的情感规则，再由这个基本正义规则建立起现代社会的一系列法律、政治与经济乃至文明社会的秩序之扩展的正当性证成。对此，我在上面的几讲中都已经详细讨论过，这里不再赘述。

不过，需要特别指出的是，苏格兰思想的情感演化机制尤其是达成的正义德性，其一个基本的特征是消极性的正义，或用斯密的话说，正义美德是现代文明大厦的根基，是最低限度的正义，因此是消极的、否定性的，而不是积极性的、扩张性的。对此，像伯林思想中的关于消极自由、积极自由的划分，哈耶克关于正当行为规则的观点，都与苏格兰思想中的这个消极正义有关。所以，强调情感运行的矢量之消极特征，是十分必要的，这也是情感主义与理性主义的最大区别，各种理性主义，诸如功利主义、社会主义、自由平等主义，还有共产主义，以及社群主义、新共和主义、民族主义、国家主义等，无不都以积极正义为主要的手段或根据，并以此获取道德话语权的制高点。其实，真正的道德、正义和自由，诚如苏格兰思想所揭示的，不是积极性的，而是消极性的，不是进取性的，而是防守性的，是以不伤害原则为出发点，它们才是现代工商社会的情感与道德基础，才是现代自由社会的基础，才是正当性的基础。

4. 人为正义与自然正义

沿着上述同情共感的情感主义理路，苏格兰道德思想便形成了这样一个观点，即现代社会的道德是一种人为的德性，或者说，一切具有道德性质的善，都是人为的，而不是自发的，都需要经过一种人的心理上的情感转化而成为有德性的，这里所谓的人为指的是人的心理情感的转化或淬炼，这个淬炼不是理性算计，而是自然而然的经由情感转化机制的提升过程，没有这个过程的转化，就还是前道德的。对于这个心理的情感淬炼过程及其结果，休谟和斯密都有丰富的描述，具体路径也不尽相同，他们得出的结论却大体一致，都认为德性是人为的善，只有通过人的作为，尤其是心理的情感转化，兼容了同情心与合宜性之后，才能够达成，所以，道德的性质是人为的、后天的、演化的。

上述论点落实到道德哲学的基本观点上，就会涉及一个重要的思想史上的经典问题：自然正义与人为正义的关系问题。休谟和斯密都明确地主张人为正义，认为像正义、善这样的基本道德属性，必定是人为的，是经过了人的情感淬炼并演化为制度的德性，作为基本的德性或道德性，正义只能是人为的。这里所谓的"正义是人为的"，实际上包含着现代社会的丰富内容，尤其是包含着现代工商业社会的情感主义的动力发生学和制度演化论，正是这些新的社会内容通过情感的转化机制，从而形成和建立了现代资本主义道德正当性的新感情基础，人为的正义和人为的道德实质上就是容纳和汲取了这些新社会的内容。苏格兰思想所做的这种容纳和汲取，并不是通过外在的利用政治权力的训示宣告、思想观念的强制改造以及功利主义的理性计算，而是通过一种心理的潜移默化的引导和情感主义的淬炼，从同情共感的心理机制，诸如有限仁爱的同情心和旁观者的合宜性等机制中，成就出一种现代工商业社会或自由市场经济秩序的正义和道德。休谟、斯密这些苏格兰道德思想家之所以要强调正义、善和美德的人为的性质，其背后的理论诉求在于此，即为现代社会，尤其是现代的经济秩序、政治秩序、法律秩序和文明秩序，提供一种道德的正当性辩护。

从上述视野来看，苏格兰道德哲学，尤其是休谟的道德哲学基本上是做到了人为道德的哲学辩护，斯密在《国民财富论》和《道德情感论》中大体上也是做到了。不过，如果深入研究苏格兰的道德哲学，即便是坚定的现代工商社会的支持者休谟和斯密，尤其是晚年的斯密，他们关于人为正义和人为德性的观点也并非如此简单，而是非常复杂，甚至充满了思想上的张力，其主要的一个表现便是在他们如何看待自然正义的问题上，斯密思想理论的一个重要观点是自然的自由正义体系，这又如何与他主张的人为正义的观点保持理论的一致性呢？

应该说，苏格兰思想中关于人为正义与自然正义的矛盾性的观点与主张，这是一个重要的理论难题，也是我们理解苏格兰思想的丰富性以及多元性乃至矛盾性的要点之所在，由此我们看到，任何思想理论都不是绝对自洽的、精确完美的，都有时代与个人的局限性，都需要不断完善，而这甚至恰恰反映出苏格兰经验主义的思想特性。经验主义的一个主要特征就是认知上的有限性，或怀疑主义，甚至是不可知论，休谟式的温和怀疑主义，体现在如何看待他自己的思想，体现在如何看待苏格兰道德哲学中这种张力关系上面，也是恰如其分的。下面我们先来看休谟，然后重点谈斯密。关于休谟，问题并不艰难，我主要谈两点。

第一，关于自然正义以及相关的一整套自然权利、天赋人权、自然法、自然天道等思想传统，休谟是非常清楚的，他当然知道这里有一个源远流长的大谱系。这个传统可以追溯到古希腊罗马，古典时代的自然法其实就蕴含着古典社会的正义观，早在基督教兴起之前，古代人就试图把人世间的行为规则之终极标准归宿到一个高于人的自然之中，因此产生了自然法的观念，并被西塞罗等共和时期的罗马思想家们视为圭臬。后来这个自然法传统一直没有遗失，而是在不同的时期被一次次激活，尽管随着基督教神学的兴起，神法也享有了超越性的支配地位，但自然法并没有被废除，例如神学家阿奎纳的关于法的排序，也把自然法排在神法之后和人法之前：神法、自然法、人法。近现代以来，自然法再次复活，在早期的政治思想家们那里，自然法具有着与神法同等的地位，不过，自然法的一个大变化是演变为自然权利，从客观法转变为主观法，由此更为深入地介入人的生活，所以，天赋人权、自然权利等就成为光荣革命时期政治斗争的理论武器。这些思想理论都包含着某种正义存在于自然之中的意思，是先于、高于人的行为的，是指导和规范人的行为规则，所以不是人为的，而是自然自在地存在着的，人不过是有幸接受了它们，并以此制约政府的权力，行使人的权利，等等。

对于上述这些思想观念，如此博学的休谟不可能不晓得。

第二，问题在于为什么休谟明知如此，还要公开而明确地反对和批评自然法和自然权利论呢？对此，我在休谟的两讲中曾经给予了充分的论述，那就是休谟的批判和反对主要是为了论证现代社会的正当性，特别是从情感主义和历史主义的视角对现代社会的正当性与道德正义给予新的论证。如果依据传统的自然法和自然权利，就很难论证现代工商业社会的政治、经济和法治乃至文明，是一种有别于传统社会的制度秩序。一个合乎自然法、自然权利的社会，在古典社会也未必不可能出现，古典的优良政体也是可能存在的，雅典民主城邦、罗马共和国等，也可以说是实现了古典的自然法。但现代社会乃是一个经历了古今之变的新型社会，尤其是工商文明社会，是建立在利益的激情之上的社会，工商业资本主义是一种全新的社会形态，因此，苏格兰思想家们采取了一种新的情感主义和历史主义的理论视野来予以证成，反对自然法而倡导人为的正义，就成为一种理论的选择。

不过，上述观点又需要有一定的条件，这对于我们理解休谟等人也是必要的，否则就容易混淆他们的问题意识。其一，休谟他们也并不是绝对反对自然法和自然权利等观念和思想，在他们的著作中，也时常出现赞同、接受自然法和自然权利的很多论述，对此，我们不能机械地理解。也就是说，只有在他们为了突出强调人为的正义和人为的规则秩序以便与自然法、自然权利、自然规则相互区别时，才加以厘清和辨析，而在很多情况下，这些观念的含义是大致相同的，所以，也就没有必要作出区别，毕竟传统思想的影响力与普及率是很大的。例如，休谟的三个基本规则的界定，使用的就是传统法的概念话语，他也没有作出细致的辨析，这类的情况出现在斯密的著作中就更多了。其二，应该强调指出的是，休谟、斯密等人强调的人为正义之思想理论，要与理性实证主义的关于正义的社会性相区别，这一点非常重要，人为的正义不同于自然的正义，但更不同于经过人为设计和理性计算的正义，而是一种元规则的正义，强调元规则的优先性和来源上的同情共感与旁观者的合宜性，这是休谟和斯密关于人为的正义和德性的关键点，对此务必谨记，否则就容易混淆苏格兰道德思想的要义。

鉴于此，休谟反对或批判自然法和自然权利论就可以理解了，他不是为了反对自然法和自然权利而反对它们，甚至也赞同它们包含的内容，诸如正义、道德、权利和自由，等等，但是，他不认为这些内容以先验的自然法或自然权利的形式存在着，像是存在于一个人所触及不到的先验世界或外部世界。这些内容需要通过情感的转化在历史的过程中逐渐地生成出来，所以情感主义和历史主义是必不可少的途径，因此也就被视为是人为的，人为正义、人为德性、人为规则，等等，它们是我们生活于其中的现代工商社会的基本规则和基本正义，也是基本的制度，并且还在不断地演进着。这才是休谟思想的主旨。

下面再谈斯密。应该说，关于自然正义和人为正义等方面的思想，斯密与休谟是大体一致的，他也反对自然法，也明确主张人为的德性和人为的正义的观点，关于什么是人为的，也与休谟的认识相同，甚至由于他的《国民财富论》和《法学讲义》，他关于这些制度（经济制度和法律制度）的人为的正义性质，得到了更为深入和系统的论述。但是，与休谟思想的单一性有所区别，斯密的思想中一直暗含着一条副线，或者说，斯密的思想呈现着一种副调结构的性质，即在他以人为正义、人为德性和人为制度为主要基石来探讨现代社会的自由市场经济与法治政府问题，并且成就了新的理论体系之时，他的思想中还有一个副调，那就是自然的体系，或者用他的话说，是一种自然的自由体系。当然这个体系是与自然正义、自然法和自然权利密切相关的，因此是一种自然的自由体系，也是高于现行的社会制度和社会体系的。这种副调思想在斯密的晚年表现得更加突出，从而导致了某种保守的悲观的复古主义倾向，即推崇古典的斯多亚思想，斯多亚思想与古典自然法的传统有着密切的关系。

　　如何看待斯密的这种富有张力的思想呢？在经济学说史上，如何理解与分析斯密思想中的自由的市场经济秩序与自然的自由体系及其相互之间的关系，就成为斯密经济学中的一个重要问题。对于这个问题中的具体经济学内容，在此不遑多论，但所涉及的自然正义与人为正义问题，我是这样看的，虽然两者之间存在着很大的区别，甚至具有内在的理论张力，但也并不太严重，其实它们的关系早就存在于斯密的有关旁观者的预设之中。斯密道德思想的一个中心观点便是他设立了一个旁观者的视角。设立旁观者这样一个中立性的角色，是因为现实的情感语境中很难摆脱彼此的利益、情分等方面的纠葛，休谟的同情共感的共同利益感也很难有一个平衡公正的尺度或标准，从而达成真正的人为的正义及其制度。所以，为了摆脱这个困境，斯密假设了一个旁观者，通过旁观者的合宜性的视角，可以达到最大限度的公正的情感权衡，从而实现人为的正义。这样一个旁观者的合宜性的标准，就成为斯密道德哲学的一个重要杠杆，以此打通自然情感与人为情感、道德情感与前道德情感、自然正义与人为正义等模糊不分的状况。

　　如果要给这个旁观者换一个称呼的话，其实它就是理想的自然状态，旁观者的合宜性则不失为一种自然法或自然正义，以此来审视人为的社会状态以及人为的法律规则和正义标准。旁观者的正义视角与传统中源远流长的自然法密切相关，它们两者可以在一种相互对应的平行关系中彼此映照对勘。斯密的道德哲学乃至经济学，其实是不反对自然法和自然正义的，而是把它们视为一种不介入现实市场经济运行的旁观者之类的悬设状态，这个旁观者的合宜性的视野从来没有彻底祛除，而是默默地注视着市场经济秩序以及国民财富生成的性质与原因，关注它们的自由与正义的本质——是否具有正当性，是否能演进出一系列正义而自由的制度。当现代工商业社会的制度运行满足这个作为自然的自由体系的旁观者的正义要求时，它会默默无语，无所作为，但当市场经济秩序的某些要素发生问题时，它便会以看不见的手，来调整经济社会的运行，使其恢复到原来的轨道，所以，看不见的手的机制，与自然的自由体系有着人的理性认知不到的隐秘关系。对此，斯密多次指出，自然的自由体系不是在市场经济秩序之外的另外一个与此不同或对立的体系，而是现行的自由市场经济秩序的基础，是支撑和保障这个秩序的根基。

当然，自然的自由体系并不总是时时凸显，并不替代市场经济秩序，而是在其背后发挥着参照、调整和对勘的作用，就像一个中立的旁观者，维系着或护卫着市场经济秩序的正当性，保护其正义和自由。以这个视角来看自然正义和人为正义，就可以说，自然正义犹如旁观者的正义，它只是作为一种理论悬设，一种校正性的标准，永远存在但又永不出场，只是发挥参照系的坐标意义，实际发挥作用的乃是人为的正义，人为的制度，人为的行为规则。有这个参照系的存在，就可以通过合宜性之手，来调整或协调人为正义的偏差，使之回到自然正义的轨道，就像看不见的手的机制调整市场经济秩序的偏差，使之恢复自然的自由体系一样。

总之，自然正义与人为正义，在苏格兰道德哲学中，扮演着非常奇特而微妙的作用，看上去两者是矛盾对立的，休谟和斯密等人都强调人为正义，并且把这种正义与情感主义和历史主义的道德演化论结合起来，从而为现代社会的道德正当性予以辩护，他们都对以前的自然法和自然权利论多有批评和非议，似乎表明他们反对自然正义的理论。但是，深入分析则并非如此简单，他们对于自然正义的看法则是复杂的，对于人为正义的鼓吹也是有条件的，他们都反对理性主义的计算和非历史主义的突入现实（例如天赋人权），都主张在情感主义的内在心理的转变机制中，在历史主义的制度演进中，保持着某种自然正义与人为正义的隐秘联系。对于休谟来说，这种关联还是某种不明确的预感，但对于斯密来说，则是一种副调的道德理论，自然正义作为一种旁观者的正义存在于自然的自由体系之中，特别是在斯密的晚年对自由市场经济的前景产生了某种悲观的看法之后，这种对于自然正义和自然的自由体系的寄托就比较明显了。

二、正义与商业社会

苏格兰启蒙思想的中心议题是应对处于古今之变中的苏格兰工商社会的时代所求，就其道德哲学来说，就是为现代资本主义提供正当性辩护和证成的问题。不同于英格兰尤其是法国、荷兰和意大利等欧洲国家的各派理论，苏格兰思想走的是情感主义和历史主义的路径，开辟出一个既具有苏格兰特性又兼具普遍现代性的道德正义论和政治经济学，乃至文明演进论。但这一切围绕着的主题与英格兰、欧洲国家面临的主题一样，那就是商业资本主义的蓬勃兴起，如何看待这个不同于传统社会的商业社会及其一系列制度，如何审视它们的正当性与道德性，并给予强有力的理论辩护，或者对此提出尖锐的社会批判，这就成为 18 世纪思想家们的基本关切和各自理论创新的关节点。对此，苏格兰思想家们也不例外，哈奇森、休谟、斯密和弗格森等人，都有所努力，并做出了各自的理论贡献。

前面我概括了一组关键词汇，即激情—利益—正义，如此看来，这组观念也都与新兴的工商业资本主义有着密切的关系，尤其是正义与商业之间的关系，决定了这组观念的大致性质。下面我们分别从几个层面来探讨商业与正义的关系问题。

前面我们论述了人是激情的动物，这里要进一步分析。需要明确的是，燃烧至灰烬的激情不是苏格兰思想所关注的情感，这类情感，诸如异性或同性之间的爱的激情，某种猎奇的病态的激情等，它们或许可以以成为灰烬为目的，但这不是社会化的激情，这样的虚无主义式的激情，不是道德哲学的研究对象。苏格兰思想关注的是利益的激情，说到利益，就涉及商业社会及其商业规则和商业的德性与正义等一系列问题。

从历史来看，商业属于一种十分古老的谋生技艺，但凡有人群的地方，就有商业，物品（商品）的交换是一种基本的生活方式，早在古典社会就有了。但是，现代的工商业社会，与此前的所有商业社会有着根本性的不同，现代商业不是生活的补充，也不是社会的补充，而是社会乃至人的生活之根本。也就是说，现代商业彻底颠覆了传统社会的生活方式，把商业以及通过商业谋取最大的社会化利益变成了现代社会的目的，一切都是围绕着商业利益的轨道运行，商业不是为了人的生活而存在，而人的生活是为了商业而存在。这样的现代商业社会，就把过去存续的一切秩序和价值都打破了，这就是古今之变的含义。

如何看待这样的商业及商业社会呢？这样的商业社会是否还有正当性与道德性呢？这是苏格兰思想所要应对的重大伦理问题或道德哲学问题，对此，我在前面的八讲中不时地提过这个问题，通过休谟、斯密和弗格森等人的思想理论，反复深入地探讨他们是如何回应这些问题的。在他们那里，现代商业指的是什么，利益的激情意味着什么，人为正义又意味着什么，商业资本主义社会与人为的正义与德性究竟是何种关系，私利与公益、个人的心理苦乐与同情共感的道德感是什么关系，是否存在一种商业社会的道德正当性，这种现代的商业道德又是如何发生的，它们的制度演进又是如何的，现代的商业文明是不是一种高于农业文明的文明形态，等等，上述所有的问题，这些思想家们几乎都有过深入而系统性的思考，提出了一系列富有创建的思想理论，对此，前面我都有论述和辨析，在此不再重复。我认为在商业社会与正义问题上，从利益的激情的情感主义视角来看，他们提出的观点在今天依然还是具有启发性的。

1. 私利与公益

商业与个人的私利有关，或者说，谋求商业利益是商人的职业本性，这一点无可争议。但是，商业行为是否具有正义性呢？传统上，这个问题的答案大体是明确的，即商业或商人的谋求私利并不具有正当性。对此，一般又具体分为两个层次。第一，在狭义的商业范围内还是具有相对的内部规则，即不可欺诈行骗以谋利，或要采取正当手段谋利，这些属于较低的层次，可以存而不论，虽然哈耶克他们恰是从内部规则推演出外部社会的大规则的。第二，比较常见的看法是商业以商人的谋利为目的，对于社会无益，所以是不道德的，缺乏正当性的。这是一种从政治社会或道德理想出发的观点，由于商业把个人利益视为最终的目的，所以对于一个把美好社会、无私社会视为最终目的的社会（政治）共同体来说，并无益处，甚至是有害无益，因此，商业不具有正当性，追求商业利益不具有正义性或道德性，虽然从某些方面来说，它们又是必要的，但只是补充性的、工具性的作用，不具有终极的正当性。

上述是传统社会的观点。但是，由于商业在现代社会的性质、地位与作用发生了根本性的变化，新的商人阶级或现代资产阶级兴起并成为社会主体，改变了社会的结构，并且实现了政治、法律与经济的制度变革，那么，在观念层面以及道德哲学的问题意识上，就需要重新思考商业、商业社会与正当性、道德性的关系问题，新的商业是否也会重新塑造新的道德与新的正当性呢？这个商业的道德性与正当性是通过理性主义或理性功利主义的立法和计算而制造出来的吗？对于这个问题，法国思想家们提出了激进主义的革命策略，打破旧制度与旧道德，从头创建法兰西共和国的新宗教和新道德，这个破旧立新的革命道德主义激发了巴黎公社以及无产阶级专政在德国和俄国的一系列理论与实践，在此不予讨论。另外，20世纪思想家马克斯·韦伯提出的"新教伦理与资本主义"的话题，也属于这个问题域中的一个著名论点，此外，像德国的桑巴特、熊彼特等现代的理论家们，也都在思考商业与资本主义伦理问题。

其实，关于商业与道德的问题，早在18世纪就被思想家们敏锐地提了出来，并且在苏格兰思想家们那里获得了一种富有创造性的理论解释，不过，他们不是以理性主义的方式，而是通过情感主义的方式，揭示了现代商业的兴起、发展与道德哲学的关系，并且赋予了现代商业在正当性与道德性方面的理论证成。由于他们的道德哲学或人为正义的理论采取的不是主流理性主义的方式，也不是革命激进主义那样炫目的方式，所以在思想界和思想史上一直没有受到应有的重视，而恰恰是他们——苏格兰道德哲学家——才是真正提供了解决商业与道德的相互助益关系或构建了商业资本主义伦理的奠基之人。

苏格兰道德哲学是从利益的激情开始的，这与当时广泛争议的一个理论话题有关，它就是私利与公益的关系，具体来说就是被曼德维尔医生提出的一个著名观点所激发，商业与道德的关系一时之间成为问题焦点。关于围绕着曼德维尔以及斯密、休谟等人的参与所引发的这场论争，我在前面几讲都已讨论过，在此不再重复。不过，应该指出的是，曼德维尔在苏格兰思想界所激发的一个理论焦点，促使他们从功利主义的理性计算转向情感主义的同情共感，休谟和斯密不再寻求在理性上辩驳有关私利与公益的对立，而是深入情感的主观心理世界，试图从利益的激情、同情心、共通感以及旁观者的合宜性等视角，重新审视传统话语中的利益、商业利益、私利追求等现代工商社会的问题，从而建立起一种情感主义的道德哲学和商业正义论。

鉴于此，休谟和斯密他们不约而同地对私利，对公益以及私利与公益的关系，给予了基于情感主义道德哲学的新定义和新认识。

首先，关于私利问题，他们就不认同当时的把追求私利视为不道德的满足私欲的大众舆论，在他们看来，避苦趋乐等属于人的基本情感，没有什么善恶之分，而且就人的直接情感来说，也不仅仅是追求私利，还有仁爱、友情等情感，其实它们都没有什么善恶之分，都是前道德的情感。曼德维尔把这些情感功利化了，这是误导，他的批判者们认为人性本善，也是另外一种误导，用今天的话来说，性善论和性恶论都是错误的。只有在情感进入间接阶段，并且介入社会之后，才有了所谓善恶问题的道德性评价。但是，评价的标准，两派又都是有问题的、非常片面的，他们实际上都是功利主义的理性计算论，认为私利无害论是基于追求个人私利不伤害其他人的利益，所以他们的自私自利不应受到社会的指责，相反的认为私利有害论则认为追求个人私利必然伤害他人和社会的利益，所以自私自利是不道德的，应该予以排斥。总之，他们都是基于利益的计算，并且以个人利益与社会利益何者占据优势地位作为评价标准。

当然，社会利益主导论一直是处于主流地位，私利在公共领域一直受到打压，商业也因为这个原因而在道德上难以正名，商业历来被视为商人谋取个人利益的致富发财的手段，商人只考虑如何谋利致富，商业也是商人致富目的的一种手段，从属于商人阶级的赚钱谋利之私欲，所以，商业也缺乏道德性的证成。

曼德维尔的贡献是他突破了上述传统的见解，提出了一个新的见解，那就是商人在从事商业谋利的经营过程中，不期而然地制造出了一种公益。例如，很多本身不具有商业价值的事情，像公路、邮政等这些非赢利的事物，还有诸如伴随着商业的制度化发展而衍生出来的其他一些公共事务，它们都是由追求私利的商人和利益导向的商业创造出来的，而这些并不是商人自己享用的满足私利之物，反而是服务于大众与社会的，所有人普遍受惠之物。这样一来，追求私利的商业活动、自私自利的行为，就外溢出一种非意图的效果，用曼德维尔的话来说，人人为私的行为反而产生了一种公益。换言之，所谓的利他主义、一心为他人、毫不利己专门利人，等等，实际上是不存在的，人人都是自私自利的，但公益或公共利益恰恰是从自私利己的行为中产生的，公益来自每个人的私利，私利导致公益。曼德维尔说出了这个客观存在的事实，揭示了某种私利活动的溢出效用，这一观察和揭示对传统道德学的冲击是巨大的，甚至具有颠覆性的作用。

如何回应曼德维尔的挑战呢？综合休谟和斯密的观点，可以得出如下的结论：第一，曼氏指出的私利之溢出效用，并不是从来就有的，人的一般行为和传统的商业活动并不会发生私利导致公益的外溢效果，只有在现代工商业社会，在自由市场经济秩序之下，才会出现私利导致公益的情况，所以，曼氏的结论只有在现代社会或扩展的商业社会下才成立。第二，曼氏观察的事实是存在的，但得出的结论却是错误的，社会公益固然不是来自纯粹的利他主义或无私的奉献，但也不是来自私利本身，私利或利己主义永远是私利和利己主义，并不具有道德性，曼氏不能以此来混淆是非，为极端的利己主义唱赞歌。

那么社会公益究竟来自哪里呢？究竟什么是公益，公益与私利的关系究竟是什么呢？这些都需要予以明辨。休谟、斯密他们通过回应曼德维尔的挑战，对于现代工商资本主义及其道德正当性，给出了一套不同于传统道德思想的新理论解释，由此也就顺便回应了曼氏的问题。关于苏格兰道德哲学，尤其它的情感演进论，及其利益的激情、同情共感、情感运动的矢量、旁观者的合宜性和道德正当性等，我在前面几讲，结合休谟和斯密的理论辨析，已做了深入的讲解，在此不再重复。涉及私利与公益问题，依照他们的思想，可以得出一种全新的解释，既回应了曼德维尔的挑战，也揭示了传统道德哲学或伦理学的短板。

其一，公益不是来自纯粹的利他主义情感。除非人是天使，否则那种毫不利己专门利人的情感是不存在的，只是一种遐想或幻象，活生生的社会中的人都避免不了感性情感的直接的反应与联想，因此人是不可能无私无情的。另外，公益也不是来自道德律令或理性的计算，那种外部或超验的绝对理性，对于人心的影响是很有限的，也是无效的，人心的苦乐等直接情感对人有最为强烈的影响。所以，纯粹的利他主义情感和理性的道德命令，都不可能形成人的行为的社会公益性。

其二，是否公益就来自人的私利呢？是，也不是。说是，指的是公益形式上看只能来自人的私利追求，从这个角度说曼德维尔具有一定的道理，然而曼氏只是说出了一种假象。公益来自私利中孕育出来的情感的超越，即在私利的情感运行中的那些来自私利和私心又超越了私利私心的情感矢量所演化出的道德情感，这种基于同情共感和旁观者的合宜性所形成的人为道德和人为正义，它们作为一种私利的外溢成果，成为社会公益的基础，所以，公益又不是来自私利而是来自私利中的公共正义。

如此按照苏格兰思想的情感主义理路来理解私利与公益问题，就既解决了曼德维尔的挑战，反驳了曼德维尔的结论，同时又承认了曼德维尔的动机外溢说，批判了纯粹利他主义和理性命令的不切实际和外部强制，具体落实了苏格兰道德哲学的"激情—利益—正义"的情感主义正义演进机制。当然，这一切都是针对现代工商社会来说的，曼德维尔的观点在传统社会是无效的，同样，利他主义和理性命令的道德哲学，在现代工商社会也是无效的。所以，从他们相互对立的情况来看，主要是在商业与正义问题上，两者的认知存在着重大的分歧，而在苏格兰思想看来，它们双方都是错误的，因此，他们不可能站在某一方，而是重新理解现代社会中的商业与正义的性质，从而建立起一套现代工商社会的道德正义论。

2. 商业与正义

传统社会的商业一般只是限于买卖关系，与社会主流的道德没有什么关系，即便是所谓地中海沿岸的商业国家，也并不把狭义的商业伦理视为立国的根本理据，更不用说农耕社会了。例如中国历来重农抑商，士农工商，商人位列末端。传统社会崇尚以德治国，政治德性被视为国家正义之本。但是，现代工商业的兴起，彻底改变了传统社会的政经结构，人们的观念也开始发生深刻的变化，所谓古今之变，其中心就是从传统政治经济（城邦国家和封建体制）到现代政治经济的转变，资产阶级成为社会的政治主导力量，工商市民阶级成为市场经济的主体力量，因此，商业就发生了根本性的变化，不再是简单的物品交换的买卖行为，而是具有了国民财富的生长与发展的制度性意义。换言之，现代社会的商业，乃是资本主义工商社会的中心内容，它呈现出一个完整的国民财富的体系，包括商品的生产、交换、流通与分配等多个环节，并形成了自由的市场经济秩序。对于这个商业社会的自由市场经济秩序及其运行的规则原理，斯密在《国民财富论》一书中给予了深入系统的分析，他的著作可谓第一部以商业为中心的现代经济学著作，因此具有划时代的开创意义。

若以斯密经济学的视角来看待现代的商业，那么，商业就不再像传统道德学说说得那样可有可无的了，相反，现代工商业成为社会的中心内容，成为国民财富增长的根本。如此一来，作为富国裕民之本的商业，它与国家与社会的道德关系是什么呢？商业行为以及商人之致富谋利，作为市场经济的主要行为，是否本身就具有正当性呢？一句话，商业与正义是什么关系，商业是否具有正义性呢？这个尖锐的问题就是苏格兰道德哲学必须回答的首要问题，也是不同于传统社会对待商业的新问题。

应该指出，苏格兰道德思想家们对于这个问题的回答是明确而又肯定的，现代商业作为现代国家的立国之本，它们对于现代社会的影响乃至塑造是决定性的，发挥着制度演进的推动作用，或者说，担负着动力机制的作用。这里的制度不仅包括自由经济制度，还包括政治制度、法律制度乃至文明制度，没有现代商业，这些制度都将埋灭无存，所以现代商业有着推进现代社会发展的正当性意义，即具有道德的正义性。苏格兰思想的上述理论显然不同于同时代的其他理论，尤其是理性主义进步论，他们采取的是一种情感主义和历史主义的方法，不是通过理性论证和实证分析，而是通过考察心理的内在情感的演化机制和经验主义的历史辨析，对于商业和市场经济所担负的正面作用和意义给予充分的论述，休谟的《人性论》和《经济与政治文选》，尤其是斯密的《国民财富论》和《道德情感论》以及《法学讲义》等著作，就是苏格兰思想的典范著作。本课程的中心内容其实就是讲解这些内容，前面八讲已经反复论及，在此不再重复。不过，具体到商业与正义问题时，这里还是要做些补充，以便我们更清晰和准确地理解苏格兰道德哲学的相关理论。

第一，前面我说现代商业是现代国家的立国之本，这是就苏格兰的思想语境来说的，这里有两个前提要指出，即苏格兰继承的是英格兰的国家体制，或者说，苏格兰与英格兰合并共同构成了联合王国，在此之前，英国已经完成了政治革命并且正在进行工业革命，所以，商业作为苏格兰思想语境下的立国之本，是接受了英国的政治立国之后的立国之本。因为，政治尤其是以宪法（不成文宪法）立国，这是现代国家的首要举措，在政治（宪法）立国之后或与之并行的才是经济立国，苏格兰继承了英国的政治立国之成果，所以其思想主要关注的是经济立国，或以现代商业为中心的自由市场经济秩序之创建。这一点是需要在此补充说明的，我在前面的第一、二讲中其实早就指出了这些苏格兰道德思想的时代背景，也就是说，要理解苏格兰其实是离不开英格兰的，尤其是英国的光荣革命所导致的君主立宪制，是苏格兰启蒙思想的政治基础，有了这个政治立国，苏格兰思想强调的经济立国及其商业资本主义的正当性才得以存在。

第二，还有一点要补充的，那就是在 18 世纪的英国（包括苏格兰）正在进行着一场轰轰烈烈的工业革命，这次革命是以现代科技作为推动力的，这场工业科技的革命与英国社会的自由市场经济大转型同步演进，密切关联，都是政治革命之后的成果。如果说休谟还不太重视的话，那么斯密就非常看重这一点，他的思想理论中的商业就不仅仅是商品交换与自由贸易，还更为强调劳动生产，尤其是劳动分工，斯密经济学的劳动分工论不是农耕生产的劳动分工，而是工业科技化的劳动分工，在如此工业化的分工前提下的商品交换以及自由贸易，才是斯密经济学的内涵。所以，用现代工商业取代商业，把现代商业社会视为现代工商业社会，才更为准确地反映了苏格兰思想对于现代自由市场经济秩序的认识，才能够全面理解现代工商业资本主义兴起与演进的正当性。

第三，结合休谟和斯密的论述，苏格兰思想中的现代工商业，除了商品生产、劳动分工、商品交换、自由贸易、商品流通以及财富分配等内容以外，还包括当时正在兴起的银行货币、信托债券、证券期货等一系列资本形式的商业形态，对此，涉及政府的金融政策、关税以及殖民地事务，他们投入了大量的精力予以分析研究，他们的思想观点对于正在形成的商业资本的新形态，都具有启发性的意义。这些论述也不完全是从经济利益考虑的，也有一个正当性的考量和道德标准，休谟的《论货币》《论贸易》《论赋税》《论贸易猜忌》等，斯密的《国民财富论》中的关于有限政府以及殖民地事务等，都是对于工商业社会的演进内容，或现代社会进入资本主义的经济形态的分析与应对，其中也有道德情感与正义性的探讨。

总的来说，现代商业与现代正义在苏格兰道德思想中是相互促进的关系，而不是传统社会中的相互对立的关系，这一正面关系的理论阐述是苏格兰道德哲学的一大贡献，这也符合他们对于现代工商业社会给予正当性的道德辩护的初衷。当然，他们眼里的商业是现代商业，是资本主义市场经济的自由发展的工商业，他们心中的正义也是能够促进国民财富乃至社会文明进化的现代正义，是与现代国家、现代法治和现代经济密切相关的正义，属于哈耶克所谓的自由扩展的大社会，而不是农业生产的自给自足的小社会。一个国民财富日益增长的现代社会，一个藏富于民的国强民富的现代社会，一个政府权力受到限制、公民权利（尤其是财产权等基本权利）得以保障的法治社会，显然是一个工商业大力发展、公民致富的法治昌明的自由社会，这样的社会必然是一个正义得到实施的社会。当然，这里的正义又是一种消极性的正义，而不是积极性的正义，正义的道德也是消极性的，不是积极性的，正像这个社会的自由是消极自由而不是积极自由一样。

3. 商业与文明

商业与文明的关系，这是人类思想史中一个经久不衰的主题，究竟商业是有益于人类的文明还是有害于人类文明，古今中外的思想家们争论不休，莫衷一是。对此，我认为要先做两个层面上的简单分析，然后再讨论苏格兰思想的独创性贡献。

第一个层面是古典社会（包括封建社会）的看法。虽然人离不开商业活动，但一般说来，商业在以渔猎和农耕生产为主的古典社会，其地位是很低的，古典时代的时尚或文明标杆乃是勇敢、智慧、奉献和牺牲等所谓的公民美德，它们主要是政治性的，这与当时的社会性质密切相关，所谓"国之大事，在祀与戎"。所以，商业对于古典的政治文明有一定的辅助作用，但也有很大的危害，即商业易于腐蚀公民美德，使人耽于享受（物质和物欲等方面），所以，要加以抑制，限制其对于文明的影响。虽然，商业又是政治的一个重要内容，大量的政治斗争以及政体的塑造，都隐含着商业利益的目的，但思想观念上，作为国家意识形态，则要贬抑商业的文明推动作用，而实际上，由于是农业文明，商业的作用确实也不是主导性的，商业不占据一个国家的经济主导地位，农耕社会主要是自给自足的小农经济。

第二个层面则是现代社会。由于商业在国家社会中的地位发生了根本性的变化，所以，它对现代文明的促进和提升作用就变得如此重大，甚至具有根本性的作用。如何看待商业与文明的关系，早在启蒙思想家那里，就出现了两种对立的观点。法国卢梭是否定论的代表，他认为商业对于文明所起的作用是腐蚀摧毁的作用，他在著名的《论人类不平等的起源》一书中就指出现代商业败坏了公民的美德，腐蚀了共和国的精神，有害于文明的进化，为此，他主张要返回美好的自然状态，过一种田园牧歌的生活。卢梭的思想无疑是极端主义的，不过，也代表着一种社会的情绪，即现代蓬勃发展的商业经济破坏了传统的道德标准，使人追名逐利、趋于享受、自私自利、奢侈放荡，总之，破坏了传统的文明，致使文明倒退。当然，卢梭的浪漫主义的怀旧主张，反历史进步的复古主义，也遭到了同时代的其他启蒙思想家的批判和否认，例如，伏尔泰就曾经挖苦卢梭的观点是让人四肢爬地，回到蒙昧时代。在法国启蒙思想家那里，关于文明进步与否的观点，还没有深入商业经济的细节，究竟如何看待现代商业资本主义与文明的关系，还是停留在历史通论的层面。因为当时法国的商业资本主义社会还没有到来，主要的问题还是君主专制的问题，卢梭提出的商业与文明对立的观点是有些超前的，这与他思想的敏感性与复杂的人生经历有关。

但是，在苏格兰启蒙运动这边，情况就发生了重大的变化，由于苏格兰接续着英国，在光荣革命之后所面临的是经济社会的大变革，随着工商业的大力发展，商业与文明的关系问题就成为一个现实的问题，这也激发了苏格兰思想家们的理论创造性，不但他们大多对此有相当丰富的论述，而且形成了一种具有苏格兰思想特征的文明演进论，例如，弗格森就是著名的代表人物之一。在文明演进论的视野下，商业与文明的关系问题就成为一个重要的问题，对此，苏格兰思想家在思想观点大体一致的情况下，还是有着不同，下面加以分析。

第一，苏格兰思想家们基本上对现代工商业有助于文明进步的看法是持赞同意见的，由于苏格兰历史上的积贫积弱，现代工商业所带来的巨大物质和精神上的变化，尤其是加入了英国的全球经济贸易体系之后，社会各方面都有了很大的发展，文明程度也有大的提升。对此思想家们普遍是欢迎和支持的，所以才有了关于文化、优雅、奢侈、时尚、科技、大学、协会等方面的热烈讨论，即便是苏格兰民族文化的自觉，也是商业发达的一种表现。对此的基本看法，休谟的论文《论技艺和科学的兴起与发展》最有代表性，他认为，商业精神和物质繁荣以及国民财富的充足富裕，有益于国家的文化艺术的提高，也有益于社会文明风气、道德时尚的彰显，很有中国所谓仓廪实而知礼仪的意思。

尤其是弗格森在理论上给予了一个提升，他通过分析和研究，把当时知识界易于混淆的文化与文明做了系统而有深度的区分，强调了文明的制度含义，使其与一般的衣食住行和趣味品鉴等流行时尚区别出来，把制度尤其是政治制度的文明性质凸显出来，这样一来，文明与现代社会的关系，以及商业的经济制度的关系，就凸显出来了。从总的方面来看，苏格兰思想对于商业对文明社会的推进和促进作用是认同的，也是支持苏格兰合并到英国成为不列颠联合王国之中，特别是接受并积极参与英国构建的自由国际贸易圈的，这些都有助于苏格兰文明社会的发展，使得他们对于商业与文明社会的建设关系有了深入的认识。至于斯密，他的整个自由市场经济理论和道德情感论，也都是建立在工商业社会的生成、发展与繁荣之上的，国民财富的增长与文明社会的进步是一个相互促进、相辅相成的关系，现代工商业有益于文明社会的提高，人类历史由此进入了一种商业资本主义的高级文明形态，这种认识在苏格兰思想家们的理论中是达成一种共识的，也是大体一致的。

第二，不过，在上述的基本一致的大格局之下，苏格兰思想家们关于商业、财富、资本主义与文明社会、道德生成、文明演进的关系，又有一些分歧，甚至有些相互对立的张力性关系，哪怕是同一个思想家，在不同的时期，针对不同的问题，其观点也是有所不同的，斯密就是其中一例。在此，在商业发展与文明社会的关系问题上，从历史主义的视角来看，可以有三种不同的立场，又以三位著名的思想家休谟、斯密和弗格森为代表。

首先，是休谟为代表的古典自由主义，这种古典自由主义基本上是比较保守性质的，但不是当时的守旧派，当然也不是自由主义，因为自由主义的名词是 19 世纪才出现的，但自由主义的精神却是在自由主义词汇或思想流派出现之前就存在着，而且一直占据着主导性的地位。休谟大体上是主张君主立宪制和自由市场经济，表现在文明上，就是比较乐观的对于工商业资本主义的认信，认为一个市场经济秩序的现代社会，在宪政主义的政治框架下，一定会有一个正当性的发展空间，有着道德性的未来前景。所以，我们看休谟，虽然他在方法论上是不可知论和怀疑主义，但对于现代工商业资本主义的未来前景，对于消极性的正义和道德，纵观其一生都是相对乐观的，他不是不知道社会的弊端、人性之恶、知识之无力，等等，但他主张渐进的改良主义，主张文明制度的历史演化，最为符合哈耶克所谓的文明演进论，即扩展社会的自由演进，对历史传统充满同情和理解，但又不固守传统，而是与时俱进，文明与商业相互助益，共同发展。

其次，是斯密的古典自由主义思想，也是一种具有保守性质的自由主义，在政治上主张有限政府和法治政府，在经济上主张自由市场经济，支持现代的国民财富的增长。总的来说，斯密也是一位文明的演进论者，也主张历史的进步，他提出的社会四阶段，就是一种历史的进步论，在文明问题上，他也认同现代工商业对于现代经济社会的推动作用，没有现代工商业以及自由市场经济，也就没有现代的国家、政府与社会。所以，商业制度有助于现代文明的发展，商业文明是高于狩猎、游牧和农耕文明的更高级的文明，对此，他也是赞同的，在经济学和道德哲学中给予了充分的论证，并创造性地建立了现代的经济学与正义论。不过，斯密对于现代商业资本主义的负面也有一定的认识，对于财富、商业和私欲等对于政治和道德社会的腐蚀也有冷静的分析和观察，所以，他不像休谟那么坚定地乐观，对于商业资本主义的未来，对于商业对于文明社会的作用，还有悲观的一面。尤其是到晚年，他的悲观色彩更为浓厚，产生了对于斯多亚主义的复古怀念，试图把古典的斯多亚主义与他的自然的自由体系联系起来，对于商业与文明的助益关系有所保留。

当然，对于商业与文明关系持否定态度的主要还是弗格森。虽然苏格兰思想中的基调是欢迎商业与文明的合流，认为商业文明是比传统社会高级的文明形态，弗格森也有这样的思想观点，但是，由于他对文明和文化做了区分之后，实际上他的文明演进论更为推崇的是政治文明，商业文明在他的理论中并不占据主导地位，相反，他推崇的斯巴达文明，就是排斥商业的，所以，弗格森对于现代商业以及商业文明的态度是暧昧的，甚至是矛盾的。一方面他也知道，不可能抗拒现代工商业资本主义的大潮流，要承认商业与市场经济制度对于现代国家与社会的促进作用，为此他要接受商业之道，认为存在某种高于农耕文明的商业文明；但是，另外一方面，他对现代商业在道德和文明层面上又是持批判态度的，那种自私自利的利益激情和唯利是图的市侩行为，与他心目中的公民美德、政治德性，以及勇敢豪迈的英雄气概、大公无私的公民精神、奉献牺牲的公民德性等相去甚远，而且商业的自私自利还会侵蚀和腐化国家体制与国家精神，对于一个国家的长远发展是非常不利的，甚至是非常有害的。所以，他对于现代工商业的前景并不乐观，而且相当悲观，以至于主张像古代斯巴达那样，像柏拉图的理想国那样，祛除商业习气，抵御商业对于人民和国家的腐蚀，倡导公民精神和公民美德，建立一个崇尚勇武的共和国，才是苏格兰民族国家的正途。

由此可见，上述三人对于商业与文明的看法，还是有着重大的分歧。为什么会如此呢？其中的一个主要原因是当时的苏格兰还处于特殊的历史时期，而且就整个英国及大不列颠国家来说，也都还处于商业资本主义的上升时期，产生各种各样的思想观点也是必然的，可以理解的。总的来看，商业与文明的相互助益的关系还是被普遍认同和接受的，商业文明毕竟是一种高于农业文明的高级文明形态，商业对于文明的发展具有实质性的提升和促进作用。只是在如何看待商业文明的未来，以及商业文明对于苏格兰民族主义的塑造方面，他们有些分歧，休谟是乐观主义的，并不特别关注于苏格兰的独特性，主张深入融汇于不列颠之国家之中，斯密在政治、经济方面也是如此，与休谟是一致的，只是对英国（包括苏格兰）未来的商业文明的负面作用感到担忧，有些悲观情结。至于弗格森则与休谟和斯密不同，他更像一位文化上的民族主义，在政治上他推崇斯巴达的古典政治，在文化上，他鼓吹苏格兰民族的文化觉醒，开启了现代民族主义之先河。至于在文明社会方面，虽然他最早提出了文明社会论，或文明演进论，但其思想的深处是矛盾的。他排斥商业社会，仍然把古典的政治社会视为理想，不失为一种政治浪漫主义，在英国影响不大，但对于苏格兰的文学艺术的历史寻梦还是很有影响力的，而在思想理论上，则对德国思想影响深远，并通过德国的中介传播，对现代的民族主义与文化多元主义也有影响。

商业与文明是一个开放的话题，时代不同，商业的形态不同，文明的定义不同，商业与文明两者之间的关系也就不同，这在今天依然如此，而其中的苏格兰思想，他们关于商业与文明的各种观点和看法，在风云激荡的全球化的当今世界依然具有借鉴意义。

第十讲

法律、商业与政府

前面一讲我集中讲述了苏格兰道德哲学中的一组概念（激情、利益、正义）在 18 世纪英美思想谱系中的重要作用及其相互之间的内在联系。其实，仅仅就这组概念来谈苏格兰思想的要义是不够的，应该说与这组概念相关的还有一组对应的概念："法律、商业与政府"，只有把这组概念嵌入第一组概念之中，两组概念相互叠加对应才能完整地展示苏格兰道德思想的全貌及其所蕴含的开创性的理论意义。说起来，第二组概念我在前述的各讲中也都已分别讨论和分析了，正像第一组概念在前面各讲中都讨论分析过一样，不过，本讲专门把它们提取出来集中研讨，主要是使其尽可能脱离前述各讲中的具体思想家的语境，作为苏格兰道德思想的一个中心问题，并与第一组概念相互对应，从而呈现它们的普遍性理论意义。

一、苏格兰思想中的法律

从法律的传统来说，英国法自成一体，源远流长，主要是指英格兰的普通法，苏格兰以及欧陆国家的大陆法与之是不同的，普通法系、大陆法系、伊斯兰法系，加上中华法系，大致构成了法学意义上的世界法制传统中的四大法系。上述属于教科书中的法学知识，论述不错但也限于形式分类，其实，人类历史的法律制度之发生、演变和分分合合，并非那么泾渭分明，而是相当复杂的，尤其是在历史的变革和转折时期，出现了很多融汇与变通的新东西，恰恰是它们对于法制的发展产生了重大的影响。18 世纪的苏格兰就处于一个历史的转折时期，在其身上又承载着古今之变和英格兰与欧洲大陆的交汇等多种蕴含，我们理解苏格兰思想家们的法律理论，不能局限于狭义的法学形式，像哈奇森、休谟、斯密和弗格森等人，虽不是法学家或律师，但他们却都对法律有着非常深入的论述。所以，对于理解苏格兰思想中的法律，要有一个广阔的视野。

1. 苏格兰社会中的法律

我在前面的几讲中曾经指出，苏格兰与英格兰在历史上分分合合，但在法律制度方面，苏格兰一直继受和实施的是大陆法系的法律，苏格兰社会的这个特征，斯太尔在《苏格兰的法律制度》一书中曾经明确地论述过。为什么会如此？这主要是由于苏格兰的各个民族来自欧洲大陆，尤其是北方大陆的一些国家，它们带来了大陆的法制习俗，而英格兰的法律虽然也来自盎格鲁-撒克逊的北方民族，但在诺曼登陆之后，却经历了一系列独特的改造，逐渐形成了判例法的传统，又称为普通法。尽管英格兰普通法对于苏格兰有所影响，例如，苏格兰也建立起一些律师会所，但总的来说影响不大。由于在民族构成和贵族政治上苏格兰与大陆国家交往密切，所以在民事、家庭，甚至刑事等法律方面，苏格兰一直实施的是大陆的法律制度，在苏格兰几个主要大学的法学教育中，教授的也主要是大陆法的内容，诸如罗马民法、婚姻法以及格劳秀斯、普芬道夫的自然法和国际法，等等，此外，罗马教会的教会法也是学生的必修课程。

在 1707 年苏格兰与英格兰合并组成联合王国之后，苏格兰的法律制度出现了一些改变，但主要体现在政治制度上面，狭义的法律方面，尤其是民事法律方面，苏格兰大陆法的特征并没有太大的改变。按照合并协议，联合王国只对涉及国家及政府层面的公共政策、公共权利等法律进行统一，对苏格兰原有的只涉及个人权利的法律不做更改。在联合王国成立之后，苏格兰的司法系统以及各级法院将继续发挥作用，同时享有合并前的各项权利。同时规定威斯敏斯特各个法院也不能处理苏格兰境内的案件，苏格兰境内的案件也不能上诉到设在威斯敏斯特的各个法院。由此可见，在苏格兰法律制度的政治层面，原先苏格兰独立的高等法院以及大法官的任命等，被收归联合王国的法律系统，采取的主要是英格兰的议会及普通法的制度，但是在一般的民商事等法制方面，苏格兰的地方法院依据的还是原先的大陆法的体系，从法院组成、法官任命以及司法裁决及其司法执行等，基本上保持着苏格兰法律的独立性。

总的来说，18 世纪的苏格兰由于处在一个社会变革的时期，虽然保持着大陆法的特性，但也受到了多元因素的影响，尤其是来自英格兰普通法的影响，可以说是一个混合的法律体系。具体来说，英国普通法的影响主要是体现在议会政治和高等法院裁判权的归属以及高等法官的任免等方面，而这些方面的英国特性无疑会影响到地方法院的司法运作等方方面面，但苏格兰的独立司法权得到合并协议的保障，加上大不列颠地方自治的强大传统，又使得苏格兰确实一直在主要的民商事等法律制度方面，保持着独立的自主权。这对于苏格兰社会的经济与社会发展是十分必要的，尤其是在苏格兰与大陆国家的经贸往来方面，显现出相对于英格兰体制的优越性。此外，在苏格兰市民阶级的法律意识方面，这种混合的法律体制也契合苏格兰启蒙思想的某种诉求，有助于苏格兰工商业者打破封闭陈旧的观念，认识到英格兰法律以及其他国家的法律制度在社会经贸关系中的积极作用。

所以，对于苏格兰社会中的法律这个问题，就不能从狭隘的法系角度来看，苏格兰确实在法系上属于大陆法，与英国普通法有所不同，但这些只是形式方面的，就法律制度的实质内容来看，苏格兰也或多或少地受到英国法的影响，其实际运行的制度具有某种混合的特性，在保持地方自主性的同时，汲取其他因素的影响，不论是主动的还是被动的。不仅苏格兰如此，世界上的其他国家和地区在面临社会巨变之时，大多也是如此。

2. 法治的价值与意义

应该指出，在苏格兰启蒙思想家们那里，他们的法律观并没有前述的那种强调法系分野的专业意味，或者说，他们虽然重视法律的作用，但并不关注所谓的大陆法与普通法的区分问题，在他们的思想理论中，两种法系关于法律及其法律制度的区分，并没有专业的法律执业者那么重要，他们更为看重法律作为社会规则的一般意义，或基本法律秩序的意义。这一点在休谟和斯密的法律思想中，表现得尤为突出和明显，下面我们就以这两位重要思想家的法律观为例来探讨苏格兰道德思想家们关于法律、法治政府和法治社会等方面的论述，从而揭示苏格兰思想中的财富利益与法治规则之间的关系究竟是怎样的。

苏格兰思想家们都认为法治是现代社会，尤其是工商社会的基础，一个运行有效、国民财富得以发展的社会，一个道德有序、风气良善的社会，必定是一个法治的社会。什么是法治呢？在他们看来，法治就是法律得到很好的实施，它们主要表现在两个方面。

一方面，法律保护每一个臣民或个人的权利与利益，所谓臣民指的是他们认同君主立宪制，就这个制度来说，每一人都是臣民，相当于现代的公民或国民，他们认为国家的法律必定要保护国民的各项权利，尤其是财产权，在他们的著作中，都对此有明确的论述。私人财产权是现代社会的基本内容，之所以能够如此，因为它们是一种法律予以保障的权利，而不是简单的财富利益，财富要转化为财产权，这就对现代法律或法治作出了界定，即法治是为了保护公民财产权等一系列基本权利而存在的。另外一个方面，他们还认为法律的作用在于规范政府的权力，确定政府的职责与权力边界，用现代的话来说，就是限制和约束政府的权力，防止其恣意妄为，侵犯个人的权利。虽然法律是政府制定的，但是，法律也要约束政府的权力，这样才能为一个现代的经济秩序打下基础。当然，苏格兰思想中并没有对政府采取强有力的防范态度，这一点与革命时期的政治思想有所不同，他们还是认同政府的必要性，甚至也还主张政府的权威，例如，休谟就主张政府必须具有一定的权威，政府的权威与法律的权威是联系在一起的。所以，他们主张一个有效有为的政府，但是这个政府的权力不能过大，不能超越法律赋予它们的权界。因此，是一种有限政府，这里的有限，按照斯密的看法，就是法律赋予的权界，超出这个法律的权力范围，就是无限政府，就可能导致集权，对于自由市场经济秩序产生损害。

从上述两个方面来看，苏格兰思想中的法治大致就是这样一种有别于传统社会的法律观，即保护个人权利和约束政府权力，这种观点在今天看来已经是常识，但在 18 世纪的西方社会还是具有非常新创的理论意义。主要体现在如下三个方面。

第一，法治的核心要义是保护个人基本权利，限制政府权力，这是现代社会关于法律是什么的基本含义，无论普通法还是大陆法，作为法律都必须具备这种个人权利保障主义的意义，否则就难以称为现代社会的法律，苏格兰思想明确地揭示了这一现代法律的精神实质，且是从普通法和大陆法两个历史传统并结合苏格兰的社会变革现状予以总结出来的。在此，斯密《法学讲义》的思想资源主要是来自欧洲法学界的知识，他关于人类社会四个阶段及其形态的认识与定位，依据的法律制度主要是从欧洲诸国的法律思想史中提取出来的，当然也吸收了苏格兰本土自己的法律史与历史学的知识。休谟的法治思想则主要吸收了英格兰普通法的思想，特别是他在《英国史》的第五卷，用一整章的篇幅讨论英格兰的法律制度，并得出了与大法官科克等人大致相同的对于英国法的认识和理解，具有非常典范的意义。尽管如此，休谟和斯密在他们有关法治的众多而重要的论述中，又都没有强调法系的不同，而是不约而同地从法律的演进及其法治与社会经济、政府职权等角度，提出了法治的财产权利保障和限制政府权力等方面的内容，从而在基本理论上面论证了法治的价值与意义。

第二，休谟和斯密等苏格兰思想家提倡法治价值与意义，重新界定法治的权利保障与限制政府的权力，其主要的诉求在于维护和捍卫现代的工商业社会及自由的市场经济秩序，这就与其他思想家的宗旨有所不同。在英国和法国、意大利、荷兰等国的同时代的思想家那里，也有倡导法治、限制政府权力和鼓吹个人权利的理论观点，在启蒙思想的年代，这些观点并不稀奇，甚至像在卢梭那样的文人浪漫派的复古思想中，也有类似的无政府主义、人本主义和自由放任的观点。但是，苏格兰思想在法治问题上与他们的最大不同在于，休谟、斯密等人把法治与市场经济、自由贸易和现代工商业的兴起与发展密切地联系在一起，认为法治以及法律制度不但与市场经济不矛盾、不冲突，反而是现代工商业兴起与发展、市场经济秩序以及自由商品社会的基础和保障。法治有助于现代经济秩序，是建立一个健康、良好和自由的市场经济秩序的不可或缺的基础，也是一个正义而有道德的商业社会的基础。这种对于法治与工商业自由经济秩序的关系之论述，是苏格兰思想家有别于其他国家思想家的一个重要特征。在法律思想史中，是苏格兰启蒙思想家第一次如此系统而明确地论证了法治与自由市场经济秩序的相互助益关系，法治在基本制度方面促进了现代市场经济的发展，从而确立了法治与现代商业的正面关系理论。

第三，在法治的起源问题上，苏格兰思想家们也有着非常卓越的独特贡献，这就与前述的另外一组概念有关。也就是说，他们并不像英格兰法学家们那样固守法律的判例法的性质，他们一般认为法律是由政府或国家制定的，但就法治的实质来看，他们并不认为法律的正当性来自政府的权威，政府制定法律只是形式性的，法律的正当性来自情感或同情共感的人性内涵，这就与苏格兰道德思想中的情感主义有着密切的关系。休谟认为来自共通的利益感，斯密认为来自旁观者的合宜性，总之，这些主观的情感，而非国家的理性，才是法律的根本性来源，才是法治得以存在的根基。因为，这些情感的演进产生了社会的基本规则，休谟称之为三个正当性的基本规则，尤其是财产权的规则，斯密称之为"道德的正义拱顶石"，总之，它们可谓法律的法律，又称之为元规则。是这些源于道德情感的元规则而不是政府的权力或权威，才是国家制定的法律的正当性基础，才是法治的实质，也才是正当性的基本规则。当然，苏格兰思想家一直强调它们是消极性的标准而不是积极性的标准，因为消极，所以才是一个社会的法律制度的底座或拱顶石。

上述三个苏格兰法律思想的特征，用哈耶克扩展社会的理论予以解释较为恰切。根据哈耶克的观点，苏格兰的法律思想有别于大陆唯理主义的法律观，属于经验主义的历史演进论，他们认为法律的起源不是依据政府或国家理性，而是来自内部情感，或者说是来自内部的自由规则，不同于外部的政府规则和理性的立法，它们的演进塑造了社会的规则秩序，尤其是塑造了外部的法律，以及工商业社会的法律体系，还产生了一个外部的自由市场经济秩序，这一切都与内部的情感秩序，或者说苏格兰所谓的情感主义的道德哲学密切相关，这种情感的规则力量才是自由社会、法治社会和宪政国家的根本。苏格兰法治的价值与意义主要在于此，苏格兰思想家们把这个现代的法治秩序揭示出来了，并且赋予了具有苏格兰思想特性的理论表述，休谟和斯密就是其经典性的代表。

3. 法律与商业的关系

在前面一讲，我曾经专门讨论了利益中的私利与公益以及商业与正义的关系等问题，这些方面的论述，其实还有另外一个更为现实的层面，即法律与商业的关系问题。苏格兰法治思想的核心要义是通过保障个人权利和约束政府权力以确立和维护现代的工商业发展，休谟和斯密他们并不是仅仅从道德情感的正当性以及私利与公益等辨析中，从元规则的根基层面，探讨并确立现代法律秩序与现代市场经济秩序之间的相辅相成等关系，而且还就法律与商业的具体内容，尤其是苏格兰当时正在兴起的工商业资本主义的法律问题，提出了一些观点，这些观点不仅具有现实的意义，而且有一些还具有长远的理论意义，成为苏格兰思想中的富有启发性的内容。下面，我主要从三个方面予以分析。

第一，强调现代财富的法权意义，把利益的激情转化为一种基本的私人财产权，并通过司法予以保障，这是休谟和斯密都予以重视的首要问题。例如，休谟的三个基本规则，尤其是私人财产权的规则，就是一种元规则，是法律的法律；斯密在《法学讲义》中论述的财产权的分类，也具有现代财产权的法律性质，与休谟的想法大体一致，都把财产权视为现代社会的一项基本的法律规则。为什么他们都强调和重视财产权呢？因为，财产权与商业发展，与现代的国民财富增长，与自由的市场经济秩序，有着密切的关系。在他们看来，没有确立私人财产权的法律地位，没有法律制度对于财产权的保护，那么现代的工商业资本主义市场经济也就发展不起来。由于确立了私人的财产权，财富问题就有了法律制度尤其是司法制度的保障，因此，那些关于农民人身依附问题的解脱，自由人公民资格的落实，以及追求财富和发明创造的能力，等等，才会得以一一实现，否则只能是一纸空文。没有财产权的自由独立，也就没有工商业阶层的兴起和发展，也就不可能形成一个商业社会，不可能有一个市场经济秩序，也就不可能有现代人的自由。在财产权问题上，苏格兰思想家继承的是洛克的思想，洛克就非常重视私人财产权，休谟和斯密也是如此，在这一点上，他们都反对霍布斯，霍布斯强调人身权利，尤其是生命的安全，但如果仅仅是人身安全、生命自保，那与动物有什么区别呢？所以，财产权以及与财产权相关的自由（物质财富意义上的和法权资格意义上的双重自由），才是现代社会的关键点，也是工商业发展的立足点。霍布斯的利维坦在古典社会只是一种构想，商业在其中是没有地位的，但洛克以及苏格兰启蒙关于财产权的思想却只能在现代商业社会立足，是现代工商业的根基，没有财产权就没有现代商业以及现代工商资本主义。

第二，强调商业以及市场经济的法治保障，在休谟和斯密看来，仅仅把财富问题转化为财产权还是不够的，商业社会的运行是以经济利益为主导的，也就是说，现代商业是一种富有活力的经济秩序，其中如何促使国民财富的生成、流通、交换和分配，产品如何成为商品，构建一个商品经济秩序，仅仅确立财产权是不够的，还要有一整套法律制度与之配合。市场经济又是法治经济，这是苏格兰思想家的共识，也是苏格兰思想家发展洛克思想的一个成果，洛克只是从现代政治的角度看到了财产权的重要性，但他的时代还没有产生发达的市场经济秩序，而在 18 世纪的苏格兰，尤其是英格兰地区，市场经济已经发展起来了，那么就需要研究何种具体的法律制度能够与工商业以及海外贸易等相互匹配，这就成为苏格兰法治理论的独特贡献。我们看到，休谟和斯密都有大量论述当时英国以及欧洲国家已经出现的市场经济的论著，例如休谟的《论商业》《论货币》《论利息》《论赋税》《论商贸平衡》《论商贸猜忌》《论社会信用》等，斯密在《国民财富论》中，也有大量与重商主义、重农主义的论辩，涉及商业、贸易、赋税、关税、贴补、银行、债券、公债等问题，这些都是资本主义上升时期的商业贸易情况，他们除了从经济学的视角研究和评论之外，都还有一双"法眼"，能够从法律制度或者法治的视角来审视这些商业贸易问题，这是他们不同于重商主义、重农主义的优长点。例如，关于当时英国的谷物法、航海法等，他们都有论述，对于银行、证券、公债等涉及货币、资本、信托、银行、信用等方面的问题，他们也指出需要审核政府的权力边界等。总的来说，休谟和斯密提出的一些商业社会的法律规范问题，后来都在法律学科中发展和演化为具体的诸如财税法、公司法、银行法以及国际法中的国际私法和国际经济法等具体学科内容，他们关于商业与法治关系问题上的观点，为这些现代学科分殊之具体部门法奠定了基础。现代商业和贸易的发展，尤其是自由市场经济秩序和自由国际贸易，离不开这些相关的具体法律制度的实施。

第三，在法治与商业问题上，还有一个重要的内容，那就是如何对待政府，对此苏格兰思想提出了非常具有理论创建性的法治政府论。相比之下，苏格兰与英格兰的思想理论与问题意识有所不同，霍布斯、洛克、哈林顿等英格兰思想家们对于政治问题的关注，主要是关于国家的构建问题，换言之，他们关心的是如何建立一个现代国家的问题。苏格兰思想家们对于建国问题不感兴趣，他们接受光荣革命的成果——君主立宪制，他们对于政治问题的关注主要集中在国家治理问题上面，如何打造一个优良的法治政府是苏格兰思想的特征。因此，他们研究的不是革命与否、何种革命的问题，而是政府的法治问题，即政府在治理国家与社会时的法权限度，在休谟那里就是法治政府问题，在斯密那里就是有限政府问题，其实质都是一个政府的法权规范问题。具体到现代社会来说，就是处理好政府与商业的关系问题。

关于国家（政府）与商业的关系，在19世纪德国思想家那里，就成为国家与社会的二分问题，即政治国家与市民社会的分化，德国古典哲学家康德、黑格尔都有过论述，再后来的马克斯·韦伯也有论述，但其思想的源头却是在苏格兰思想家那里。在休谟和斯密的思想中，这个国家与社会的分化，主要是通过法治或法律制度予以实施的，法治是国家与社会分化的标准，如此强调法治在国家（政治）与社会（商业）之间的规范标准及其作用，这是苏格兰思想的一个创建，英国的洛克时代没有，德国普鲁士兴起之时代也没有，在现代社会的早期发展过程中，只有苏格兰思想把这个法治政府和责任政府的法治标准予以凸显，后来成为现代经济学的基本预设前提。当然，在休谟与斯密法治思想大致相同的情况下，他们各自论述的重点又有差异，休谟更加强调政府的权威及其起源的正当性类型，具有较强的保守主义色彩，斯密则更看重有限政府，对于政府的权限在法律上予以明确规范，具有较强的改革主义色彩。但无论如何，一个优良的现代政府必须是一个法治政府，所谓法治昌明与商业发达相互匹配，这是他们共同的思想观点。

上述三个方面，即法律的元规则尤其是财产权，加上商业社会的具体法律制度的落实，再加上规范政府权力，形成政治国家与商业社会的分化，这样一个重在法治政府和自由市场经济的现代法治经济理论就被苏格兰思想家们提取出来，这是一个法制史和经济史交叉融汇的原创性的理论贡献。

二、自由主义的政府论

与 17 世纪的英格兰思想不同，苏格兰思想在 18 世纪接续英格兰形成了一种自由主义的法治政府或有限政府理论，这个问题我在前面几讲已经多有陈述。为什么苏格兰思想家们集中关注于政府问题，而不是国家问题，这是因为他们所处的时代与英格兰有所不同，如果说 17 世纪的英国是政治革命的时代，那么 18 世纪的英国（包括苏格兰）则是商业发展的时代，革命时代的中心问题是国家的政体构建问题，商业时代的中心问题则是政府的法权界定问题。光荣革命的完成，确立了君主立宪制，国家体制业已底定，下面的问题就是社会如何发展，社会发展的主要内容不是恢复农耕生产方式，而是促进工商业，发展出一个商业社会，建立一个自由的市场经济秩序。因此国家和社会面临一个重大的问题，即如何对待政府的权力，苏格兰思想提出的法治政府论，即通过法律确定和约束政府的权力，就成为18世纪英国政治的中心内容。也就是说，重中之重不是国家构建，而是政府治理，治理不是把社会收拢管控在国家手中，而是让渡国家的权力，把属于社会的交还给社会。政府只是为了更好地服务于社会而设立的，所以，它是有限度的，虽然是必要的，但自身不是目的，这就成为后来自由主义政治理论的几个基本原则，即人性恶的假设，"政府是必要的恶"是前提，以及法治政府、有限政府、责任政府等，这些假设和原则奠定了现代自由主义的理论基础。

把国家问题转化为政府问题，这就为社会发展尤其是商业发展与个人自由，提供了广阔的空间和制度的保障，一个法治昌明、商业发达和个人自由的社会呈现出来，并且成为欧洲的典范，英国文明开始超越封建时期的法国文明，成为世界文明的中心，并为大不列颠维多利亚的伟大时代奠定了社会基础。苏格兰思想中的政府理论实乃为这个英国政治与社会的大转型，提供了一个理论上的总结，在此我们探讨苏格兰的政府理论，也是在这个背景之下来谈的。结合苏格兰思想的具体情况，下面我分别从三个层面（两个预设、优良政体和政治自由）并集中于休谟、斯密和弗格森三个人的相关思想，予以分析讲解。

1. 政府论的两个基本预设

从现代的政治理论谱系来看，苏格兰思想的政府论显然是自由主义的，这套理论为有限政府、法治政府和个人自由以及市场经济提供了基本的政治保障。不过从政治思想史的视角来看，它们应该属于前自由主义的自由主义，这是什么意思呢？这个观点来自昆廷·斯金纳的《自由主义之前的自由》，依据斯金纳的观点，自由主义的正式命名是在非常晚近的19世纪，在其之前，并没有所谓的自由主义理论，不过没有这个名号并不等于没有自由主义的基本思想理论，其实从16世纪的文艺复兴时代开始，直到18世纪的启蒙思想，都有自由主义的思想在萌生和发展，可以称之为自由主义之前的自由主义。甚至从某种意义上说，这些前自由主义的自由思想，它们要比那些后来自称为自由主义的19世纪以降的政治思想理论更像自由主义，换言之，它们更加契合自由主义的本质，虽然没有使用自由主义这个词汇，那些后来所谓的自由主义反而误读了自由主义，他们丢失了自由主义的本质内涵。斯金纳作为一个剑桥学派的创始人之一，他写这本书是有时代背景的，因为现代的自由主义，在接受自由主义的基本原则之后就把它们教条主义化了，前自由主义的自由所蕴含的那些富有生命活力的东西，被现代自由主义搞僵硬了，所以，共和主义的兴起就是一种校正，而施特劳斯学派对于保守主义的激活也是一种校正。就英国思想史来说，17世纪英格兰共和主义的渊源和18世纪苏格兰保守主义的渊源，都是前自由主义的自由主义的两个富有活力的思想动力源泉。

17世纪英格兰激进主义色彩的自由主义，主要体现在当时的共和主义思想上面，甚至有人认为洛克的思想也是属于共和主义的，因为，洛克的政治理论具有某种激进主义的倾向，洛克也重视反抗暴政的革命权利等，这是试图解释自由主义积极性的一面，这与伯林所谓的消极自由有所不同，从某种意义上也是符合英国光荣革命的性质，毕竟那也是一场革命，创建了一个新的政体——君主立宪制，这个政体也吸收了共和主义的一些内容，有人就认为英国是一个君主制外衣下的共和国，议会主权最终也是英国人民的主权，所谓国王在议会，说的就是英国实质上是共和国。相比之下，自由主义还有另外一个保守主义的渊源，那就是柏克和苏格兰思想的政治理论，关于柏克反对法国大革命的保守主义与自由主义的关系，这里且不展开。而苏格兰的政府理论恰好是与英格兰的革命理论构成对应的另外一面，呈现出保守主义的特征，这个保守主义恰恰也是自由主义的，即保守的自由主义，或古典的自由主义，正是这个保守主义的政府论，为现代自由主义提供了得以成立的基础，没有保守主义也就没有自由主义，尤其是休谟、斯密保守主义的政治理论特性，构成了现代自由主义的基本原则或预设前提。这一讲中的"自由主义的政府论"，也是从这个前自由主义的自由意义上使用"自由主义"这个词汇的，下面我就来简单分析一下这两个理论预设问题。

为什么英国政治思想从激进主义的革命理论（哈林顿与洛克等人的自由主义）一下子就转化为休谟与斯密等人的保守主义的自由主义呢？这是由于英国社会的大转型所致。革命业已完成，政治建构中的激进主义，包括自由主义的激进主义和共和主义的激进主义，也需要退场，它们的主张已经熔铸于国家制度之中，随之出现的就是保护革命成果的保守主义，我称之为"革命的反革命"。国家问题转化为政府治理问题，于是政府论就出场了。政府论与法治论结合起来，就是有限政府和责任政府，就是国家与社会的二分，就是个人自由的开展和商业社会的推进。所以，保守主义成为苏格兰思想的一个基本性质。所谓保守，不是倒退，而是以法治的形式守护革命的成果，所以保守主义是反革命的，是法治主义的，也是责任政府和有限政府。至于此后柏克的保守主义，虽然也是自由主义的，但其保守性质或反革命性质，则主要来自外部的刺激，即反对法国大革命，所以，柏克的保守主义与苏格兰的保守主义是不同的，虽然都属于前自由主义的自由主义，而且是真正的自由主义，但他们之间的差别也是明显的。这也就是说两个前自由主义的自由的左右翼的思想理论，激进主义和保守主义，17世纪和18世纪，英格兰与苏格兰，它们才是真正的自由主义，奠定了现代自由主义的基本原则和理论架构，至于那些自视为自由主义的19世纪以降的现代自由主义，反而是自由主义的教条主义。直到今天来看美国政治思想的版图，保守主义的自由主义，即共和党的理论基础，与教条主义的自由主义，即民主党的理论基础，它们谁是真正的自由主义呢？这是一个值得思考的问题。

下面我们还是回到自由主义的两个理论预设上来。其实，它们恰恰是在苏格兰的政府论思想中凸显出来的，在今天业已成为现代政治学的两个前提预设。

第一个理论预设，是人性恶的假设，它是现代政府或现代政治的出发点，这个人性假设与休谟相关，有人称为"休谟法则"。休谟确实在他的论著中提出过这一观点，他认为，要理解现代社会的政府制度必须要有一个人性恶的假设，正是因为人性的恶，恶这里主要是自私的利己主义，由于政府是由人构成的，所以政府制度的设置要考虑到人性的这个恶的本性，政府官员乃至利益集团很可能利用政府机制来实现自己的自私的利己主义诉求，为了防范这种政治之恶，所以才要设计一套以利益对抗利益的制度，并通过法律的形式予以制度化、法治化。

休谟的这个设想被美国的联邦党人予以接受和放大，在《联邦党人文集》第十、第五十一篇中，麦迪逊就是用休谟的这个思想来解释美国宪法的分权制衡制度。麦迪逊指出，由于人不是天使，人有自己的私心与利益，甚至引起党争，所以在美国宪法制度的设计方面，只能通过以权力对抗权力、野心对抗野心的方式，达成分权制衡的效果。对于现代自由主义来说，休谟的人性恶思想受到高度重视，学术界称之为休谟法则，认为现代政治制度的创建，主要是基于休谟的这个人性恶假设来建立的，由于人不是天使，具有人性恶的本质，所以，政治制度的设置要予以防范，最好的办法就是以恶制恶，通过分权制衡的法治途径，实现一个优良的政体，美国宪法制度就是一个典范，具有示范意义。

不过，应该指出，这个所谓的休谟法则尽管在现代政治学占据非常突出的地位，但并不是休谟人性论思想的中心内容，而是现代政治学的某种教条化的产物。下面我从两个方面来谈：

其一，休谟人性论的中心是共通的利益感，即建立在自私与有限同情之交汇融合下的同情共感，这才是休谟对于人性的基本认识，并以此构建了他的道德哲学以及正义规则论。善恶与否，休谟并不是选择其一，他的人性定位是前善恶的情感激情以及演进机制的共通利益感，对此我在前面的论述中已经予以详细讨论，在此不再赘述。显然，把人性恶视为休谟的人性观，是一种误读，虽然休谟也有相关的言辞，但他是在一种假设的语境之下这样说的。这就涉及，其二，人性恶只是一种政治学意义上的假设，并不是真实的人性事实，对于现行的政治制度，尤其是政府制度，要有这样一个假设前提。这是什么意思呢？这就与自由主义的政治理论相关，作为一种政治制度的构建和实施，需要一种假设，那就是把人性恶作为这个政治制度的出发点，即从坏处着手，虽然实际上人性未必是恶的，但设计一个制度也要从这个底线开始起步。换言之，政治制度不是为了达到一种美好的社会而设计的，而是为了避免沦为邪恶的社会而设计的，如果假设了一个人性恶的出发点，那么这套制度就有了防范邪恶社会的可能性，这就显示了自由主义的否定性的特征。所以，政治制度要有这样一个人性恶的假设，虽然人性未必就真是恶的，"休谟法则"恰好体现的就是自由主义政治理论的这个否定性特征，政治不能被人性的邪恶所利用，也不能为其恶的实现提供制度途径，这是自由主义的基本诉求，所以，"休谟法则"就为自由主义政治理论提供了具有人性依据的出发点。

为什么我说这个预设具有某种教条化的特征呢？因为在苏格兰政治思想中，甚至上溯到更早的前自由主义的自由思想传统，尤其是激进主义的革命传统，它们对于政治的理解并非否定性的理解，也不是"休谟法则"的遵循者，洛克、哈灵顿不是，休谟自己本身也不是"休谟法则"的遵循者，甚至美国宪法也不是"休谟法则"的严格实践。因为，政治制度还有积极性的内容，还有导致社会趋向美好的制度功能，而不仅仅是防守。不同于人性恶的假设，人性善的假设也是一种政治制度的假设前提，虽然"休谟法则"对于现代政治的理解以及促进现代政治避免恶的沦丧来说很重要，但仅仅有"休谟法则"是不够的，还需要发挥政治制度的主动性，唤起公民的主人翁精神，提倡公民美德，维护人的尊严和权利，并为之奋斗甚至牺牲。这样，现代自由主义就要吸收和容纳诸如共和主义、社群主义等富有生命力的内容，一个包容了古典的激进主义和保守主义以及共和主义和社群主义的自由主义，才是真正的现代自由主义，才能克服自由主义的教条化倾向。

通过上述的分析，我们对于现代政治学的这个人性恶的前提假设就有了一种新的认识，进而对所谓的"休谟法则"也有了一个清醒的认识。这个预设是非常必要的，也是政治自由主义的一个基本特征，但不能予以教条化理解，而要在此基础上容纳其他各种前自由主义的自由主义，它们的很多内容在今天是富有活力的。就苏格兰思想来说，这个预设并不是休谟思想的精准表达，休谟并不是"休谟法则"的遵循者，但"休谟法则"对于现代的自由主义是有巨大贡献的，休谟本身的思想属于前自由主义的保守的自由主义的谱系，休谟的政府理论，尤其是政府权威的理论，与"休谟法则"的关系并不大，反而是一种保守主义的政府论，但他的保守性属于保守革命成果的保守性，由于英国光荣革命是自由主义的制度实践，所以保守这个成果当然也是保守自由主义的制度，所以，保守这个业已实现的自由制度的自由主义，就与洛克的构建这个自由制度的前自由主义的自由主义理论，在思想理路上是不同的。

第二个预设是"政府是必要的恶"，这个预设与斯密有限政府的理论密切相关，下面我再来考察这个理论预设的是非曲直。说起来，这个理论预设的情况与第一个人性恶的预设大致相同，都是现代自由主义的某种教条化的理解，当然也呈现出现代政治学的一个十分重要的自由主义的向度。斯密在论述政府的功能并且提出一种有限政府的理论时，确实曾经说过政府是一种可能的恶，在斯密看来，政府的权力如果不予以限制，任其无限膨胀的话，那么，这种拥有国家机器的机构，做起恶来是很可怕的，从历史上看，不受限制的政府是一种巨大的灾难。所以，他主张要限制政府权力，把无限政府转化为有限政府，通过法律确定政府的权力边界，厘清政府的职权范围。这就是斯密的有限政府理论。对此，前面我们在讲斯密时有过专门的分析。

应该指出，斯密的有限政府理论奠定了现代自由主义的政府理论的理论基石，现代自由主义沿着斯密的这个路径进一步延伸，提出了两个递进的观点，一是小政府，二是政府是必要的恶。有限政府是否就等于小政府，这个问题是复杂的，政府原本无远弗届的权力被限制了，权势变小了，但小与有限并不是一回事，有限政府不等于小政府，而是权力受到约束的政府，政府是可以很大的，只要是在职权范围以内，至少斯密的本意不是小政府，或政府越小越好，而是强调对政府权力的制约，政府可以是强有力的，但必须受到限制，不可以恣意妄为。英国政府当时是很强大的，但并不是不受制约。现代自由主义得出小政府的结论，其实是偏颇的，那不是自由主义的真传。至于"政府是必要的恶"，也是这个教条化逻辑的推论。那种认为但凡政府或政治，从道德上看都是恶的，只是由于人的群体生活需要一种政府组织，所以它们才是必要的恶，不得不承受的负担，这种看法显然对于政府乃至政治的本性缺乏深入的理解，一概得出政治权力的有害性，并不契合自由主义（前自由主义）的对于政治和政府的深入认知。

通观思想史，除了"人是激情的动物"之定义外，更早的还有"人是政治的动物"，所以，政治和政府是人的生活的本质实现，政府可以败坏人的生活，但也可以成就和提升人的生活，通过政治和政府的权力行为也有可能实现人之善，达成人的理想所求。政治生活是一种有意义的生活，作为现代公民，有权利也有义务从事政治的参与，在政治中获得人性的尊严和价值，政府也可以是实现善的最有效工具和手段。这些关于政治与政府的界定，是前自由主义的自由主义各派思想的一个共识，但现代自由主义对此教条化地理解，矫枉过正，仅仅看到了政府权力的消极作恶的方面，忽视政府权力也可以积极为善的作用，这样一来就把政治和政府狭隘化了，把政府视为必要的恶，强调小政府，都是这种价值取向的表达而已。

当然，人性恶、政府是必要的恶，它们作为现代政治学的两种预设或假设是需要的，只是对此不能机械化和教条化理解，仅把它们视为理论预设，实际的情况并非如此，尤其是在前自由主义的自由主义那里，无论是哈灵顿、洛克式的英国政治激进主义（非法国大革命式的），还是休谟、斯密式的苏格兰保守改良主义，乃至后来的新共和主义和社群主义，都并没有把"人性恶"和"政府的必要恶"作为现代政治与政府的主要内容，而是采取积极的主动参与方式，塑造政治制度，塑造政府权威，实现共同善的目标。不过，需要清醒的是，积极参与的政治和政府行为，主要是通过法律的方式，即以法治来塑造和规范政治制度和政府权力，所以，法治就成为主要的准绳，那些非自由主义的各种激进主义和保守主义所导致的弊端或政治灾难，一个主要的原因就在于它们不强调法治的作用，不通过法治而是诉求政治德性或道德理想来塑造政治和政府，就很可能导致灾难，所谓"播下的是龙种，收获的是跳蚤"。因此就需要两个预设的警示。

好在苏格兰政治思想并不排斥法治，恰恰相反，休谟和斯密等人都赋予法治以较高的地位，认为只有通过法治才能达成对政治秩序和政府权威的塑造，有限政府就是法治政府，政府权威来自法律的认同和忠诚，同情共感的激情最终要转化为基本的法律规则或元规则，正义的人为性质要落实为对法律的共识和认同。对此，我在前面几讲中已经分析讲解了法治与情感、法治与政治、法治与商业的关系，这一切都说明苏格兰思想的丰富性，不是两个预设所能涵盖的，从苏格兰思想的视角来看，通过法治既可以打造一个优良政体（责任政府），又可以实现个人自由，所以，优良政体与政治自由，就成为它们的政治理论或政府理论的两个主要内容。虽然，优良政体和政治自由与"人性恶"和"政府乃必要之恶"的两个预设密切相关，但它们所含括的内容要更为宽广和富有内涵。

2. 优良政体

18 世纪英国面临的政治问题是如何保守革命成果的问题，但在当时的英格兰并没有产生与之匹配的思想大家，相比之下，英国的问题反倒是由苏格兰的思想家们揭示并富有创造性地呈现出来，除了商业资本主义论（国民财富论）和道德情感论两个主题内容之外，集中在政治领域的讨论就是政府论，或者更宏观地说，是苏格兰思想中的优良政体论。具体一点说，在保守革命的自由主义（前自由主义的）格局下，在崇尚法治主义的条件下，苏格兰的优良政体论又具体由三个部分的内容所组成，即休谟的政府权威论、斯密的有限政府论和弗格森开启的文明政体论。下面，我分别予以讲解。

第一，何为优良政体？说起来，当时的三位苏格兰思想家并没有直接使用优良政体这个词汇，他们在探讨政治、政府、法制、文明等相关问题时，虽然使用过优良的体制、文明政体、自由政体、优良的法制等词汇，但并没有重点聚焦于优良政体这个词汇上，我在此用优良政体来概括休谟的政府权威、斯密的有限政府和弗格森等人的文明政体，认为这三个层次对于英国（包括苏格兰）政治问题的分析探讨，其实质都聚焦在"优良政体"这个核心议题之中。所谓"优良政体"指的就是一个通过法治途径来实现一个自由的政治体制，这个体制的优良与否，关键在于人的自由是否能够得到实现。自由不仅是指个人的各种基本权利的保障，还是一种法治制度的保障，所以又是一种自由政治形态，并且不是通过道德途径而是通过法治途径予以实现的，所以，法治、自由和权利保障，是衡量优良与否的标准。这就与古典政治的通过政治美德达成优良政治的方式有了实质性的差别，也与现代自由主义仅靠消极原则和两个预设来贬抑政治的教条主义或形式主义有所区别，优良政体之优良体现在政治的主动性上，法治政府和自由政治也是需要政治激情与责任担当的，也是可以有所作为的，不是无为政府或小政府。至于政体，在苏格兰思想中，与政府大致雷同，但又不完全等同于政府，而是包含着更加广阔的政治内容，政府或许仅仅是一种行政权力，但政体却不仅意味着行政权，还包括立法权与司法权，即议会两院以及法院司法独立的内容，甚至还包含着公民美德和公益事业的内容以及文明政治的内容。

总的来说，由于苏格兰思想不同于英格兰的革命政治理论，基本上是守护光荣革命成果的大基调，在现有的君主立宪体制下，予以政体改良主义的建设，所以他们聚焦于政府论又不局限于政府论，而是一种广阔的优良政体论。所谓优良政体论，就是在权威溯源、法权界定和政治文明等多个层面和维度方面，对于现有政体给予优质化的改革，不是重新进行政治革命，而是在新的层次上对过往的革命予以修补和提升，把在革命过程中被忽视的东西予以匡正、恢复，并在与新兴商业社会的经济秩序交融的组合中，开辟出新的内容，这样就使得苏格兰政治思想看似保守的特性中，实际上有了很多新的内涵，真正做到了继往开来，从而赋予了保守主义一种与时俱进的生命活力。休谟和斯密，乃至弗格森以及柏克等思想家们都具有这种保守中有创新的理论意义，致使前自由主义的自由主义要比现代的自由主义更加丰富和厚重，属于厚的自由主义，而非薄的自由主义。优良政体就是在革命之后如何保守革命的厚的自由主义的议题，现代的薄的自由主义之所以薄，主要是因为它们没有这种历史意识和保守意识，以所谓的理性假设为起点，认为政治制度及其法治宪政、政治自由、权利清单等，可以从一种理性人的预设（诸如人性恶、政府是必要的恶）开始从头构建出来，殊不知这不过是哈耶克所谓的"理性的自负"，现实的政治世界远非如此。

第二，政府权威问题，这是休谟特别关注的问题，他用相当的精力致力于这个问题的研究和论述。为什么休谟对政府或政治权威感兴趣呢？这与他所处的时代问题有关，也与他的经验主义学说有关。在他看来，洛克的理论虽然为英国革命提供了依据，做出了论证，但一旦革命成功之后，如何保护和优良化这个君主立宪体制，沿着洛克的理路就不敷用了，应该开辟出另外一种历史主义的路径。所以，他的政府权威论就从政府起源的正当性开始寻找，不是采取洛克反对菲尔默的革命方式，而是采取法制化演进的方式，通过法律的传承来论证政治或政府的权威，或者说，他理论中的政治权威不直接等同于政治权力或暴力，而是得到法律认同的权力，通过法制化这个中介转化，政治统治或政府就具有了正当性。为此，他通过历史考证，提出了若干种政治权力的转移换代的方式，这些内容我在前面都已经论述了，在此不予赘述。

应该指出，他在论述中实际上遵循着一种历史演进的方法论，即改良主义的历史演进论，例如，或许最早的权力来自武装暴力，但在暴力统治的过程中为了长治久安必然要法制化，开始时法制化缺乏规范性，但在权力继承传递的过程中又需要逐渐的程序化和正当化，这样就走向法治化，从暴力统治到法制统治，再从法制统治到法治统治，直到光荣革命实现宪政体制（君主立宪制），这个进程就是一个从是然到应然的逐渐规范化的进程，是一个从野蛮统治到文明统治的过程，也是一个把权力装进笼子里的宪政化进程。这样的视野就把政府的起源与定位予以澄清，政府不仅要有权力，更要有权威，但权威不是依靠暴力支撑，而是依靠法治和规范支撑，文明政治就是一个逐渐祛除野蛮暴力彰显自由政治的历史过程，文明政治就是每个人的同意，即人民的共和国。虽然休谟赞同英国的君主立宪制，但他的理想政体还是一种共和制，这在他的论文《英国政府是倾向于绝对君主制还是共和制》、《完美共和国的观念》中就论述得很清楚。不过，如果考察一下英美国家的政治制度，其实，英国与美国虽然在政体形式上是差异很大的，一个是君主制，一个是共和制，但其实质又是非常相似的。英国由于其议会主权，所以它的君主制不过是一种匿名的共和制，美国由于其总统制的特性，不过是匿名的君主制，当然这属于戏言，但也反映出英美政治的大同小异的特征。休谟之所以关注政府权威和起源问题，一方面是回应当时苏格兰并入英国之后如何协调苏格兰传统政治与英国政体的关系之现实问题，另外一方面则是在洛克政治理论的效应递减之后，重新为现代政府的治理和法权定位提供一套新的守护现有政体的优良化统治之路，那就是通过法治化重新塑造政府权威。

第三，有限政府问题。在确立了政府权威之后，尤其是在工商经济日益繁荣的新时代，如何具体界定政府的职权范围，这是斯密面临并在后来予以解决的问题。这个问题不仅存在于苏格兰，更广泛地存在于英国，乃至整个西方现代社会。所以，斯密提出的有限政府理论具有普遍性的意义，不仅成为政治学的主要内容，而且也是经济学或当时的政治经济学的主要内容。关于斯密的有限政府及其与法治、责任和效能等之间的关系，我在前面几讲中曾多次讨论，在此也不再赘述。我在此仅指出的是，斯密强调有限政府主要是考虑政府与商业之间的关系，政府如何有利于国民财富的增长，而不是限制和阻碍自由市场经济的发展，他从这个思路来探讨政府的性质，抓住了优良政体的现代化本质，这有别于休谟的政府权威论。也就是说，审视一个现代政府的优良与低劣，不能仅仅从权力自身的演变来考虑，还要看是否有益于国民财富的生产与创造，因为现代社会不是农业社会，而是工商社会，是一个商品经济与自由贸易的社会，一个政府即便具有权威与统治的正当性，如果不能促进经贸发展，也不是一个优良政体。所以，为了一个国家与社会的经济繁荣，为了个人财富的增长，政府的权力一定要受到约束，要厘清政府的职权范围，建立一个有限政府，这样的政府才是优良政体的基本内容。

当然，如何做到有限政府，其实就是落实法治，实现法治政府与责任政府，而不是无为政府或小政府。让政府把权界之内的责任强有力地承担起来，但又建立起明确的法治警戒线，防范政府权力的恣意妄为，尽可能开放社会的自由空间，允许商业社会自发扩展自己的领域，形成自生自发的自由经济秩序，这是斯密有限政府的内涵之意义。斯密的这个思想后来被制度经济学进一步系统化和理论化了，甚至对于哈耶克等奥派经济学也有启发意义。对此，从优良政体的角度要比从政府论的角度来加以审视，更能凸显斯密思想的深刻含义，因此可以说，斯密的有限政府论也是苏格兰思想中的优良政体的一种理论表述形态。

第四，苏格兰思想中的文明政治论。优良政体的更高一个层次的问题就是文明政治的论述。不过，正像我在前面第七讲中曾经指出的，虽然弗格森是文明政治最早且系统的理论创建者，但文明政治的思想在苏格兰启蒙思想家中几乎都有过相当深入的论述，并且各自的观点相互之间还有很大的差异，在此我们固然以弗格森的文明政治论为蓝本，但并不限于弗格森的思想。在弗格森的文明演进论中，政治文明占据首要的地位，在他看来，一个国家的政体制度决定着这个国家的文明程度，所以，政治家和公民美德对于一个社会来说要远比经济利益和商人贸易更为重要，国家要能够凝聚集体乃至共同体所有人的愿望，并以此要求人民大众为之投入和奉献。对他来说，一个优良政体具有能够聚集民众思想和意愿并排斥异己的政府全权的统治能力，这样的政治战无不胜，坚如磐石。但是，弗格森的文明政治论具有极权主义的色彩，个人权利在他的理论中是没有地位的，现代商业也只是补充性的，他推崇的是古典斯巴达那样的极权民主制，这样的政治文明是国家主义的、民粹主义式的，这种理想显然与现代化的苏格兰现实政治诉求和英美式的基于方法论个人主义的现代政治文明是相违背的，也与苏格兰思想的整体倾向不一致。

相比之下，休谟和斯密的文明政治的历史演进论更加合乎历史的大潮流和英（包括苏格兰）美世界的现代化路径，尤其是斯密的道德情感论和休谟的文明政体论，它们在一个更高的政治文明的层次上，赋予了现代商业秩序和法治政府以道德的正当性和文明的高尚性，所以，休谟和斯密的文明政治论代表着苏格兰思想的主流倾向，与弗格森的思想观点有很大的差别。如果说弗格森的理论贡献之一在于把文明与文化作了重要的区别，强调政治文明的优先地位；那么，休谟的贡献之一则在于，他首先区分了文明政体与野蛮政体，并且在文明政体内部汲取了亚里士多德和孟德斯鸠的政体类型学说，并通过强调文明政治的基本规则（以私人财产权为中心），从而把政治纳入自由政体和法治政府的轨道；而斯密的贡献之一，则是在现代商业社会的发展中，进一步确定了政府的有限职权，通过政府与商业、政治与社会的二元分化，提出了一个社会形态的历史演进四阶段论，从而把现代的商业社会以及法治政府视为高级的文明社会，在这些方面，斯密与休谟的思想观点是大体一致的。

总之，苏格兰思想家关于优良政体的思想理论，不仅守护和巩固了英国革命的政治成果，而且在政治权威的确立、政府的起源、政府职权划分、法治政府及政治和政府所秉持的文明性质等方面，都给予了传统社会的优良政体论以一种现代化的重新界定和理论提升，进一步夯实了现代英美国家的法律、商业与政府的内在联系，从制度层面和文明层面，呈现了一个前自由主义的自由主义的政治理论之最高形态。可以说，18 世纪苏格兰思想中的政治理论，即它们的法治论、政府论和文明论三者在当时各派思想家关于优良政体的论述中，达到了自由主义所能达到的理论高峰，要远比现代自由主义深刻和丰富得多，时至今日也还需要进一步挖掘和激发其中的生命力与活力。

3. 政治自由

自由问题也是苏格兰思想家关注的一个重要问题，在他们讨论道德、政治与经济的各种论述之中这个问题时常出现，他们探讨相关的政府、法治、商业、财富和情感、正义等问题时，自由与否也是一个思考和论证的视野和标准，他们在论著中大量使用诸如政治自由、商业自由、个人自由、情感自由等各种词汇和语言。但是，如果我们从当今学科分殊日益明确和狭隘的角度来看，苏格兰思想有关自由的论述则是宽泛的，并没有限定在一个学科层面上，而是交叉性的、跨学科的，这与18世纪还是一个百科全书的思想时代有关。西方思想界在16世纪以降，20世纪之前，直到20世纪前叶，其思想理论都是百科全书式的跨学科性质的，在此背景下考察苏格兰思想有关自由的论述，大致呈现出如下几个特征：

第一，与法国启蒙和大革命时期的思想，尤其是与20世纪自由主义名称确定下来的思想相比，苏格兰政治思想主要是关注自由问题，并不关注平等问题，更没有把自由与平等等量齐观的思想意识，强调自由的优先性，忽视现代社会的平等（从政治平等到经济平等），这是苏格兰思想的一个整体特征，几乎所有的思想家们都是如此，这就使得他们具有一定的保守性，与法国、美国乃至20世纪自由主义的平等自由论差异很大，但苏格兰思想毫无疑问又是自由主义性质的，因此，它们属于古典的或保守的自由主义。

第二，与弗格森以及反对启蒙的强调古典政治的思想理论相比，苏格兰的主流思想强调的乃是现代的自由，即现代社会演进中的政治自由、经济自由与财产自由，他们强调限制政府权力、法治政府以及在法律下的自由市场经济和个人的利益激情，这样就与把自由视为国家或城邦的政治属性，以及个人作为公民只有奉献、服务和牺牲的责任而没有私人权利的古典政治思想，有了明显的区别。苏格兰的自由理论主要是基于个人自由之上的现代自由，而不是国家主义或民族主义的集体性自由，所以，苏格兰思想虽然也赞同历史主义，也讲历史传统，但更重视古今之变，反对古典政治对于个人自由的侵害，这就与各种保守主义尤其是保守的国家主义，诸如柏拉图主义、斯巴达主义有了根本性的区别。

第三，苏格兰的自由理论与启蒙思想盛行的各种个人权利论也有区别。虽然他们也重视个人权利和个人自由，但苏格兰思想并没有把个人权利视为天赋人权或自然法转化的自然权利，并以此支撑个人主义的自由权利论，对于这种来自洛克革命论、法国唯物论、德国唯理论等不一而足的个人权利论和个人自由论，苏格兰思想则是怀疑的，甚至是批判的。他们把自由问题重点放在政治制度的构建上，而不是个人权利的张扬上，因此形成了苏格兰启蒙思想中的独特的政治自由论或自由政体论。也就是说，苏格兰把现代自由的中心放在了政治上面，而不是个人上面，即政治自由上面，或自由政体上面，这与赤裸裸地鼓吹个人权利、个人自由的现代自由主义是大有不同的，虽然现代政治自由的目的最终还是为了个人的自由，但个人自由是政治自由的果实，是自由政体的结果。要摘取这个结果，仅仅通过个人的自由呐喊和权利扩张是难以实现的，而是需要一套政治的制度，从国家体制到政府职权再到文明政体，这些政治上的守护和改良，才是个人自由的最为牢固的保障。苏格兰思想关于自由问题的思考，主要便集中在这个政治自由上面。

当然，应该指出，政治自由的问题意识在苏格兰思想中也不是很清晰的，在众多思想家们那里并不是一条主线，说起来这个问题的凸显要归功于弗格森，他为了强调苏格兰民族意识的主体性，唤起当时苏格兰民众而不至于沦为英格兰的拥趸，在他的著作中集中而隆重地提出了政治自由问题。他认为苏格兰人缺乏政治共同体意识，因此也就没有政治自由的思想和精神，很容易被英格兰人同化。弗格森特别强调政治自由这个问题，想以此凝聚苏格兰的民族精神，抵御日益严重的英格兰化趋势。但到哪里寻求政治自由呢？在此，弗格森就走了一条偏颇的道路，他试图从古典政治传统中，尤其是从斯巴达式的城邦国家那里拿来他所谓的政治自由，以此与苏格兰传统的尚武精神和部落主义等因素结合起来，通过浪漫主义的改造，重振苏格兰的民族精神。关于弗格森的这个思想路径及其错误和幻想性质，我在前面已经多次指出了，在此不再赘述。但有一点却是需要特别指出的，那就是他激活了苏格兰思想中关于政治自由的理论思考，激发和迫使其他思想家开始重视这个政治自由问题，把他们林林总总的关于自由问题的思考和论述聚焦到这个问题上来。

　　实际的情况也是如此，我们看到，休谟、斯密等思想家们对自由问题的思考，也都聚焦在政治与社会方面，而不是局限于后来所谓的个人主义上面，从某种意义上说，苏格兰思想不属于抽象的个人主义为原点的自由主义，而是兼容了社会的诸多内容，比如，社群主义、共和主义和共同体主义等也可以在苏格兰思想中寻找到一些源头，苏格兰思想家们讲传统，讲家庭、讲亲情友谊，讲共通利益感，等等，这些都与那些教条的自由主义相去甚远。但苏格兰思想又在宏观意义上属于方法论的个人主义，所谓方法论的个人主义并不是在社会和政治事务方面只是以个人为唯一的标准，而是从方法论的规范意义上认为社会和政治事务本身不具有终极的标准属性，只有个人才是目的，个人的自由与福祉才是社会与政治的目的，因此不能把个人自由和福祉视为手段和工具，至于如何实现这个终极的目标，则允许采取不同的做法，具体问题具体解决，这才是经验主义的原则。另外，他们也反对理性主义的个人主义，个人不是抽象的、孤零零的，每个人总是存在于社会之中的，人是社会的动物，是政治的动物，是利益的激情的动物，是与他人、与亲朋好友、与社会经济秩序和政治秩序中的陌生人，须臾不可分离的，所以，对于自由问题的理解不能狭隘和教条化。

就休谟来说，他虽然也强调自由，但并不十分重视个人权利之类的个人自由，而是关注自由政体，他强调如何建立一个政治制度来保护、培育和促进每个人的自由。为此，他与弗格森一样强调政治自由，而非个人自由，不过，他与弗格森的不同在于他没有固守传统政治的集体主义或城邦主义，而是把政治自由的中心放在现代人所依赖的政府权威和政体形态上，认为自由政体相较于专制政体能够给每个人带来更大的安全、福祉和财富，法治昌明能够有效制约政府权力的野蛮滥用，法治的商业社会能够促进政治文明的进一步繁荣。斯密有关自由的思想与休谟大体一致，他也不太谈论个人自由和个人权利等个体性的内容，也是强调政治自由。不过，对于何为政治自由他理解得更加简单明了，那就是限定政府的权力边界，限定政府权力的过度使用，通过制定法律，把属于政府职权的交给政府，政府权力之外的则要交还社会，尤其是交给自由的市场经济秩序。所以，他理解的自由更多的是一种经济上的自由，即个人和公司自我发展和创造财富的自由，当然，经济自由本质上还是政治自由，只有政府不滥用权力于市场经济，才能达成经济上的自由。所以，斯密非常重视法律的作用，他考察社会形态的演变，主要是法治上的演变，所以他的讲义称为《法学讲义》。

　　总之，无论自由政体，还是法治自由、商业自由，都属于政治自由的范畴，都是力图从现代社会的经济秩序和政治秩序的生成、演变和运行中，即从制度层面考虑自由问题，而不是从个人一己的行为中考虑自由问题，这是苏格兰思想中关于自由问题的落脚点，虽然这种政治自由的思考最终是为了实现个人自由，但它们毕竟不是具体的个人自由，而是个人自由的制度（政治制度与法律制度）前提。

　　既然18世纪苏格兰思想不像20世纪的自由主义那样大谈特谈个人自由与个人权利的具体内容，而是集中关注于政治自由或实现自由的制度前提，它们是否就不关心个人自由了呢？其实不然。苏格兰启蒙思想的一个中心是道德哲学，道德思想的广泛性质也渗透到它们对于自由问题的思考中，相比之下，苏格兰启蒙更为关心自由的心理情感和道德正当性意义，而不是仅仅就个人自由而谈个人自由。个人自由和个人权利究竟是什么，它们又意味着什么，这些问题除了政治的、法律的、经济的制度上的前提之外，在心理情感方面，在道德正当性方面是如何生成、如何演变和如何在利益的激情中完成私利与公益、利己与利他、自我与他人、自我与社会群体的转化的，这就涉及深刻的情感论问题，苏格兰思想中的道德情感论恰恰解决的就是这类深层的问题，其中关于个人自由和个人权利的情感内涵也必然与此有着密切的关系，现代的个人自由离不开道德情感理论。所以，我认为，无论是从自由的制度前提还是从自由的情感发端来看，苏格兰思想都比现代的自由主义要深刻和丰富得多，其所蕴含的富有生命力的内容，还有待现代的开放的自由主义来进一步挖掘和继承，并且发扬光大。

主要参考书目

一、苏格兰思想家著作

弗兰西斯·哈奇森

《论美与德性观念的起源》，高乐田等译，杭州：浙江大学出版社，2009 年版。

《论激情和感情的本性与表现，以及对道德感官的阐明》，戴茂堂等译，杭州：浙江大学出版社，2009 年版。

大卫·休谟

《人性论》上、下，关文运译，北京：商务印书馆，1980 年版。

《人类理解研究》，关文运译，北京：商务印书馆，1957 年版。

《道德原则研究》，曾晓平译，北京：商务印书馆，2001 年版。

《论政治与经济：休谟论说文集卷一》，张正萍译，杭州：浙江大学出版社，2011 年版。

《论道德与文学：休谟论说文集卷二》，马万利、张正萍译，杭州：浙江大学出版社，2011 年版。

亚当·斯密

《国民财富的原因和性质的研究》上、下，郭大力、王亚南译，北京：商务印书馆，1974 年版。

《道德情感论》，蒋自强等译，北京：商务印书馆，1997 年版。

《亚当·斯密关于法律、警察、岁入及军备的演讲》，坎南编，陈福生等译，北京：商务印书馆，1962 年版。

《法理学讲义》，冯玉军等译，北京：中国人民大学出版社，2017 年版。

亚当·弗格森

《文明社会史论》，林本椿、王绍祥译，杭州：浙江大学出版社，2010 年版。

《道德哲学原理》，孙飞宇、田耕译，上海：上海人民出版社，2003 年版。

二、研究性著作

《休谟的政治哲学》，高全喜著，北京：北京大学出版社，2004 年版。

《情感·秩序·美德——亚当·斯密的伦理学世界》，罗卫东著，北京：中国人民大学出版社，2006 年版。

《苏格兰启蒙运动》，亚历山大·布罗迪编，贾宁译，杭州：浙江大学出版社，2010 年版。

《苏格兰：现代世界文明的起点》，阿瑟·赫尔曼著，启蒙编译所译，上海：上海社会科学出版社，2016 年版。

《欲望与利益：资本主义走向胜利前的政治争论》，艾伯特·赫希曼著，李新华、朱进东译，上海：上海文艺出版社，2003 年版。

《姊妹革命：美国革命与法国革命启示录》，苏珊·邓恩著，杨小刚译，上海：上海文艺出版社，2003年版。

《立法者的科学：大卫·休谟与亚当·斯密的自然法理学》，努德·哈孔森著，赵立岩译，杭州：浙江大学出版社，2010年版。

《财富与德性：苏格兰启蒙运动中政治经济学的发展》，伊什特万·洪特编，李大军等译，杭州：浙江大学出版社，2013年版。

《苏格兰启蒙运动中的商业社会观念》，克里斯托弗·贝里著，张正萍译，杭州：浙江大学出版社，2018年版。

《启蒙及其限制》，罗卫东、陈正国主编，杭州：浙江大学出版社，2012年版。

《商业与正义》，罗卫东、渠敬东主编，杭州：浙江大学出版社，2016年版。

《激情与财富：休谟的人性科学与其政治经济学》，张正萍著，杭州：浙江大学出版社，2018年版。

《作为自然法理学的古典政治经济学：从哈奇逊、休谟到亚当·斯密》，吴红列著，北京：中国社会科学出版社，2017年版。

《社会的"立法者科学"：亚当·斯密政治哲学研究》，康子兴著，上海：上海三联书店，2017年版。

图书在版编目（CIP）数据

苏格兰道德哲学十讲/高全喜著. —上海：上海三联书店，
2023.8 重印
ISBN 978－7－5426－7996－3

Ⅰ.①苏⋯　Ⅱ.①高⋯　Ⅲ.①伦理学－研究－苏格兰
Ⅳ.①B82－095.61

中国国家版本馆 CIP 数据核字（2023）第 004996 号

苏格兰道德哲学十讲

著　　者 / 高全喜

责任编辑 / 徐建新
特约编辑 / 王焙尧
装帧设计 / 一本好书
监　　制 / 姚　军
责任校对 / 王凌霄　林志鸿　张　瑞

出版发行 / 上海三联书店
　　　　　（200030）中国上海市漕溪北路 331 号 A 座 6 楼
邮　　箱 / sdxsanlian@sina.com
邮购电话 / 021－22895540
印　　刷 / 上海展强印刷有限公司

版　　次 / 2023 年 5 月第 1 版
印　　次 / 2023 年 8 月第 2 次印刷
开　　本 / 640mm×960mm　1/16
字　　数 / 300 千字
印　　张 / 25.75
书　　号 / ISBN 978－7－5426－7996－3/B・817
定　　价 / 89.00 元

敬启读者，如发现本书有印装质量问题，请与印刷厂联系 021－66366565